前言

在高等职业教育中，信息技术基础课程是各专业学生必修的公共基础课程。学生通过学习该课程，能够增强信息意识、提升计算思维水平、加强数字化创新与发展能力、树立正确的信息社会价值观和责任感，为其职业发展、终身学习和服务社会奠定基础。

为落实"立德树人"的根本任务，突出职业教育特点，本书围绕二十大精神、高等职业教育对信息技术学科核心素养的培养需求、办公自动化实际需求以及全国计算机等级考试要求（一、二级 WPS Office），注重吸纳信息技术领域的前沿技术，着力突出"理实一体、任务驱动"的教学模式，力求有效提升学生应用信息技术解决实际问题的综合能力。本书每个项目由若干任务组成，每个任务由任务分析、任务实施、知识储备、技能应用、技能拓展构成。让学生在面对平时的学习、工作时，可以把本书当成操作手册，学习掌握操作技能；在面对全国计算机等级考试时，可以把本书当成工具书，复习考试知识点。

本书全面、系统地介绍了信息技术的基础知识及 WPS Office 的基本操作。全书共 6 个项目，每个项目下包含若干任务，内容分别为信息技术基础知识、Windows 10 操作系统、WPS Office——文字处理、WPS Office——电子表格、WPS Office——演示文稿、计算机网络与网络安全等。每章节首先罗列本章节涵盖知识点，使学生能清楚本章所能掌握的知识技能，让学生明确学习目标；紧接着展示学习重难点，方便学生分配学习时间；然后以任务开启每小节学习，先操作，之后梳理任务中包含的知识点作为知识储备；最后根据所掌握的技能进行应用、拓展。每章节的各小节技能难度递增，尤其每章节的技能拓展为稍高难度实训题，鼓励学生自行寻求方式拓展更深层次学习。

参加本书编写的作者是多年从事一线教学的教师，具有较为丰富的教学经验。在编写时注重实用性和可操作性，注重原理与实践紧密结合；在任务的选取上，注意从读者日常学习和工作的需要出发；在文字叙述上，深入浅出、通俗易懂。本书由江西软件职业技术大学任倩、李嵩、张悦、吴文娟、朱军等编写，任倩、李嵩任主编，张悦、吴文娟任副主编，南昌先锋软件股份有限公司朱军、熊杰为参编。本书的撰写、出版，得益于同行众多教材的启发，也得到了北京理工大学出版社的鼎力帮助和支持，在此深表感谢。

由于本书的知识面较广、案例较多，要将众多的知识及案例很好地贯穿起来，难度较大，待商榷之处在所难免。为便于以后教材的修订，恳请专家、教师或其他读者多提宝贵意见。

编者
2023 年 3 月

计算机基础创新型教材

普通高等院校计算机基础教育系列精品教材

大学计算机应用基础

主　编◎任　倩　李　嵩

副主编◎张　悦　吴文娟

参　编◎朱　军　熊　杰

北京理工大学出版社

BEIJING INSTITUTE OF TECHNOLOGY PRESS

内 容 简 介

《大学计算机应用基础》是南昌先锋软件股份有限公司的推荐教材，也是编者多年一线教学以及办公经验的结晶。本书全面系统地介绍了计算机的基础知识、基础软件操作与应用。全书共 6 章，主要包括信息技术基础知识、Windows 10 操作系统、WPS Office——文字处理、WPS Office——电子表格、WPS Office——演示文稿、计算机网络与网络安全等内容。全书参考了《全国计算机等级考试一、二级 WPS Office 考试大纲（2021 年版）》的要求，采用基础知识结合综合案例和实训的方式来锻炼学生的计算机操作能力。书中每个项目由若干任务组成，每个任务由任务分析、任务实施、知识储备、技能应用、技能拓展构成。

本书适合作为高等职业教育本科、专科院校信息技术课程的教材或参考书，也可作为 WPS 办公软件培训的教材或参加全国计算机等级考试一、二级 WPS Office 的自学参考书。

图书在版编目（CIP）数据

大学计算机应用基础 / 任倩，李嵩主编. -- 北京：
北京理工大学出版社，2023.6（2023.7 重印）
ISBN 978 - 7 - 5763 - 2511 - 9

Ⅰ. ①大… Ⅱ. ①任… ②李… Ⅲ. ①电子计算机 –
高等学校 – 教材 Ⅳ. ①TP3

中国国家版本馆 CIP 数据核字（2023）第 113463 号

出版发行 / 北京理工大学出版社有限责任公司
社　　址 / 北京市海淀区中关村南大街 5 号
邮　　编 / 100081
电　　话 / （010）68914775（总编室）
　　　　　（010）82562903（教材售后服务热线）
　　　　　（010）68944723（其他图书服务热线）
网　　址 / http：//www.bitpress.com.cn
经　　销 / 全国各地新华书店
印　　刷 / 涿州市新华印刷有限公司
开　　本 / 787 毫米 × 1092 毫米　1/16
印　　张 / 17.5　　　　　　　　　　　　　　　责任编辑 / 时京京
字　　数 / 386 千字　　　　　　　　　　　　　文案编辑 / 时京京
版　　次 / 2023 年 6 月第 1 版　2023 年 7 月第 2 次印刷　　责任校对 / 刘亚男
定　　价 / 48.00 元　　　　　　　　　　　　　责任印制 / 李志强

目 录

信息技术基础知识

在信息技术飞速发展的今天，计算机已成为人类工作和生活不可缺少的部分，电子计算机经历了几代的演变，迅速渗透人类生活和生产的各个领域，在科学计算、工程设计、数据处理以及人们的日常生活中发挥着巨大的作用。电子计算机的发展和应用水平，已经成为衡量一个国家的科学、技术水平和经济实力的重要标志。

本项目主要通过认识计算机、掌握计算机中的信息表示与编码、了解计算思维和前沿技术三个板块来讲解信息技术基础知识。

❖ 学习目标

1. 了解计算机的诞生及发展；了解计算机的特点、应用和分类，了解计算机的发展趋势；了解多媒体技术及其应用；掌握计算机的基本结构和工作原理，以及计算机的组成。

2. 了解计算机系统、微型计算机系统的组成和主要性能指标；理解进位计数制以及不同进位计数制之间的转换关系、信息的编码规则。

3. 了解计算思维和计算机发展的前沿技术。

❖ 学习重点

1. 信息技术概述、数据的表示与存储、计算机系统的组成。

2. 数据信息的概念，进位计数制的概念和相互转换关系，汉字的编码原理和方法。

1.1 认识计算机

1.1.1 任务分析

在本任务中，我们将主要了解计算机的诞生及发展；了解计算机的特点、应用和分类，了解计算机的发展趋势；了解多媒体技术及其应用；掌握计算机的基本结构和工作原理，以及计算机的组成。

1.1.2 任务实施

1. 了解计算机的诞生及发展

（1）计算机的诞生。

17 世纪，德国数学家莱布尼茨发明了二进制计数法。20 世纪初，电子技术得到飞速发展。1904 年，英国电气工程师弗莱明研制出真空二极管；1906 年，美国科学家福雷斯特发明真空三极管，为计算机的诞生奠定了基础。

20 世纪 40 年代，西方国家的工业技术得到迅猛发展。1943 年第二次世界大战期间，由于军事上的需要，美国宾夕法尼亚大学电子工程系的教授莫克利和他的学生埃克特计划采用真空管建造一台通用电子计算机。1946 年 2 月，世界上第一台通用电子计算机——电子数字积分计算机 ENIAC 在美国宾夕法尼亚大学诞生了，如图 1-1 所示。

图 1-1 世界上第一台通用电子计算机

ENIAC 的主要元件是电子管，每秒可完成 5 000 次加法运算、300 多次乘法运算，比当时最快的计算工具要快 300 倍。ENIAC 重 30 多吨，占地 170 m^2，采用了 18 000 多个电子管、1 500 多个继电器、70 000 多个电阻和 10 000 多个电容，每小时耗电量为 150 kW。虽然 ENIAC 的体积庞大、性能不佳，但它的出现具有跨时代的意义，它开创了电子技术发展的新时代——计算机时代。

同一时期，ENIAC 项目组的一个研究人员冯·诺依曼研制出他自己的离散变量自动电子计算机 EDVAC，这是当时最快的计算机，其主要设计理论是采用二进制代码和存储程序工作方式。因此，人们把该理论称为冯·诺依曼体系结构，并将其沿用至今，冯·诺依曼也被誉为"现代电子计算机之父"。

（2）计算机的发展过程。

从第一台计算机 ENIAC 诞生至今，计算机技术成为发展最快的现代技术之一。根据计算机所采用的物理器件不同，可以将计算机的发展划分为 4 个阶段，如表 1-1 所示。

表 1-1　计算机发展的 4 个阶段

阶段	划分年代	采用的元器件	运算速度（每秒指令数）	主要特点	应用领域
第一代计算机	1946—1957 年	电子管	几千条	主存储器采用磁鼓，体积庞大、耗电量大、运行速度低、可靠性较差、内存容量小	国防及科学研究工作
第二代计算机	1958—1964 年	晶体管	几万至几十万条	主存储器采用磁芯，开始使用高级程序及操作系统，运算速度提高、体积减小	工程设计、数据处理
第三代计算机	1965—1970 年	中小规模集成电路	几十万至几百万条	主存储器采用半导体存储器，集成度高、功能增强、价格下降	工业控制、数据处理
第四代计算机	1971 年至今	大规模、超大规模集成电路	上千万至万亿条	计算机走向微型化，性能大幅度提高，软件也越来越丰富，为网络化创造了条件。同时计算机逐渐走向人工智能化，并采用了多媒体技术，具有听、说、读、写等功能	工业、生活等各个方面

（3）我国计算机的发展过程。

华罗庚教授是我国计算技术的奠基人和最主要的开拓者之一。1952 年，在他任所长的中国科学院数学研究所内建立了我国第一个电子计算机科研小组。1956 年，在筹建中国科学院计算技术研究所时，华罗庚教授担任筹备委员会主任。

虽然我国计算机的发展起步较晚，但是发展速度十分迅速。我国的计算机发展过程也经历了以下 4 个阶段。

①第一代电子管计算机（1958—1964 年）。

1957 年，我国开始研制通用数字电子计算机。1958 年，我国成功研制出第一台电子计算机（103 机），该计算机可以表演短程序运行。1964 年，我国第一台自行设计的大型通用数字电子管计算机（119 机）研制成功，其平均浮点运算速度为每秒 5 万次，用于我国研制第一颗氢弹的计算任务。

②第二代晶体管计算机（1965—1972 年）。

我国在研制第一代电子管计算机的同时，已开始研制晶体管计算机。1965 年，我国成功研制出第一台大型晶体管计算机（109 乙机）。两年后，在对 109 乙机加以改进的基础上推出 109 丙机。第一批晶体管计算机的运算速度为每秒 10 万~20 万次。

③第三代中小规模集成电路计算机（1973 年—20 世纪 80 年代初）。

1970 年年初，我国开始陆续推出大、中、小型采用集成电路的计算机。1973 年，北京大学与北京有线电厂等单位合作，成功研制出了运算速度为每秒 100 万次的大型通用计算机。

20 世纪 80 年代，我国高速计算机，特别是向量计算机有新的发展。1983 年，我国成功研制出第一台大型向量机（757 机），运算速度达到每秒 1 000 万次。同年，"银河 - Ⅰ"巨型计算机研制成功，不仅填补了国内亿次巨型计算机的空白，还成功缩小了我国与国外的差距。

④第四代大规模、超大规模集成电路计算机（20 世纪 80 年代中期至今）。

和国外一样，我国第四代计算机的研制也是从微型计算机（简称"微机"）开始的。1980 年年初，我国不少单位也开始采用 Z80、X86 和 M6800 芯片研制微机。1983 年，我国成功研制出与 IBM 个人计算机兼容的 DJS - 0520 微机。20 世纪 90 年代以来，我国微型计算机形成了大批量、高性能的生产局面，并且发展迅速。

1992 年，我国研制成功"银河 - Ⅱ"巨型机，峰值速度达每秒 4 亿次浮点运算（相当于每秒 10 亿次基本运算操作），总体上达到 20 世纪 80 年代中后期国际先进水平。1997 年，我国成功研制出"银河 - Ⅲ"百亿次巨型机，峰值速度每秒达 130 亿次浮点运算，总体上达到 20 世纪 90 年代中期国际先进水平。

1997—1999 年，我国先后推出具有机群结构的曙光 1000A、曙光 2000 - Ⅰ、曙光 2000 - Ⅱ 的巨型机。其中，曙光 2000 - Ⅱ 巨型机峰值速度突破每秒 1 000 亿次浮点运算。2000 年推出每秒浮点运算速度为 4 032 亿次的曙光 3000 巨型机。2004 年上半年推出浮点运算速度每秒 10 万亿次的曙光 4000 - A 巨型机。

2009 年，我国成功研制出"天河一号"超级计算机，其峰值速度达每秒千万亿次，如图 1 - 2 所示。"天河一号"的诞生，是我国高性能计算机发展史上新的里程碑，是我国战略高新技术和大型基础科技装备研制领域取得的又一重大创新成果，实现了我国自主研制超级计算机能力从百万亿次到千万亿次的跨越，使我国成为继美国之后世界上第二个能够研制千万亿次超级计算机系统的国家。2014 年，国际 TOP500 组织公布了全球超级计算机 500 排行榜榜单，中国国防科学技术大学研制的"天河二号"超级计算机位居榜首。

图 1 - 2　"天河一号"超级计算机

2016年，我国自主研发的"神威·太湖之光"超级计算机问世，如图1-3所示。"神威·太湖之光"是全球首台运行速度超过每秒10亿亿次的超级计算机，峰值速度达每秒12.54亿亿次。"神威·太湖之光"超级计算机一分钟计算能力相当于70亿人用计算器不间断计算32年，其浮点运算速度为每秒9.3亿亿次，其效率比之前的"天河一号"超级计算机提高将近3倍。

图1-3 "神威·太湖之光"超级计算机

纵观我国60余年计算机的研制过程，从103机到"神威·太湖之光"，走过了一段不平凡的历程。目前，我国在高性能计算机的研制领域仍保持着较高水平。

2. 了解计算机的特点、应用和分类

随着科学技术的发展，计算机已被广泛应用于各个领域，在人们的生活和工作中起着重要的作用。下面介绍计算机的特点、应用和分类。

（1）计算机的特点。

①运算速度快。计算机的运算速度指的是计算机在单位时间内执行指令的条数，一般以每秒能执行多少条指令来描述。计算机的运算部件采用的是电子器件，其运算速度远非其他计算工具所能比拟，而且运算速度还以每隔几个月提高一个数量级的速度在快速发展。

②计算精度高。计算机的运算精度取决于采用机器码的字长（二进制码），即常说的8位、16位、32位和64位等。机器码的字长越长，有效位数就越多，精度也就越高。

③逻辑判断准确。除了计算功能外，计算机还具备数据分析和逻辑判断能力，高级计算机还具有推理、诊断和联想等模拟人类思维的能力。因此，计算机俗称"电脑"。而具有准确、可靠的逻辑判断能力是计算机能够实现自动化信息处理的重要保证。

④存储能力强大。计算机具有许多存储记忆载体，可以将运行的数据、指令程序和运算的结果存储起来，供计算机本身或用户使用，还可即时输出文字、图像、声音和视频等各种信息。

⑤自动化程度高。计算机内具有运算单元、控制单元、存储单元和输入/输出单元。计算机可以按照编写的程序（一组指令）实现工作自动化，不需要人的干预，而且可以反复执行。

⑥可靠性高。现代计算机采用的大规模和超大规模集成电路具有非常高的可靠性，通常情况下可以长时间无故障运行，平均无故障时间可以达到几个月甚至几年。

⑦通用性强。计算机早期主要应用于科学计算、数据处理和过程控制等领域。随着计算机的不断发展，计算机几乎能求解自然科学和社会科学中的一切问题，能广泛地应用到各个领域。

（2）计算机的应用。

在诞生初期，计算机主要应用于科研和军事等领域，负责的工作内容主要是大型的高科技研发活动。近年来，随着社会的发展和科技的进步，计算机的功能不断扩展，计算机在社会各个领域都得到了广泛的应用。

计算机的应用可以概括为以下7个方面。

①科学计算。科学计算即通常所说的数值计算，是指利用计算机来完成科学研究和工程设计中提出的数学问题的计算。计算机不仅能进行数字运算，还可以解答微积分方程以及不等式。由于计算机运算速度较快，以往人工难以完成甚至无法完成的数值计算，计算机都可以完成，如气象资料分析和卫星轨道的测算等。目前，基于互联网的云计算，甚至可以达到每秒10万亿次的超强运算速度。

②数据处理和信息管理。数据处理和信息管理是指使用计算机来完成对大量数据进行的分析、加工和处理等工作。这些数据不仅包括"数"，还包括文字、图像和声音等数据形式。现代计算机运算速度快、存储容量大，因此在数据处理和信息加工方面的应用十分广泛，如企业的财务管理、事务管理、资料和人事档案的文字处理等。计算机数据处理和信息管理方面的应用，为实现办公自动化和管理自动化创造了有利条件。

③过程控制。过程控制也称实时控制，是利用计算机对生产过程和其他过程进行自动监测，以及自动控制设备工作状态的一种控制方式，被广泛应用于各种工业环境中，还可以取代人在危险、有害的环境中作业。计算机作业不受疲劳等因素的影响，可完成大量有高精度和高速度要求的操作，节省了大量的人力物力，大大提高了经济效益。

④人工智能。人工智能AI是指设计智能的计算机系统，让计算机具有人才具有的智能特性，模拟人类的智能活动，如"学习""识别图形和声音""推理过程"和"适应环境"等。目前，人工智能主要应用于智能机器人、机器翻译、医疗诊断、故障诊断、案件侦破和经营管理等方面。

⑤计算机辅助。计算机辅助也称计算机辅助工程应用，指利用计算机协助人们完成各种设计工作。计算机辅助是目前正在迅速发展并不断取得成果的重要应用领域，主要包括计算机辅助设计CAD、计算机辅助制造CAM、计算机辅助工程CAE、计算机辅助教学CAI和计算机辅助测试CAT等。

⑥网络通信。网络通信利用通信设备和线路将地理位置不同的、功能独立的多个计算机系统连接起来，从而形成一个计算机网络。随着Internet技术的快速发展，人们通过计算机网络可以在不同地区和国家间进行数据的传递，并可进行各种商务活动。

⑦多媒体技术。多媒体技术是指通过计算机对文字、数据、图形、图像、动画和声音等多种媒体信息进行综合处理和管理，使用户可以通过多种感官与计算机进行实时信息交互的技术。多媒体技术拓宽了计算机的应用领域，使计算机被广泛应用于教育、广告宣传、视频会议、服务业和文化娱乐业等领域。

（3）计算机的分类。

计算机的种类非常多，划分的方法也有很多种。

按计算机的用途分：可将计算机分为专用计算机和通用计算机两种。其中，专用计算机是指为适应某种特殊需要而设计的计算机，如计算导弹弹道的计算机等。因为这类计算机都强化了计算机的某些特定功能，忽略了一些次要功能，所以有高速度、高效率、使用面窄和专机专用的特点。通用计算机广泛适用于一般科学运算、学术研究、工程设计和数据处理等领域，具有功能多、配置全、用途广和通用性强等特点。目前市场上销售的计算机大多属于通用计算机。

按计算机的性能、规模和处理能力分：可以将计算机分为巨型机、大型机、中型机、小型机和微型机5类。

①巨型机。巨型机也称超级计算机或高性能计算机。巨型机是速度最快、处理能力最强的计算机之一，是为满足少数部门的特殊需要而设计的。巨型机多用于国家高科技领域和尖端技术研究，是一个国家科研实力的体现，现有的超级计算机运算速度大多可以达到每秒1万亿次以上。

②大型机。大型机也称大型主机。大型机的特点是运算速度快、存储量大和通用性强，主要针对计算量大、信息流通量大、通信需求大的用户，如银行、政府部门和大型企业等。目前，生产大型主机的公司主要有 IBM、DEC 和富士通等。

③中型机。中型机的性能低于大型机，其特点是处理能力强，常用于中小型企业和公司。

④小型机。小型机是指采用精简指令集处理器，性能和价格介于微型机和大型机之间的一种高性能64位计算机。小型机的特点是结构简单、可靠性高和维护费用低，它常用于中小型企业。随着微型计算机的飞速发展，小型机被微型机取代的趋势已非常明显。

⑤微型机。微型计算机简称微机，是应用最普遍的机型。微型机价格便宜、功能齐全，被广泛应用于机关、学校、企业、事业单位和家庭中。微型机按结构和性能可以划分为单片机、单板机、个人计算机（PC）工作站和服务器等。其中个人计算机又可分为台式计算机和便携式计算机（如笔记本电脑）两类。

3. 了解计算机的发展趋势

下面从计算机的发展方向和未来新一代计算机芯片技术两个方面对计算机的发展趋势进行介绍。

（1）计算机的发展方向。

计算机未来的发展呈现出巨型化、微型化、网络化和智能化的四大趋势。

①巨型化。巨型化是指发展高速度、大存储量和强功能的巨型计算机。这是诸如天文、气象、地质、核反应堆等尖端科学的需要，也是记忆巨量的知识信息，以及使计算机具有类似人脑的学习和复杂推理的功能所必需的。巨型机的发展集中体现了计算机科学技术的发展水平。

②微型化。微型化就是进一步提高集成度，利用高性能的超大规模集成电路研制质量更加可靠、性能更加优良、价格更加低廉、整机更加小巧的微型计算机。

③网络化。网络化就是把各自独立的计算机用通信线路连接起来，形成各计算机用户之间可以相互通信并能使用公共资源的网络系统。网络化能够充分利用计算机的宝贵资源并扩大计算机的使用范围，为用户提供方便、及时、可靠、广泛、灵活的信息服务。

④智能化。智能化是指让计算机具有模拟人的感觉和思维过程的能力。智能计算机具有解决问题和逻辑推理的功能、知识处理和知识库管理的功能等。人与计算机的联系是通过智能接口，用文字、声音、图像等与计算机进行自然对话。

（2）未来新一代计算机芯片技术。

计算机的核心部件是芯片，计算机芯片技术的不断发展是推动计算机未来发展的动力。几十年来，计算机芯片的集成度严格按照摩尔定律发展，不过该技术的发展并不是无限的。计算机采用电流作为数据传输的载体，而电流主要靠电子的迁移而产生，电子最基本的通路是原子。由于晶体管计算机存在上述物理极限，因而世界上许多国家在很早的时候就开始了各种非晶体管计算机的研究，如 DNA 生物计算机、光计算机、量子计算机等。这类计算机也被称为第五代计算机或新一代计算机，它们能在更大程度上模仿人的智能，这类技术也是目前世界各国计算机技术研究的重点。

①DNA 生物计算机。DNA 生物计算机以脱氧核糖核酸 DNA 作为基本的运算单元，通过控制 DNA 分子间的生化反应来完成运算。DNA 计算机具有体积小、存储大、运算快、耗能低、并行性的优点。

②光计算机。光计算机是以光作为载体来进行信息处理的计算机。光计算机具有带宽非常大、传输和处理的信息量极大，信息传输中畸变和失真小，信息运算速度高，光传输和转换时，能量消耗极低等优点。

③量子计算机。量子计算机是遵循物理学的量子规律来进行多数计算和逻辑计算，并进行信息处理的计算机。量子计算机具有运算速度快、存储量大、功耗低的优点。

1.1.3 知识储备

1. 计算机系统的组成

一个完整的计算机系统由硬件系统和软件系统组成。计算机系统组成如图1-4所示。现代计算机的硬件系统由运算器、控制器、存储器、输入设备和输出设备五部分组成。计算机硬件包括主机（CPU、外部设备）和外部设备（输入设备、输出设备、外存储器）。软件系统是计算机所需的各种程序、数据及其相关文件的集合，可以分为系统软件和应用软件两类。

（1）计算机硬件系统的组成。

冯·诺依曼提出的存储程序和程序控制的工作原理，决定了计算机硬件系统由运算器、控制器、存储器、输入设备和输出设备五个基本部分组成。计算机工作流程图如图1-5所示。

①运算器。

运算器也称为算术逻辑单元 ALU，它可以完成算术运算和逻辑运算。运算器是计算机中执行数据处理指令的器件，负责对信息进行加工和运算，它的速度决定了计算机的运算速度。运算器除了能对二进制编码进行算术运算、逻辑运算外，还可以进行数据的比较、位移等操作。参加运算的数（称为操作数）由控制器指示从存储器或寄存器中取出到运算器。

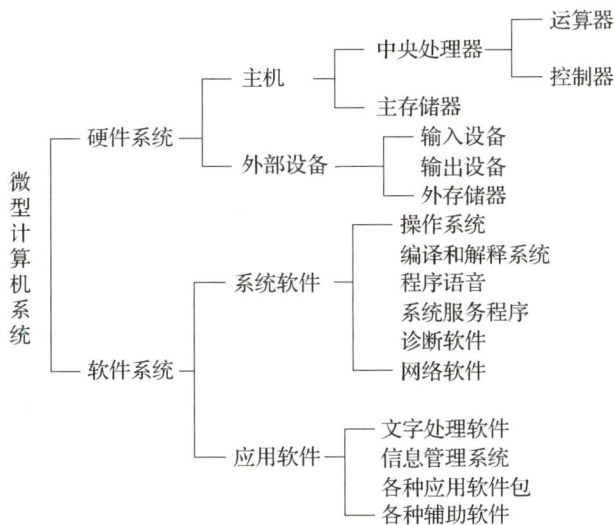

图 1-4　计算机系统组成

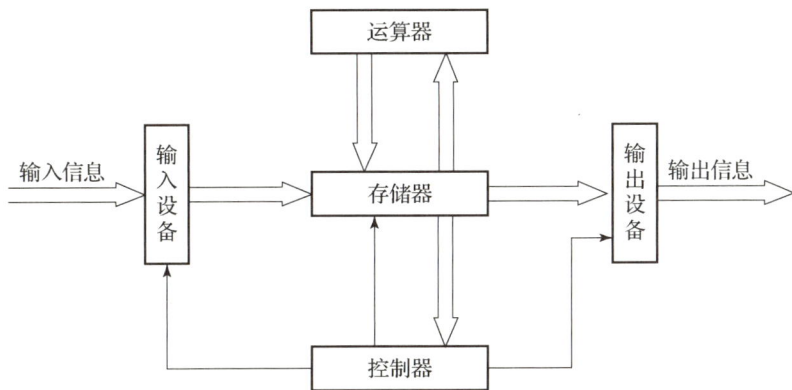

图 1-5　计算机工作流程图

②控制器。

控制器 CU 是整个计算机系统的控制中心，控制器中有一个非常重要的设备是译码器，控制器通过它可以实现分析指令、执行指令，从而实现指挥计算机各部分协调工作，保证计算机按照预先规定的目标和步骤有条不紊地进行操作及处理。

控制器从内存储器中顺序取出指令，并对指令代码进行翻译，然后向各个部件发出相应的命令，完成指令规定的操作。这样逐一执行一系列的指令，就使计算机能够按照这一系列的指令组成的程序的要求自动完成各项任务。因此，控制器是指挥和控制计算机各个部件进行工作的"神经中枢"。

中央处理器 CPU 是包括运算器、控制器（Controller）和寄存器（Register）的一块超大规模集成电路芯片。微型计算机中，CPU 简称为微处理器，是微型计算机的核心部件，如图 1-6 所示。

图 1-6　微处理器

③存储器。

计算机可能通过使用存储器,实现存储程序、数据等功能,存储器是具有"记忆"功能的设备,由具有两种稳定状态的物理器件来存储信息。存储系统分为两大类:内存储器和外存储器,简称内存和外存。内存储器又称为主存储器,简称为主存,外存储器又称为辅助存储器,简称为辅存。

a. 内存储器。

只读存储器(ROM):用户只能从 ROM 中读出事先存储的数据,而不能改写。其数据一般是由硬件生产商,事先将数据或程序装入 ROM。因此,ROM 常用于存放固定的程序和数据,并且断电后仍能长期保存。ROM 的容量较小,一般存放系统的基本输入输出系统(BIOS)等。

随机存储器(RAM):对于用户而言,通常所说的内存特指 RAM,随机存储器的容量与 ROM 相比要大得多,目前微机一般配置基本单位为 GB,常见有 8 GB、16 GB 等。在计算机充电情况下,CPU 从 RAM 中既可读出信息又可写入信息,但断电后 RAM 所存的信息就会全部丢失。目前常用的内存有 SDRAM、DDR SDRAM、DDR2、DDR3、DDR4 等。

高速缓冲存储器(Cache):CPU 的速度高于 RAM 的速度,为解决它们之间的速度冲突问题,在 CPU 与内存之间加入高速缓冲存储器(Cache),它是 CPU 和 RAM 之间的桥梁。现代计算机常用两级 Cache 结构,即 L1 和 L2。L1 一般是在 CPU 内部,且比较小,其容量、形式和速度是 CPU 的重要技术指标之一,它直接影响到 CPU 的工作效率,并在很大程度上决定了该 CPU 的价格。

b. 外存储器。

CPU 可以直接访问内存中的数据,内存的容量偏小,断电后数据会丢失,在外存中可以长期保存程序和数据。外存是主机的外部设备,一般用于辅助在内存工作,它的存取速度较内存慢得多,用来存储大量的暂时不参加运算或处理的数据和程序,一旦需要,可成批地与内存交换信息。常见的外存设备有硬件(磁盘)、闪盘(U 盘)、光盘(CD、DVD)、软盘等。

硬盘:硬盘是计算机中最大的存储设备,通常用于存放永久性的数据和程序。目前,硬盘有机械硬盘和固态硬盘两种。机械硬盘如图 1 - 7 所示,其内部结构比较复杂,主要由主轴电机、盘片、磁头和传动臂等部件组成。在机械硬盘中,通常将磁性物质附着在盘片上,并将盘片安装在主轴电机上,当硬盘开始工作时,主轴电机将带动盘片一起转动,盘片表面的磁头将在电路和传动臂的控制下移动,并将指定位置的数据读取出来,或将数据存储到指定的位置。硬盘容量是选购机械硬盘的主要性能指标之一,包括总容量、单片容量和盘片数 3 个参数。其中,总容量是表示机械硬盘能够存储多少数据的一项重要指标,通常以 TB 为单位,目前主流机械硬盘容量从 1 B 到 10 TB 不等。固态硬盘(Solid State Drives,SSD)是目前最热门的硬盘类型,是用固态电子存储芯片阵列制成的硬盘,其优点是数据写入速度和读取的速度快,缺点是容量较小、价格较为昂贵,如图 1 - 8 所示。

图 1 - 7　机械硬盘

图 1 - 8　固态硬盘

闪盘：闪盘是一种无须物理驱动器的微型高容量移动存储产品，它采用的存储介质为闪存（Flash Memory）。闪存盘接口有 USB、IEEE1394、E - SATA 等，采用 USB 接口的闪存盘简称 U 盘。闪存盘不需要额外的驱动器，将驱动器及存储介质合二为一，只要接上电脑上的 USB、IEEE1394、E - SATA 等接口就可独立地存储读写数据。闪存盘体积很小，仅大拇指般大小，重量极轻，约为 20 克，特别适合随身携带，如图 1 - 9 所示。

光盘是以光信息作为存储的载体并用来存储数据的一种物品。分不可擦写光盘（如 CD - ROM、DVD - ROM 等）和可擦写光盘（如 CD - RW、DVD - RAM 等）。光盘是利用激光原理进行读、写的设备，是迅速发展的一种辅助存储器，可以存放各种文字、声音、图形、图像和动画等多媒体数字信息，如图 1 - 10 所示。

图 1 - 9　U 盘

图 1 - 10　CD - ROM

软盘（Floppy Disk）是个人计算机（PC）中最早使用的可移介质。软盘的读写是通过软盘驱动器完成的。软盘驱动器设计能接收可移动式软盘，常用的就是容量为 1.44 MB 的 3.5 英寸软盘，由于 U 盘的出现，软盘的应用逐渐衰落直至淘汰。

④输入设备。

计算机的数据一般来源于输入设备，输入设备主要功能是把原始数据和处理这些数据的程序转换为计算机能够识别的二进制代码，通过输入接口输入计算机的存储器中，供 CPU 调用和处理。常用的输入设备有键盘、鼠标器、扫描仪等，如图 1 - 11 所示。

图 1 - 11　输入设备

⑤输出设备。

计算机加工的数据，可以通过输出设备显示和打印输出。因此，输出设备是指从计算机中输出信息的设备，其功能是将计算机处理的数据、计算结果等内部信息转换成人们习惯接受的信息形式（如字符、图形、声音等），然后将其输出。常用的输出设备是显示器、打印机和音箱，还有绘图仪、各种数模转换器（D/A）等，如图1-12所示。

图1-12　输出设备

在计算机中，有些设备既可以看作输入设备，又可以看作输出设备。磁盘驱动器和磁带机就属于这种设备。

（2）计算机软件系统的组成。

计算机系统是由硬件系统和软件系统组成，没有安装任何软件的计算机称为"裸机"，无法完成任何工作。计算机要实现各种不同的功能，就需要安装不同的软件，在计算机系统中，是软件赋予了计算机生命。软件是指计算机运行所需的程序、数据和有关文档的总和。计算机软件通常分为系统软件和应用软件两大类。其中，系统软件一般由软件厂商提供，应用软件是为解决某一问题而由用户或软件公司开发的。

①系统软件。

系统软件是指控制和协调计算机及其外部设备，支持应用软件开发和运行的系统。其主要功能是调度、监控和维护计算机系统，同时负责管理计算机系统中各种独立的硬件，协调它们的工作。系统软件是应用软件运行的基础，所有应用软件都是在系统软件上运行的。

系统软件主要分为操作系统、语言处理程序、数据库管理系统和系统辅助处理程序等。

a. 操作系统。操作系统（Operating System，OS）是管理计算机硬件与软件资源的计算机程序。操作系统需要处理如管理与配置内存、决定系统资源供需的优先次序、控制输入设备与输出设备、操作网络与管理文件系统等基本事务。操作系统OS是计算机系统的指挥调度中心，它可以为各种程序提供运行环境。常见的操作系统有Windows和Linux等，Windows 10就是一种操作系统。

b. 语言处理程序。语言处理程序是为用户设计的编程服务软件，用来编译、解释和处理各种程序所使用的计算机语言，是人与计算机相互交流的一种工具，包括机器语言、汇编语言和高级语言3种。由于计算机只能直接识别和执行机器语言，因此要在计算机上运行高级语言程序就必须配备程序语言翻译程序。程序语言翻译程序本身是一组程序，不同的高级语言都有相应的程序语言翻译程序。

c. 数据库管理系统。数据库管理系统 DBMs 是一种操作和管理数据库的大型软件，它是位于用户和操作系统之间的数据管理软件，也是用于建立使用和维护数据库的管理软件。数据库管理系统可以组织不同性质的数据，以便能够有效地查询、检索和管理这些数据。常用的数据库管理系统有 SQL Server、Oracle 和 Access 等。

d. 系统辅助处理程序。系统辅助处理程序也称软件研制开发工具或支撑软件，主要有编辑程序、调试程序等，这些程序的作用是维护计算机的正常运行，如 Windows 操作系统中自带的磁盘整理程序等。

②应用软件。

应用软件是指一些具有特定功能的软件，即为解决各种实际问题而编制的程序，包括各种程序设计语言，以及用各种程序设计语言编制的应用程序。计算机中的应用软件种类繁多，这些软件能够帮助用户完成特定的任务，如要编辑一篇文章、制作一份报表都可以使用 WPS。这些软件都属于应用软件。常见的应用软件种类有办公、图形处理与设计、图文浏览、翻译与学习、多媒体播放领域的应用软件和处理、网站开发、程序设计、磁盘分区、数据备份与恢复和网络通信等。

2. 多媒体技术及其应用

（1）多媒体技术的概念。

多媒体技术是指通过计算机对文字、数据、图形、图像、动画、声音等多种媒体信息进行综合处理和管理，使用户可以通过多种感官与计算机进行实时信息交互的技术，又称为计算机多媒体技术。

多媒体技术极大地改变了人们获取信息的传统方法，符合人们在信息时代的阅读方式。多媒体技术的发展改变了计算机的使用领域，使计算机由办公室、实验室中的专用品变成了信息社会的普通工具，广泛应用于工业生产管理、学校教育、公共信息咨询、商业广告、军事指挥与训练，甚至家庭生活与娱乐等领域。

（2）多媒体技术的关键特性。

多媒体技术具有以下几点关键特性。

①多样性。指信息载体的多样性。

②集成性。采用了数字信号，可以综合处理文字、声音、图形、动画、图像、视频等多种信息，并将这些不同类型的信息有机地结合在一起。

③交互性。信息以超媒体结构进行组织，可以方便地实现人机交互。换言之，人可以按照自己的思维习惯，按照自己的意愿主动地选择和接受信息，拟定观看内容的路径。

④智能性。提供了易于操作、十分友好的界面，使计算机更直观、更方便、更亲切、更人性化。

⑤易扩展性。可方便地与各种外部设备挂接，实现数据交换、监视控制等多种功能。

（3）多媒体技术的应用。

①数据压缩和图像处理的应用。

数据压缩技术为图像、视频和音频信号的压缩，文件存储和分布式利用，提高通信干线的传输效率等应用提供了一个行之有效的方法，同时使计算机实时处理音频、视频信息，以保证播放出高质量的视频、音频节目成为可能。国际标准化协会、国际电子学委员会、国际电信协会等国际组织，于20世纪90年代领导制定了三个重要的有关视频图像压缩编码的国际标准，即 JPEG 标准、H. 261 标准和 MPEG 标准。

②数据库和基于内容检索的应用。

随着多媒体技术的迅速普及，Web 上将大量出现多媒体信息，例如，在遥感、医疗、安全、商业等部门中每天都不断产生大量的图像信息。这些信息的有效组织管理和检索都依赖基于图像内容的检索。目前，这方面的研究已引起了广泛的重视，并已有一些提供图像检索功能的多媒体检索系统软件问世。

③著作工具的应用。

多媒体创作工具是电子出版物、多媒体应用系统的软件开发工具，它提供组织和编辑电子出版物和多媒体应用系统各种成分所需要的重要框架，包括图形、动画、声音和视频的剪辑。制作工具的用途是建立具有交互式的用户界面，在屏幕上演示电子出版物及制作好的多媒体应用系统以及将各种多媒体成分集成为一个完整而有内在联系的系统。

用多媒体创作工具可以制作各种电子出版物及各种教材、参考书、导游和地图、医药卫生、商业手册及游戏娱乐节目，主要包括多媒体应用系统；演示系统或信息查询系统；培训和教育系统；娱乐、视频动画及广告；专用多媒体应用系统；领导决策辅助系统；饭店信息查询系统；导游系统；歌舞厅点歌结算系统；商店导购系统；生产商业实时监测系统以及证券交易实时查询系统等。

④通信及分布式多媒体技术的应用。

人类社会逐渐进入信息化时代，社会分工越来越细，人际交往越来越频繁，群体性、交互性、分布性和协同性将成为人们生活方式和劳动方式的基本特征，其间大多数工作都需要群体的努力才能完成。但在现实生活中影响和阻碍上述工作方式的因素太多，如打电话时对方却不在。即使电话交流也只能通过声音，而很难看见一些重要的图纸资料，要面对面的交流讨论，又需要费时的长途旅行和昂贵的差旅费用，这种方式造成了效率低、费时长、开销大的不利情况。今天，随着多媒体计算机技术和通信技术的发展，两者相结合形成的多媒体通信和分布式多媒体信息系统可较好地解决上述问题。例如视频会议、视频点播（VOD）等。

1.1.4 技能应用

选择题：

1. 世界上发明的第一台电子数字计算机是（　　　）。

A. ENIAC B. EDVAC C. EDSAC D. UNIVAC

2. 电子计算机 ENIAC 诞生于（　　　）。

A. 1946 年 2 月 B. 1946 年 6 月 C. 1949 年 2 月 D. 1949 年 5 月

3. 六十多年来，根据计算机采用的（　　　）的发展，一般将计算机的发展分为 4 个阶段。

A. 电子元器件 B. 电子管 C. 主存储器 D. 外存储器

4. 目前，制造计算机所用的电子器件是（　　　）。

A. 大规模集成电路
B. 晶体管
C. 集成电路
D. 大规模集成电路与超大规模集成电路

5. 用晶体管作为电子器件制成的计算机属于（　　　　）。

A. 第一代　　　　B. 第二代　　　　C. 第三代　　　　D. 第四代

6. 第一代计算机采用的电子逻辑元件是（　　　　）。

A. 晶体管　　　　B. 电子管　　　　C. 集成电路　　　　D. 超大规模集成电路

7. CAD 是计算机应用的一个重要方面，它是指（　　　　）。

A. 计算机辅助设计
B. 计算机辅助工程
C. 计算机辅助教学
D. 计算机辅助制造

8. 我国研制的银河计算机是（　　　　）。

A. 微型计算机　　　B. 巨型计算机　　　C. 小型计算机　　　D. 中型计算机

9. 计算机由五大部件组成，它们是（　　　　）。

A. CPU、运算器、存储器、输入/输出设备
B. CPU、控制器、存储器、输入/输出设备
C. CPU、运算器、主存储器、输入/输出设备
D. 控制器、运算器、存储器、输入设备和输出设备

10. 完整的计算机系统包括（　　　　）。

A. CPU 和存储器
B. 主机和实用程序
C. 主机和外部设备
D. 硬件系统和软件系统

11. 多媒体信息不包括（　　　　）。

A. 文字、数据　　　B. 图形、图像　　　C. 音箱、显示屏　　　D. 动画、声音

1.1.5　技能拓展

问答题：

1. 画出冯·诺依曼计算机工作流程图。

2. 通过网络搜索，了解计算机当前的主流配置，根据自己的学习需要，写出一台适合自己的计算机配置。

1.2 掌握计算机中的信息表示与编码

1.2.1 任务分析

在本任务中，我们将了解计算机中的数制及不同进制转换、计算机中的数据单位以及数字、字符与汉字的编码。

1.2.2 任务实施

1. 计算机中的数制及不同进制转换

在不同的场景需要用到不同的数据，例如：在日常生活中人们通常采用十进制进行计数，而在计算机的世界使用了二进制表示数据。在学习计算机时，我们就需要对数据之间的数制转换有所了解。

（1）进位计数制的概念。

数制是指用一组固定的数字符号和统一的规则来表示数值的方法。其中，按照进位方式计数的数制称为进位计数制。在日常生活中，人们习惯用的进位计数制是十进制，而计算机则使用二进制。除此以外，进位计数制还包括八进制和十六进制等。顾名思义，二进制就是逢二进一的数制；依此类推，十进制就是逢十进一，八进制就是逢八进一等。它是人类自然科学和数学中广泛使用的一类符号系统。在介绍各种数制之前，首先介绍数制中的几个名词术语。

数码也称为数据编码，它是指一组用来表示某种数制的符号。在表示数码时的基本数据编码，例如：十进制的数据有 0、1、2、3、4、5、6、7、8、9；而二进制有 0、1；十六制有 0、1、2、3、4、5、6、7、8、9、A、B、C、D、E、F；不同的进制其数据也不同，可以采用数字也可以采用字母或其他的形成表示。

基数是指在表示其数制时，所使用的数码个数称为"基数"或"基"，常用"R"表示，称为 R 进制。例如二进制的数码是 0、1，基数为 2；十进制的数据是 0、1、2、3、4、5、6、7、8、9，基数为 10。

位权是指数码"1"在不同位置上所代表的数值，即权值。在进位计数制中，处于不同数位的数码代表的数值不同。如十进制 123，百位的位权为 100，十位的位权为 10，个位的位权为 1；通常位权可以通过基数表达，百位的位权 100，用基数表示为 10^2；十位的位权为 10，用基数表示为 10^1；个位的位权为 1，用基数表示为 10^0。

（2）常见的几种进位计数制。

①十进制（D）。

十进制是人们最为熟悉的一种进位计数制，可用字母 D 或下标 10 的形式表示，由 0、1、2、…、9 这十个数码组成，基数为 10。十进制的特点是：逢十进一，借一当十。当在一个数据后面添加字母 D 时，表示该数据为十进制，例如：123D，则表示其为 10 进制的 123。

②二进制（B）。

二进制是由 0 和 1 这两个数码组成，基数为 2。二进制的特点是：逢二进一，借一当二。当在一个数据后面添加字母 B 时，表示该数据为二进制，例如：100B，则表示其为二进制的 100。

③八进制（O）。

八进制是由 0、1、2、3、4、5、6、7 这八个数码组成，基数为 8。八进制的特点是：逢八进一，借一当八。当在一个数据后面添加字母 O 时，表示该数据为八进制，例如：123O，则表示其为 8 进制的 123。

④十六进制（H）。

十六进制是由 0、1、2、……，9、A、B、C、D、E、F 这 16 个数码组成，基数为 16。十六进制的特点是：逢十六进一，借一当十六。当在一个数据后面添加字母 H 时，表示该数据为十六进制，例如：123H，则表示其为 16 进制的 123。

（3）数制转换。

①非十进制（二进制、八进制、十六进制）数转换为十进制数。

在数学中的数值 123，可以采用每位数字的数值乘以其对应的位权，然后相加的数据值的和，其值与该数据相等。即 $123 = 1 \times 10^2 + 2 \times 10^1 + 3 \times 10^0$，这种转换方法称为"位权展开求和"法。按位权展开，然后按照十进制规则进行求和计算，其求和的结果就是转换后对应的十进制数。十进制的这种运算规则，在其他进制中同样是适用，这也是其他进制转换为相应十进制的方法。例如：

$1110B = 1 \times 2^3 + 1 \times 2^2 + 1 \times 2^1 + 0 \times 2^0 = 8 + 4 + 2 + 0 = 14D$

$1110O = 1 \times 8^3 + 1 \times 8^2 + 1 \times 8^1 + 0 \times 8^0 = 512 + 64 + 8 + 0 = 584D$

$1110H = 1 \times 16^3 + 1 \times 16^2 + 1 \times 16^1 + 0 \times 16^0 = 4096 + 256 + 16 + 0 = 4368D$

在二进制、八进制、十六进制转换十进制过程中，整数转换时，最后一位数决定了奇偶性。例如：1101B 为奇数，而 1100B 为偶数。

②十进制数转换为非十进制数（R 进制：二进制、八进制、十六进制）。

将十进制数转换为 R 进制数时，由于整数部分的运算规则与小数部分的运算规则不相同，在转换时，先将此数分为整数和小数两部分，分别转换，然后再连接起来即可。

整数部分：采用"除 R 取余，先余为低，后余为高"法。即用十进制的整数反复地除以 R，记下每次得到的余数，直到商为 0。将所得到的余数按最后一个余数排到第一个位置，其他的余数顺序依次排列起来即为转换的结果。

小数部分：采用"乘 R 取整，先整为高，后整为低"法。用十进制小数乘 R，得到一个乘积，将乘积的整数部分取出来，将乘积的小数部分再乘以 R，重复以上过程，直至小数部分为 0，或者满足转换精度要求为止，最后将每次取得的整数按照先得到的整数为高位、后得到的整数为低位的顺序依次排列在小数点的后面即为转换结果。

例如：把十进制 285.125 转换为对应的二进制，即

$(285.125)_{10} = (10011101.001)_2$。

具体过程如图 1-13 所示。

③二进制、八进制和十六进制数的相互转换。

在计算机中所有的数据都采用二进制表示。二进制在表示数据时，数据位数偏多，长度较长，为简化其长度表示的数据，可以使用八进制和十六制表示二进制的数据。此时需要把

二进制转换为对应的八进制和十六进制，转换过程如下：

$$(285.125)_{10}=(100011101.001)_2$$

整数部分				小数部分		
2	285	余1	低位	0.125		
2	142	余0		× 2	取整	高位
2	71	余1		0.250	0	
2	35	余1		× 2		
2	17	余1		0.500	0	
2	8	余0		× 2		
2	4	余0		1.000	1	低位
2	2	余0				
2	1	余1	高位			

图 1 – 13　转换过程

二进制与八进制的互换

在转换时，可以借助数制之间存在的关系，直接转换。由于 $2^3=8^1$，故可把 3 位二进制数当作 1 位八进制数来转换。把二进制数转换为八进制数的方法为：以小数点为界，整数部分从右向左划分，每 3 位为一组（不足 3 位，则向前补 0，也可不补），小数部分从左向右划分，每 3 位为一组（不足 3 位，则后面必须补 0），然后把每一组转换成对应的一位八进制数即可。例如：二进制数 10101111.0101 转换为八进制数，以小数点为基准线，整数位从右向左每三位一组，小数位部分从左向右每三位一组，则有：

$$\begin{array}{ccccc} 010 & 101 & 111 & .\ 010 & 100 \\ \uparrow & \uparrow & \uparrow & \uparrow & \uparrow \\ 2^2 2^1 2^0 & 2^2 2^1 2^0 & 2^2 2^1 2^0 & 2^2 2^1 2^0 & 2^2 2^1 2^0 \end{array}$$

每组数据在计算时相对独立，第一组数据转换的结果为 $0\times2^2+1\times2^1+0\times2^0=2$，第二组数据转换的结果为 $1\times2^2+0\times2^1+1\times2^0=5$，第三组数据转换的结果为 7，其他的分别为 2 和 4。因此，10101111.0101 的二进制转换为对应的八进制为 257.24。

二进制与十六进制的互换

在转换时，可以借助数制之间存在的关系，直接转换。由于 $2^4=16^1$，故可把 4 位二进制数当作 1 位十六进制数来转换。把二进制数转换为十六进制数的方法为：以小数点为界，整数部分从右向左划分，每 4 位为一组（不足 4 位，则向前补 0），小数部分从左向右划分，每 4 位为一组（不足 3 位，则后面必须补 0），然后把每一组转换成对应的一位八进制数即可。例如：二进制数 1110111.0101 转换为十六进制数，以小数点为基准线，整数位从右向左每四位一组，小数位部分从左向右每四位一组，则有：

$$\begin{array}{ccc} 0111 & 011\ (1) & 0101 \\ \uparrow & \uparrow & \uparrow \\ 2^3 2^2 2^1 2^0 & 2^3 2^2 2^1 2^0 & 2^3 2^2 2^1 2^0 \end{array}$$

每组数据在计算时相对独立，第一组数据转换的结果为 $0\times2^3+1\times2^2+1\times2^1+1\times2^0=7$，第二组数据转换的结果为 7，第三组数据转换的结果为 5。因此，01110111.0101 的二进制转换为对应的十六进制为 77.5。

2. 计算机中数据的表示

二进制数是计算机中数据最基本的形式，在计算机中所有的数据都是以二进制数的形式存储的。那么，这些数据在计算机中是怎样表示和存储的呢？下面进行简要说明。

在数学中，通常在一个数字的前面添加符号"＋"和"－"来表示这个数是正数还是负数。而在计算机中，无法识别符号"＋"和"－"，解决办法是用数字信息化来表示数的正负，规定将数的最高位设置为符号位，用"0"代表"＋"，用"1"代表"－"。在计算机内部，数字和符号都是用二进制代码表示的，两者合在一起构成计算机内部数的表示形式，称为机器数，而把原来的数称为机器数的真值（带符号位的机器数对应的真正十进制的数值）。

根据小数点位置固定与否，机器数又可以分为两种常用的数据表示格式：定点数和浮点数。如果一个数中小数点的位置是固定的，则为定点数；如果一个数中小数点的位置是浮动的，则为浮点数。

（1）定点数。

通常，计算机中的定点数表示整数。定点数规定计算机中所有数据的小数点位置是固定的。通常把小数点固定在整数数值部分的最后面，小数点"."在计算机中是不表示出来的，而是事先约定在固定的位置。对于一台计算机，一旦确定了小数点的位置就不再改变。

整数可以分为无符号整数和有符号整数两类。无符号整数的所有二进制位全部用来表示数值的大小；有符号整数用最高位表示数的正负号，而其他位表示数值的大小。如十进制整数 65 在计算机中可以表示为"11000001"，中首位的"1"数码表示符号"－"，"1000001"则表示数值"65"。

上面采用的是原码表示法，它虽然简单易懂，但由于加法运算与减法运算的规则不统一，当两个数相加时，如果符号相同，则数的绝对值相加，符号不变；如果符号相异，则必须使用两个数的绝对值相减，并且还要比较这两个数，确定哪个数的绝对值大，哪个数是被减数，并据此进一步确定结果符号。要完成这些操作，需要分别使用不同的逻辑电路，这样会增加 CPU（中央处理器）的成本和计算机的运算时间。为此，有符号数在计算机中不止采用"原码"这种表示方法，另外还有"反码"和"补码"两种表示方法。正数的原码、反码和补码相同，因此其表示方法只有一种。下面分别介绍负数的反码和补码表示。

负数的反码表示：在原码的基础上，符号位不变，即为"1"。数值部分的数码与原码中的数码相反，即"1"为"0"，"0"为"1"。如 $(-53)_原 = (1110101)_2$，则 $(-53)_反 = (1001010)_2$。

负数的补码表示：负数的反码就是它的反码在最低位（即末位）加"1"，如 $(-53)_原 = (1110101)_2$，$(-53)_反 = (1001010)_2$，$(-53)_补 = (1001011)_2$

（2）浮点数。

通常，计算机中的浮点数表示实数，实数是既有整数又有小数的数，如 145.26、1274.3245、－4.25、0.007 等都是实数。整数和纯小数则可以看作实数的特例。

一个实数可以表示成一个纯小数和一个幂之积。如 $-323.323 = 10^3 \times (-0.323323)$，其中指数部分用来指出实数中小数点的位置，括号中是一个纯小数。二进制数的表示完全类同。可见，任何一个实数，在计算机内部都可以用"指数"（称为阶码，是一个整数）和"尾数"（纯小数）等来表示，指数和尾数均可正可负，其表达结构如下：

$$N = \pm R^{\pm E} \times M$$

其中，N 为实数，R 为阶码底，E 为阶码，M 为尾数，这种用指数和尾数来表示实数的方法叫作"浮点表示法"。尾数的位数决定数的精度，指数的位数决定数的范围。浮点数的长度可以是 32 位、64 位等，长度越长，表示数的范围越大，精度越高。

3. 数字、字符与汉字的编码

在计算机处理的数据中，除了数值数据外，日常生活中还经常使用字符这类不可做算术运算的数据，包括字母、数字、汉字、符号、语音和图形等。由于计算机以二进制编码的形式存储和处理数据，为了能够对字符进行识别和处理，字符同样要用二进制编码表示。

（1）西文字符的编码。

西文字符的编码主要采用 ASCII 编码。ASCII 一般用于表示英文字符及常见的符号，ASCII（American Standards Code for Information Interchange，美国标准信息交换代码）编码是由美国信息交换标准委员会制定的、国际上使用最广泛的字符编码。

一个 ASCII 在计算机内存占用一个字节，即八位二进制。根据其编码规则分为两种 ASCII 码，一种是标准的 ASCII 码，其编码规则为正常情况下，最高位（最左边位）固定为 0，剩余 7 位进行编码。这种采用 7 位二进制编码，它可以表示 2^7 即 128 个字符。在计算机的内部存储与操作常以字节为单位，即 8 个二进制位为单位，因此一个字符在计算机内实际是用一个字节 8 位表示。另一种 ASCII 的最高位固定为 1，本书不对其进行讨论。

由第一种编码规则的编码也称为标准 ASCII 码，其 128 个字符如图 1 – 14 所示。十进制码值 0 ~ 31 和 127（即 NUL ~ US 和 DEL）共 33 个字符，称为非图形字符（又称为控制字符），其余 95 个字符称为图形字符（又称为普通字符），在这些字符中，从 0 ~ 9、A ~ Z、a ~ z 都是顺序排列的，并且小写字母比大写字母的码值大 32，这有利于大、小写字母之间的编码转换。

（2）汉字的编码。

在计算机内处理汉字信息，同样要对汉字进行编码。汉字编码体系包括国标码、区位码、输入码、机内码和字形码等。

①国标码。

汉字在不同计算机系统之间，进行交换时，所用的编码为国标码。现行国标码是我国1980 年发布的《信息交换用汉字编码字符集——基本集》（代号为 GB 2312—80），是中文信息处理的国家标准，也称汉字交换码，简称 GB 码。根据统计，把最常用的 6 763 个汉字分成两级：一级汉字有 3 755 个，按汉语拼音排列；二级汉字有 3 008 个，按偏旁部首排列。一个国标码占两个字节，每个字节最高位仍为"0"。

为了与 ASCII 编码对应，每个区、位分别加 32（20H），构成了国标码。即区位码 + 2020H ＝国标码。例如，"中"的区位码为 3630H，国标码为 5650H。国标码中每个汉字用两个字节表示，每个字节的编码取值范围从 33 ~ 126，与 ASCII 编码中可打印字符的取值范围一致，共 94 个。

十进制	二进制	符号	十进制	二进制	符号	十进制	二进制	符号	十进制	二进制	符号
0	0000 0000	NUL	32	0010 0000	[空格]	64	0100 0000	@	96	0110 0000	`
1	0000 0001	SOH	33	0010 0001	!	65	0100 0001	A	97	0110 0001	a
2	0000 0010	STX	34	0010 0010	"	66	0100 0010	B	98	0110 0010	b
3	0000 0011	ETX	35	0010 0011	#	67	0100 0011	C	99	0110 0011	c
4	0000 0100	EOT	36	0010 0100	$	68	0100 0100	D	100	0110 0100	d
5	0000 0101	ENQ	37	0010 0101	%	69	0100 0101	E	101	0110 0101	e
6	0000 0110	ACK	38	0010 0110	&	70	0100 0110	F	102	0110 0110	f
7	0000 0111	BEL	39	0010 0111	'	71	0100 0111	G	103	0110 0111	g
8	0000 1000	BS	40	0010 1000	(	72	0100 1000	H	104	0110 1000	h
9	0000 1001	HT	41	0010 1001	)	73	0100 1001	I	105	0110 1001	i
10	0000 1010	LF	42	0010 1010	*	74	0100 1010	J	106	0110 1010	j
11	0000 1011	VT	43	0010 1011	+	75	0100 1011	K	107	0110 1011	k
12	0000 1100	FF	44	0010 1100	,	76	0100 1100	L	108	0110 1100	l
13	0000 1101	CR	45	0010 1101	–	77	0100 1101	M	109	0110 1101	m
14	0000 1110	SO	46	0010 1110	.	78	0100 1110	N	110	0110 1110	n
15	0000 1111	SI	47	0010 1111	/	79	0100 1111	O	111	0110 1111	o
16	0001 0000	DLE	48	0011 0000	0	80	0101 0000	P	112	0111 0000	p
17	0001 0001	DC1	49	0011 0001	1	81	0101 0001	Q	113	0111 0001	q
18	0001 0010	DC2	50	0011 0010	2	82	0101 0010	R	114	0111 0010	r
19	0001 0011	DC3	51	0011 0011	3	83	0101 0011	S	115	0111 0011	s
20	0001 0100	DC4	52	0011 0100	4	84	0101 0100	T	116	0111 0100	t
21	0001 0101	NAK	53	0011 0101	5	85	0101 0101	U	117	0111 0101	u
22	0001 0110	SYN	54	0011 0110	6	86	0101 0110	V	118	0111 0110	v
23	0001 0111	ETB	55	0011 0111	7	87	0101 0111	W	119	0111 0111	w
24	0001 1000	CAN	56	0011 1000	8	88	0101 1000	X	120	0111 1000	x
25	0001 1001	EM	57	0011 1001	9	89	0101 1001	Y	121	0111 1001	y
26	0001 1010	SUB	58	0011 1010	:	90	0101 1010	Z	122	0111 1010	z
27	0001 1011	ESC	59	0011 1011	;	91	0101 1011	[	123	0111 1011	{
28	0001 1100	FS	60	0011 1100	<	92	0101 1100	\	124	0111 1100		
29	0001 1101	GS	61	0011 1101	=	93	0101 1101	]	125	0111 1101	}
30	0001 1110	RS	62	0011 1110	>	94	0101 1110	^	126	0111 1110	~
31	0001 1111	US	63	0011 1111	?	95	0101 1111			127	0111 1111	DEL

图 1 – 14　ASCII 表

②区位码。

区位码是一种将汉字组成一个 94×94 的矩阵，每一行称为一个"区"，有 94 区；每一列称为一个"位"，有 94 位，可以表示的不同字符数为 $94 \times 94 = 8\ 836$ 个，故称为区位码。

③输入码。

输入码也称为外码，是利用计算机标准键盘按键的不同排列组合来对汉字的输入进行编码，包括音码、形码、音形码、手写输入或扫描输入等方式。对于同一个汉字，输入法不同，其输入码也不同。但不管使用何种输入法，当用户向计算机输入汉字时，最终存入计算机的始终是它的输入码，与输入法无关。

④机内码。

在计算机内部进行存储与处理所使用的代码，称为机内码。对汉字系统来说，汉字机内码规定在汉字国标码的基础上，每字节的最高位置为"1"，每字节的低 7 位为汉字信息。将国标码的两字节编码分别加上 $(80)_H$"即 $(10000000)_B$"，便可以得到机内码。

⑤字形码。

字形码，又称为字型码、字模码，属于点阵代码的一种。若汉字要在显示屏进行显示或打印机输出时，应用使用汉字字型码，它又称为汉字字模。汉字字型码通常有两种表示方式：点阵和矢量。

用点阵表示字型时，汉字字型码就是这个汉字点阵代码。简易型汉字为 16×16 点阵，提高点阵为 24×24 点阵、32×32 点阵、48×48 点阵等。点阵规模越大，字型越清晰，但汉字占用的存储空间也越大，如一个 32×32 点阵的汉字占用的存储空间为 $32 \times 32/8 = 128$ 个字节，48×48 的汉字占用的存储空间为 $48 \times 48/8 = 288$ 个字节。

矢量式是描述汉字字型的轮廓特征，当要输出汉字时，通过计算机的计算，由汉字字形描述生成所需大小和形状的汉字。矢量化字形描述与最终文字显示的大小、分辨率无关，可以产生高质量的汉字输出，并且节省存储空间。

1.2.3 知识储备

1. 二进制的算术运算规则

（1）二进制加法运算规则。

$0 + 0 = 0$；$0 + 1 = 1$；$1 + 0 = 1$；$1 + 1 = 0$（向高位进1）

（2）二进制减法运算规则。

$0 - 0 = 0$；$1 - 0 = 1$；$1 - 1 = 0$；$0 - 1 = 1$（需向高位借1）

（3）二进制乘法运算规则。

$0 \times 0 = 0$；$0 \times 1 = 0$；$1 \times 0 = 0$；$1 \times 1 = 1$。

（4）二进制除法运算规则。

$0 \div 1 = 0$；$1 \div 1 = 1$。

2. 数据的存储单位及换算

计算机中数据的基本单位是"位"和"字节"。

（1）位（bit，b）：二进制数中的一个数位，可以是 0 或者 1，是计算机中数据的最小单位。

（2）字节（Byte，B）：计算机中数据的基本单位，每 8 位组成一个字节。各种信息在计算机中存储、处理至少需要一个字节。例如，一个 ASCII 码用一个字节表示，一个汉字用两个字节表示。

（3）扩展的存储单位。

在计算机各种存储介质（例如内存、硬盘、光盘等）的存储容量表示中，用户所接触到的存储单位不是位、字节和字，而是 KB、MB、GB 等，但这不是新的存储单位，而是基于字节换算的。

千字节（KB）：早期用的软盘有 360 KB 和 720 KB 的，不过软盘已经很少使用。

兆字节（MB）：早期微型机的内存有 128 MB、256 MB、512 MB，目前内存都是 1 GB、2 GB 甚至更大。

吉字节（GB）：早期微型机的硬盘有 60 GB、80 GB，目前都是 500 GB、1 TB 甚至更大。

太字节（TB）：目前个人用的微型机存储容量也都能达到这个级别了，而作为服务器或者专门的计算机，不可缺少这么大的存储容量。

（4）换算。

从大到小顺序为 TB、GB、MB、KB、B、b。

1 TB = 1 024 GB   1 GB = 1 024 MB   1 MB = 1 024 KB   1 KB = 1 024 B   1 B = 8 b

1.2.4 技能应用

选择题：

1. 在计算机内部，一切信息的存取、处理和传送的形式是（   ）。

A. ASCII 码   B. BCD 码   C. 二进制   D. 十六进制

2. 在计算机系统中使用十六进制码的一个原因是（   ）。

A. 十六进制码便于逻辑运算

B. 十六进制码的算术运算规则简单

C. 十六进制码在物理上容易实现

D. 十六进制码与二进制码转换方便

3. 二进制数 1110111.11 转换成十进制数是（   ）。

A. 119.375   B. 119.75   C. 119.125   D. 119.3

4. 若十进制数为 57，则其二进制数为（   ）。

A. 111011   B. 111001   C. 110001   D. 110011

5. 把十进制数 513 转换成二进制数是（   ）。

A. 1000000001   B. 1100000001   C. 1100000011   D. 1100010001

6. 二进制数 01100100 转换成十六进制数是（   ）。

A. 64   B. 63   C. 100   D. 144

7. 将二进制数 10101010 和 01001010 进行 + 运算，结果是（   ）。

A. 11011010   B. 11110100   C. 10010100   D. 11101010

8. 在下列不同的数值表示中，数值最大的是（   ）。

A. （10001000）B   B. （101）O   C. （100）D   D. （8A）H

9. 计算机采用的字符编码是美国标准信息交换码，简称（   ）。

A. ASCII   B. BCD   C. EBCDIC   D. Unicode

10. ASCII 码是一种字符编码，常用（   ）位二进制进行编码。

A. 7   B. 8   C. 15   D. 16

1.2.5 技能拓展

计算题：

1. 将十进制数 512 转换为二进制数。

2. 将二进制数（110101）$_2$转换为十进制数。

3. 将一个 2 GB 文件的存储单位转换位 KB，请问是多少 KB？

1.3   了解计算思维和前沿技术

1.3.1   任务分析

在本任务中，我们将了解计算思维和计算机发展的前沿技术。

1.3.2   任务实施

1. 计算思维

当今信息社会，计算机的应用是人们必备的技能之一。人们学习计算机应用可以改变工作和生活习惯更好地适应社会发展。在学习计算机应用之前，应该先了解计算思维，学习科学家进行问题求解的思维方式。下面我们来了解计算和计算思维的基本概念。

（1）计算的概念。

计算思维中的"计算"是基于规则的、符号集的变换过程，即从一个按照规则组织的符号集合开始，再按照既定的规则一步步地改变这些符号集合，最后通过有限步骤之后得到一个确定的结果。广义的计算就是执行信息变换，即对信息进行加工和处理。

如简单计算：$7+8=15$，$7-4=3$，$9\times6=54$，指"数据"在"运算符"的操作下，按"计算规则"进行的数据转换。这里，我们通过各种运算符的计算规则及其组合应用，得到了正确的结果。计算规则可以学习和训练，若知道计算规则，但超出人的计算能力，可能无法人为完成计算时可由机器自动完成，借助机器获得计算结果，这也是计算（即机器计算）。利用机器计算，需要设计一些计算规则，让机器通过执行规则完成计算，也就是使用机器来代替人进行自动计算，如圆周率计算等。

计算规则如果用人们理解的符号描述，就是人们的解题步骤；如果用二进制指令描述，就是计算机程序。

（2）计算思维的概念。

计算思维是一直存在的科学思维方式，计算机的出现和应用促进了计算思维的发展和应用。周以真教授认为：计算思维是运用计算机科学的基础概念进行问题求解、系统设计以及人类行为理解等涵盖计算机科学之广度的一系列思维活动。计算思维是所有人都应具备的如同"读、写、算"能力一样的基本思维能力，计算思维建立在计算过程的能力和限制之上，由人或机器执行。

周以真教授为了让人们更易于理解计算思维，对计算思维进一步地做出了更详细的描述，以下 7 点内容是表达计算思维的一些重要概念和方法。

①计算思维是通过约简、嵌入、转化和仿真等方法，把一个困难问题重新阐释成一个我们知道怎样解决问题的思维方法。

②计算思维是一种递归思维，是一种并行处理，并把代码译成数据又能把数据译成代码的方法，也是一种多维分析推广的类型检查方法。

③计算思维是一种采用抽象和分解来控制庞杂的任务或进行巨大复杂系统设计的思维方法，是基于关注分离的方法。

④计算思维是一种选择合适的方式去陈述一个问题，或对一个问题的相关方面建模，使

其易于处理的思维方法。

⑤计算思维是按照预防、保护及通过冗余、容错、纠错的方式，从最坏情况进行系统恢复的一种思维方法。

⑥计算思维是利用启发式推理寻求解答，即在不确定情况下的规划、学习和调度的思维方法。

⑦计算思维是利用海量数据来加快计算，在时间和空间之间，在处理能力和存储容量之间进行折中的思维方法。

2. 前沿技术

（1）人工智能。

①人工智能的定义。

人工智能也叫作机器智能，是指由人工制造的系统所表现出来的智能，可以概括为研究智能程序的一门科学。人工智能研究的主要目标在于研究用机器来模仿和执行人脑的某些智力功能，探究相关理论、研发相应技术，如判断、推理、识别、感知、理解、思考、规划、学习等思维活动。人工智能技术已经渗透到人们日常生活的各个方面，涉及的行业也很多，包括游戏、新闻媒体、金融等，并运用于各种领先的研究领域，如量子科学。

②人工智能的发展。

1956 年夏季，以麦卡赛、明斯基、罗切斯特和香农等为首的一批年轻科学家一起聚会，共同研究和探讨用机器模拟智能的一系列有关问题，并首次提出了"人工智能"这一术语，它标志着"人工智能"这门新兴学科的正式诞生。

从 1956 年正式提出人工智能学科算起，60 多年来，人工智能研究取得长足的发展，成为一门广泛的交叉和前沿学科。总的说来，研究人工智能的目的就是让计算机这台机器能够像人一样去思考。当计算机出现后，人类才开始真正有了一个可以模拟人类思维的工具。

如今，全世界大部分大学的计算机系都在研究"人工智能"这门学科。1997 年 5 月，IBM 公司研制的深蓝（Deep Blue）计算机战胜了国际象棋大师卡斯帕洛夫。大家或许不会注意到，在一些方面，计算机帮助人进行其他原本只属于人类的工作，以它的高速度和准确性为人类发挥着作用。人工智能始终是计算机科学的前沿学科，计算机的编程语言和其他计算机软件都因为有了人工智能的发展而得以存在。

③人工智能的实际运用。

人工智能在很多领域得到了不同程度的应用，如在线客服、自动驾驶、智慧生活、智慧医疗等，现在最热门的 ChatGPT 也是人工智能的一种应用。

（2）大数据。

①大数据的定义。

数据是指存储在某种介质上包含信息的物理符号。在电子网络时代，随着人们生产数据的能力和数量的飞速提升，大数据应运而生。大数据是指无法在一定时间范围内用常规软件工具进行捕捉、管理、处理的数据集合，而要想从这些数据集合中获取有用的信息，就需要对大数据进行分析，这不仅需要采用集群的方法获取强大的数据分析能力，还需对面向大数据的新数据分析算法进行深入的研究。针对大数据进行分析的大数据技术，是指为了传送、存储、分析和应用大数据而采用的软件和硬件技术，也可将其看作是面向数据的高性能计算系统。就技术层面而言，大数据必须依托分布式架构来对海量的数据进行分布式挖掘，必须利用云计算的分布式处理、分布式数据库、云存储和虚拟化技术，因此，大数据与云计算是密不可分的。

②大数据的发展。

在大数据行业的火热发展下，大数据的应用越来越广泛，国家相继出台的一系列政策更是加快了大数据产业的落地。大数据发展经历了以下4个阶段。

◆ 出现阶段

1980年，阿尔文·托夫勒著的《第三次浪潮》书中将"大数据"称为"第三次浪潮的华彩乐章"。1997年，美国研究员迈克尔·考克斯和大卫·埃尔斯沃斯首次使用"大数据"这一术语来描述20世纪90年代的挑战。

大数据在云计算出现之后才凸显其真正的价值，谷歌在2006年首先提出云计算的概念。2007—2008年随着社交网络的快速发展，"大数据"概念被注入了新的生机。2008年9月《自然》杂志推出了名为"大数据"的封面专栏。

◆ 热门阶段

2009年，欧洲一些领先的研究型图书馆和科技信息研究机构建立了伙伴关系，致力于改善在互联网上获取科学数据的简易性。2010年，肯尼斯库克尔发表大数据专题报告《数据，无所不在的数据》。2011年6月，麦肯锡发布了关于"大数据"的报告，正式定义了大数据的概念，后逐渐受到了各行各业关注。2011年12月，工业和信息化部发布《物联网"十二五"发展规划》，将信息处理技术作为4项关键技术创新工程之一提出来，其中包括了海量数据存储、图像视频智能分析、数据挖掘，这些是大数据的重要组成部分。

◆ 时代特征阶段

2012年，维克托·迈尔·舍恩伯格和肯尼斯·库克耶的《大数据时代》一书，把大数据的影响划分为3个不同的层面来分析，分别是思维变革、商业变革和管理变革。"大数据"这一概念乘着互联网的浪潮在各行各业中占据着举足轻重的地位。

◆ 爆发期阶段

2017年，在政策、法规、技术、应用等多重因素的推动下，跨部门数据共享共用的格局基本形成。京、津、沪、冀、辽、贵、渝等省（市）人民政府相继出台了大数据研究与发展行动计划，整合数据资源，实现区域数据中心资源汇集与集中建设。

在这些陆续开放共享政府大数据的省市中，全国至少已有13个省（区、市）成立了21家大数据管理机构，已有多所本科学校获批"数据科学与大数据技术"本科专业，多所专科院校开设"大数据技术"专科专业。

江西软件职业技术大学作为全国首批十五所职业本科试点学校之一，也已开设了职业本科专业"大数据工程技术"与高职（专科）专业"大数据技术"。

③大数据的典型应用案例。

在以云计算为代表的技术创新背景下，收集和处理数据变得更加简便，国务院在印发的《促进大数据发展行动纲要》中系统地部署了大数据发展工作，通过各行各业的不断创新，大数据也将创造更多价值。下面对大数据典型应用案例进行介绍。

a. 高能物理。高能物理是一个与大数据联系十分紧密的学科。科学家往往要从大量的数据中发现一些小概率的粒子事件，如比较典型的离线处理方式，由探测器组负责在实验时获取数据，而最新的 LHC 实验每年采集的数据高达 15 PB。高能物理中的数据不仅十分海量，且没有关联性，要从海量数据中提取有用的事件，就可使用并行计算技术对各个数据文件进行较为独立的分析处理。

b. 推荐系统。推荐系统可以通过电子商务网站向用户提供商品信息和建议，如商品推荐、新闻推荐、视频推荐等。而实现推荐过程则需要依赖大数据，用户在访问网站时，网站会记录和分析用户的行为并建立模型，将该模型与数据库中的产品进行匹配后，才能完成推荐过程。为了实现这个推荐过程，需要存储海量的用户访问信息，并基于大量数据的分析，推荐出与用户行为相符合的内容。

c. 搜索引擎系统。搜索引擎是非常常见的大数据系统，为了有效地完成互联网上数量巨大的信息的收集、分类和处理工作，搜索引擎系统大多基于集群架构，搜索引擎的发展历程为大数据研究积累了宝贵的经验。

（3）云计算。

①云计算的定义。

云计算是国家战略性新兴产业，是基于互联网服务的增加、使用和交付模式。云计算通常涉及通过互联网来提供动态易扩展且经常是虚拟化的资源，是传统计算机和网络技术发展融合的产物。

云计算技术是硬件技术和网络技术发展到一定阶段出现的新的技术模型，是对实现云计算模式所需的所有技术的总称。分布式计算技术、虚拟化技术、网络技术、服务器技术、数据中心技术、云计算平台技术、分布式存储技术等都属于云计算技术的范畴，同时云计算技术也包括新出现的 Hadoop、HPCC、Stom、Spark 等技术。云计算技术意味着计算能力也可作为一种商品通过互联网进行流通。云计算技术中主要包括 3 种角色，分别为资源的整合运营者、资源的使用者和终端客户。资源的整合运营者负责资源的整合输出，资源的使用者负责将资源转变为满足客户需求的应用，而终端客户则是资源的最终消费者。

云计算技术作为一项应用范围广、对产业影响深的技术，正逐步向信息产业等各种产业渗透，产业的结构模式、技术模式和产品销售模式等都会随着云计算技术发生深刻的改变，进而影响人们的工作和生活。

②云计算的发展。

2010 年开始，云计算作为一个新的技术趋势得到了快速的发展。云计算的崛起无疑会改变 IT 产业，也将深刻改变人们的工作方式和公司经营的方式。云计算的发展基本可以分为以下 4 个阶段。

◆ 理论完善阶段

1984 年，Sun 公司的联合创始人约翰·盖奇提出"网络就是计算机"的名言，用于描述分布式计算技术带来的新世界，今天的云计算正在将这一理念变成现实；1997 年，南加州大学教授拉姆纳特 K. 切拉帕提出云计算的第一个学术定义；1999 年，马克·安德森创建了响云，它是第一个商业化的基础设施即服务平台；1999 年 3 月，赛富时成立，成为最早出现的云服务；2005 年，亚马逊公司宣布推出亚马逊云计算服务平台。

◆ 准备阶段

IT 企业、电信运营商、互联网企业等纷纷推出云服务，云服务形成。2008 年 10 月，微软公司发布其公共云计算平台——Windows Azure Platform，由此拉开了 Microsoft 的云计算大幕。

◆ 成长阶段

云服务功能日趋完善，种类日趋多样，传统企业也开始通过自身能力扩展、收购等模式，投入云服务之中。2009 年 4 月，VMware 公司推出业界首款云操作系统 VMware VSphere 4。2009 年 7 月，中国首个企业云计算平台诞生。2009 年 11 月，中国移动云计算平台"大云"计划启动。2010 年 1 月，Microsoft 公司正式发布 Microsoft Azure 云平台服务。

◆ 高速发展阶段

云计算行业市场通过深度竞争，逐渐形成主流平台产品和标准；产品功能比较健全、市场格局相对稳定；云服务进入成熟阶段。2014 年，阿里云启动"云合"计划；2015 年，华为在北京正式对外宣布"企业云"战略；2016 年，腾讯云战略升级，并宣布"云出海"计划等。

③云计算的应用。

随着云计算技术产品、解决方案的不断成熟，云计算技术的应用领域也在不断扩展，衍生出了云制造、教育云、环保云、物流云、云安全、云存储、云游戏、移动云计算等各种功能，对医药医疗领域、制造领域、金融与能源领域、电子政务领域、教育科研领域的影响巨大，为电子邮箱、数据存储、虚拟办公等方面也提供了非常大的便利。云计算里有 5 个关键技术，分别是虚拟化技术、编程模式、海量数据分布存储应用技术、海量数据管理技术、云计算平台管理技术。下面介绍几种常用的云计算应用。

◆ 云安全

云安全是云计算技术的重要分支，在反病毒领域获得了广泛应用。云安全技术可以通过网状的大量客户端对网络中软件的异常行为进行监测，获取互联网中木马和恶意程序的最新信息，自动分析和处理信息，并将解决方案发送到每一个客户端。

云安全融合了并行处理、网格计算、未知病毒行为判断等新兴技术和概念，理论上可以把病毒的传播范围控制在一定区域内，且整个云安全网络对病毒的上报和查杀速度非常快，在反病毒领域中意义重大，但所涉及的安全问题也非常广泛，对最终用户而言，云安全技术在用户身份安全、共享业务安全和用户数据安全等方面的问题需要格外关注。

云安全系统的建立并非轻而易举，要想保证系统正常运行，不仅需要海量的客户端、专业的反病毒技术和经验、大量的资金和技术投入，还必须提供开放的系统，让大量合作伙伴加入。

◆ 云存储

云存储是一种新兴的网络存储技术，可将储存资源放到"云"上供用户存取。云存储通过集群应用、网络技术或分布式文件系统等功能将网络中大量不同类型的存储设备集合起来协同工作，共享同对外提供数据存储和业务访问功能。通过云存储，用户可以在任何时间、任何地点，将任何可联网的装置连接到"云"上存取数据。

在使用云存储功能时，用户只需要为实际使用的存储容量付费，不用额外安装物理存储设备，减少了成本。同时，存储维护工作转移至服务提供商，在人力物力上也降低了成本。但云存储也有一些可能存在的问题，例如，如果用户在云存储中保存重要数据，则数据安全可能存在潜在隐患，其可靠性和可用性取决于广域网（WAN）的可用性和服务提供商的预防措施等级。对于一些具有特定记录保留需求的用户，在选择云存储服务之前还需进一步了解和掌握云存储。

◆ 云游戏

云游戏是一种以云计算技术为基础的在线游戏技术，云游戏模式中的所有游戏都在服务器端运行，并通过网络将渲染后的游戏画面压缩传送给用户。

云游戏技术主要包括云端完成游戏运行与画面渲染的云计计算技术，以及玩家终端与云端间的流媒体传输技术。对于游戏运营商而言，只需花费服务器升级的成本，而不需要不断投入巨额的新主机研发费用；对于游戏用户而言，用户的游戏终端无须拥有强大的图形运算与数据处理能力等，只需拥有流媒体播放能力与获取玩家输入指令并发送给云端服务器的能力即可。

（4）虚拟现实技术。

虚拟现实技术（简称 VR），又称虚拟环境、灵境或人工环境，是指利用计算机生成一种可对参与者直接施加视觉、听觉和触觉感受，并允许其交互地观察和操作的虚拟世界的技术。

虚拟现实技术具有超越现实的虚拟性。它是伴随多媒体技术发展起来的计算机新技术，它利用三维图形生成技术、多传感交互技术以及高分辨率显示技术，生成三维逼真的虚拟环境，用户需要通过特殊的交互设备才能进入虚拟环境中。这是一门崭新的综合性信息技术，它融合了数字图像处理、计算机图形学、多媒体技术、传感器技术等多个信息技术分支，从而大大推进了计算机技术的发展。

江西软件职业技术大学作为全国首批十五所职业本科试点学校之一，也已开设了职业本科专业"虚拟现实技术"与高职（专科）专业"虚拟现实技术应用"。

①主要特征。

a. 多感知性（Multi – Sensory）——所谓多感知是指除了一般计算机技术所具有的视觉感知之外，还有听觉感知、力觉感知、触觉感知、运动感知，甚至包括味觉感知、嗅觉感知等。理想的虚拟现实技术应该具有一切人所具有的感知功能。由于相关技术，特别是传感技术的限制，目前虚拟现实技术所具有的感知功能仅限于视觉、听觉、力觉、触觉、运动等几种。

b. 浸没感（Immersion）——又称临场感或存在感，指用户感到作为主角存在于模拟环境中的真实程度。理想的模拟环境应该使用户难以分辨真假，使用户全身心地投入计算机创建的三维虚拟环境中，该环境中的一切看上去是真的，听上去是真的，动起来是真的，甚至闻起来、尝起来等一切感觉都是真的，如同在现实世界中的感觉一样。

　　c. 交互性（Interactivity）——指用户对模拟环境内物体的可操作程度和从环境得到反馈的自然程度（包括实时性）。例如，用户可以用手去直接抓取模拟环境中虚拟的物体，这时手有握着东西的感觉，并可以感觉物体的重量，视野中被抓的物体也能立刻随着手的移动而移动。

　　d. 构想性（Imagination）——又称为自主性——强调虚拟现实技术应具有广阔的可想象空间，可拓宽人类认知范围，不仅可再现真实存在的环境，也可以随意构想客观不存在的甚至是不可能发生的环境。

　　②虚拟现实技术的应用。

　　在科技开发上。虚拟现实可缩短开发周期，减少费用。例如克莱斯勒公司 1998 年年初便利用虚拟现实技术，在设计某两种新型车上取得突破，首次使设计的新车直接从计算机屏幕投入生产线，也就是说完全省略了中间的试生产。由于利用了卓越的虚拟现实技术，使克莱斯勒避免了 1 500 项设计差错，节约了 8 个月的开发时间和 8 000 万美元费用。利用虚拟现实技术还可以进行汽车冲撞试验，不必使用真的汽车便可显示出不同条件下的冲撞后果。

　　现在虚拟现实技术已经和理论分析、科学实验一起，成为人类探索客观世界规律的三大手段。用它来设计新材料，可以预先了解改变成分对材料性能的影响。在材料还没有制造出来之前便知道用这种材料制造出来的零件在不同受力情况下是如何损坏的。

　◆ 商业上

　　虚拟现实常被用于推销。例如建筑工程投标时，把设计的方案用虚拟现实技术表现出来，便可把业主带入未来的建筑物里参观，如门的高度、窗户朝向、采光多少、屋内装饰等，都可以感同身受。它同样可用于旅游景点以及功能众多、用途多样的商品推销。因为利用虚拟现实技术展现这类商品的魅力，比单用文字或图片宣传更加有吸引力。

　◆ 医疗上

　　虚拟现实应用大致上有两类。一是虚拟人体，也就是数字化人体，这样的人体模型医生更容易了解人体的构造和功能。另一是虚拟手术系统，可用于指导手术的进行。

　◆ 军事上

　　利用虚拟现实技术模拟战争过程已成为最先进的多快好省的研究战争、培训指挥员的方法。因为虚拟现实技术已达到很高水平，所以尽管不进行核试验，也能不断改进核武器。战争实验室在检验预定方案用于实战方面也能起到巨大作用。1991 年海湾战争开始前，美军便把海湾地区各种自然环境和伊拉克军队的各种数据输入计算机内，进行各种作战方案模拟后才定下初步作战方案。后来实际作战的发展和模拟实验结果相当一致。

　◆ 娱乐上

　　应用是虚拟现实最广阔的用途。英国出售的一种滑雪模拟器，使用者身穿滑雪服，脚踩滑雪板，手挂滑雪棍，头上戴着头盔显示器，手脚上都装着传感器。虽然在斗室里，只要做着各种各样的滑雪动作，便可通过头盔式显示器，看到堆满皑皑白雪的高山、峡谷、悬崖陡壁，——从身边掠过，其情景就和在滑雪场里进行真的滑雪所感觉的一样。

　◆ 教育上

　　虚拟校园。虚拟校园是虚拟现实技术在教育领域最早的具体应用，虽然大多数虚拟校园仅仅实现校园场景的浏览功能，但虚拟现实技术提供的活的浏览方式，全新的媒体表现形式都具有非常鲜明的特点。天津大学早在 1996 年，在 SGI 硬件平台上，基于 VR ML 国际标准，最早开发了虚拟校园，使没有去过天津大学的人，可以领略近代史上久负盛名的大学。随着网络时代的来临，网络教育迅猛发展，尤其是在宽带技术将大规模应用的今天，一些高校已经开始逐步推广、使用虚拟校园模式。

虚拟教学。在虚拟教学方面，可以应用教学模拟进行演示、探索、游戏教学。利用简易型虚拟现实技术表现某些系统（自然的、物理的、社会的）的结构和动态，为学生提供一种可供他们体验和观测的环境。建立教学模拟的关键工作是创建被模拟对象（真实世界）的模型，然后用计算机描述此模型，通过运算产生输出。这些输出能够在一定程度上反映真实世界的行为。教学模拟是一种十分有价值的 CAI 模式，在教学中有广泛的应用。例如中国地质大学开发的地质晶体学学习系统，利用虚拟现实技术演示它们的结构特征，直观明了。

虚拟培训。虚拟现实技术的特点在虚拟培训方面表现得比较突出。虚拟现实技术的沉浸性和交互性，使学生能够在虚拟学习环境中扮演一个角色，全身心地投入学习，这非常有利于学生的技能训练。利用沉浸型虚拟现实系统，可以做各种各样的技能训练，对职业教育技能型教学有着无比强大的推动作用。

◆ 工业上

工业仿真、安全生产应急演练、三维工厂设备管理、虚拟培训等都是虚拟现实技术在工业方面的应用。下面针对几个比较典型的实例来表述虚拟现实技术在工业方面的应用情况。

石油行业——三维海上油田。

石油行业三维数字化系统是近几年来随着信息技术的飞速发展，石油需求的急剧增加和经济信息全球化的逐步加深而出现的一项新技术。它在能源行业的信息交流和管理决策中发挥着越来越重要的作用。利用虚拟现实技术构建能源安全作业虚拟仿真训练系统，提供多人在线交互式训练功能。推行封闭式演示、指南式向导操作和开放式自由操作的培训模式，开发能源安全作业虚拟仿真训练系统，能有效地解决能源安全作业培训的成本、安全和效果问题。

构建一个全面的三维仿真信息化系统，在此系统内进行设备管理、管线管理、安全应急演练等，构建作业区三维环境，附加作业区周围方圆百公里 GIS 数据，包括卫星影像图及 DEM 高程数据等。在此基础上创建设备及管线数据，实现设备及管线的信息查询、测量分析、飞行控制等操作。

电力行业——三维电力协同作业。

三维电力输电网络信息系统采用 3DGIS 融合 VR 的思路，利用数字地形模型、高分辨率遥感影像构建基础三维场景能够真实再现地形、地貌，采用创建三维模型再现输电网络、变电站、输电线路周边环境、地物的空间模型。电力设备可通过传感器将现场状态进行虚拟现实再现，同时实现三维查询功能，二维网页和三维场景进行无缝连接，实现二、三维一体化管理，为领导及工作人员提供全方位、多维、立体化的辅助决策支持，从而减少处理事故所需时间，减少经济损失。

系统实现了各种分析功能，如停电范围分析、最佳路径分析，当停电事故发生时，系统能快速计算出影像范围，标绘出事故地点及抢修最优路线。当火灾发生时绘制火灾波及范围及对重要设备的影像程度，推荐最佳救援方式。

现在。虚拟现实技术不仅创造出虚拟场景，而且还创造出虚拟主持人、虚拟歌星、虚拟演员。日本电视台推出的歌星 DiKi，不仅歌声迷人而且风度翩翩，引得无数歌迷纷纷倾倒，许多追星族欲亲睹其芳容，迫使电视台只好说明她不过是虚拟的歌星。美国迪士尼公司还准备推出虚拟演员。这将使"演员"艺术青春常在、活力永存。明星片酬走向天价是导致使用虚拟演员的另一个原因。虚拟演员成为电影主角后，电影将成为软件产业的一个分支。各软件公司将开发数不胜数的虚拟演员软件供人选购。固然，在幽默和人情味上，虚拟演员在很长一段时间内甚至永远都无法同真实的演员相比，但它的确能成为优秀演员。不久前，由计算机拍成的游戏节目《古墓丽影》，片中的女主角入选全球知名人物，预示着虚拟演员时代即将来临。

（5）区块链技术。

区块链是分布式数据存储、点对点传输、共识机制、加密算法等计算机技术的新型应用模式。

什么是区块链？从科技层面来看，区块链涉及数学、密码学、互联网和计算机编程等很多科学技术问题。从应用视角来看，简单来说，区块链是一个分布式的共享账本和数据库，具有去中心化、不可篡改、全程留痕、可以追溯、集体维护、公开透明等特点。这些特点保证了区块链的"诚实"与"透明"，为区块链创造信任奠定基础。而区块链丰富的应用场景，基本上都基于区块链能够解决信息不对称问题，实现多个主体之间的协作信任与一致行动。

江西软件职业技术大学作为全国首批十五所职业本科试点学校之一，也已开设了职业本科专业"区块链技术"与高职（专科）专业"区块链技术应用"。

①起源。

区块链起源于比特币，2008 年 11 月 1 日，一位自称中本聪（Satoshi Nakamo）的人发表了《比特币：一种点对点的电子现金系统》一文，阐述了基于 P2P 网络技术、加密技术、时间戳技术、区块链技术等的电子现金系统的构架理念，这标志着比特币的诞生。两个月后理论步入实践，2009 年 1 月 3 日第一个序号为 0 的创世区块诞生。几天后，2009 年 1 月 9 日出现序号为 1 的区块，并与序号为 0 的创世区块相连接形成了链，标志着区块链的诞生。

近年来，世界对比特币的态度起起落落，但作为比特币底层技术之一的区块链技术日益受到重视。在比特币形成过程中，区块是一个一个的存储单元，记录了一定时间内各个区块节点全部的交流信息。各个区块之间通过随机列（也称哈希算法）实现链接，后一个区块包含前一个区块的哈希值，随着信息交流的扩大，一个区块与一个区块相继接续，形成的结果就叫区块链。

②类型。

公有区块链（Public Block Chains）：世界上任何个体或者团体都可以发送交易，且交易能够获得该区块链的有效确认，任何人都可以参与其共识过程。公有区块链是最早的区块链，也是应用最广泛的区块链，各大 bitcoins 系列的虚拟数字货币均基于公有区块链，世界上有且仅有一条该币种对应的区块链。

行业区块链（Consortium Block Chains）：由某个群体内部指定多个预选的节点为记账人，块地生成由所有的预选节点共同决定（预选节点参与共识过程），其他接入节点可以参与交易，但不过问记账过程（本质上还是托管记账，只是变成分布式记账，预选节点的多少，如何决定块地记账者成为该区块链的主要风险点），其他任何人可以通过该区块链开放的 API 进行限定查询。

私有区块链（Private Block Chains）：仅仅使用区块链的总账技术进行记账，可以是一个公司，也可以是个人，独享该区块链的写入权限，本链与其他的分布式存储方案没有太大区别。传统金融都是想实验尝试私有区块链，而公链的应用例如 bitcoin 已经工业化，私链的应用产品还在摸索当中。

③特征。

去中心化。区块链技术不依赖额外的第三方管理机构或硬件设施，没有中心管制，除了自成一体的区块链本身，通过分布式核算和存储，各个节点实现了信息自我验证、传递和管理。去中心化是区块链最突出最本质的特征。

开放性。区块链技术基础是开源的，除了交易各方的私有信息被加密外，区块链的数据对所有人开放，任何人都可以通过公开的接口查询区块链数据和开发相关应用，因此整个系统信息高度透明。

独立性。基于协商一致的规范和协议（类似比特币采用的哈希算法等各种数学算法），整个区块链系统不依赖其他第三方，所有节点能够在系统内自动安全地验证、交换数据，不需要任何人为的干预。

安全性。只要不能掌控全部数据节点的 51%，就无法肆意操控修改网络数据，这使区块链本身变得相对安全，避免了主观人为的数据变更。

匿名性。除非有法律规范要求，单从技术上来讲，各区块节点的身份信息不需要公开或验证，信息传递可以匿名进行。

④应用。

金融领域。区块链在国际汇兑、信用证、股权登记和证券交易所等金融领域有着潜在的巨大应用价值。将区块链技术应用在金融行业中，能够省去第三方中介环节，实现点对点的直接对接，从而在大大降低成本的同时，快速完成交易支付。比如 Visa 推出基于区块链技术的 Visa B2B Connect，它能为机构提供一种费用更低、更快速和安全的跨境支付方式来处理全球范围的企业对企业的交易。要知道传统的跨境支付需要等 3～5 天，并为此支付1%～3% 的交易费用。Visa 还联合 Coinbase 推出了首张比特币借记卡，花旗银行则在区块链上测试运行加密货币"花旗币"。

物联网和物流领域。区块链在物联网和物流领域也可以天然结合。通过区块链可以降低物流成本，追溯物品的生产和运送过程，并且提高供应链管理的效率。该领域被认为是区块链一个很有前景的应用方向。

区块链通过结点连接的散状网络分层结构，能够在整个网络中实现信息的全面传递，并能够检验信息的准确程度。这种特性一定程度上提高了物联网交易的便利性和智能化。区块链＋大数据的解决方案就利用了大数据的自动筛选过滤模式，在区块链中建立信用资源，可双重提高交易的安全性，并提高物联网交易便利程度。为智能物流模式应用节约时间成本。区块链结点具有十分自由的进出能力，可独立地参与或离开区块链体系，不对整个区块链体系造成任何干扰。区块链＋大数据解决方案就利用了大数据的整合能力，促使物联网基础用户拓展更具有方向性，便于在智能物流的分散用户之间实现用户拓展。

公共服务领域。区块链在公共管理、能源、交通等领域都与民众的生产生活息息相关，但是这些领域的中心化特质也带来了一些问题，可以用区块链来改造。区块链提供的去中心化的完全分布式 DNS 服务通过网络中各个节点之间的点对点数据传输服务就能实现域名的查询和解析，可用于确保某个重要的基础设施的操作系统和固件没有被篡改，可以监控软件的状态和完整性，发现不良的篡改，并确保使用了物联网技术的系统所传输的数据没有经过篡改。

数字版权领域。通过区块链技术，可以对作品进行鉴权，证明文字、视频、音频等作品的存在，保证权属的真实、唯一性。作品在区块链上被确权后，后续交易都会进行实时记录，实现数字版权全生命周期管理，也可作为司法取证中的技术性保障。例如，美国纽约一家创业公司 Mine Labs 开发了一个基于区块链的元数据协议，这个名为 Mediachain 的系统利用 IPFS 文件系统，实现数字作品版权保护，主要是面向数字图片的版权保护应用。

保险领域。在保险理赔方面，保险机构负责资金归集、投资、理赔，往往管理和运营成本较高。通过智能合约的应用，既无须投保人申请，也无须保险公司批准，只要触发理赔条件，实现保单自动理赔。一个典型的应用案例就是 LenderBot，其于 2016 年由区块链企业 Stratumn、德勤与支付服务商 Lemonway 合作推出，它允许人们通过 Facebook Messenger 的聊天功能，注册定制化的微保险产品，为个人之间交换的高价值物品进行投保，而区块链在贷款合同中代替了第三方角色。

公益领域。区块链上存储的数据，高可靠且不可篡改，天然适合用在社会公益场景。公益流程中的相关信息，如捐赠项目、募集明细、资金流向、受助人反馈等，均可以存放于区块链上，并且有条件地进行透明公开公示，方便社会监督。

1.3.3　知识储备

1. 人工智能的关键技术

人工智能技术关系到人工智能产品是否可以顺利应用到我们的生活场景中。在人工智能领域，它普遍包含了机器学习、知识图谱、自然语言处理、人机交互、计算机视觉、生物特征识别六个关键技术。

①机器学习。机器学习（Machine Learning）是一门涉及统计学、系统辨识、逼近理论、神经网络、优化理论、计算机科学、脑科学等诸多领域的交叉学科，研究计算机怎样模拟或实现人类的学习行为，以获取新的知识或技能，重新组织已有的知识结构使之不断改善自身的性能，是人工智能技术的核心。基于数据的机器学习是现代智能技术中的重要方法之一，研究从观测数据（样本）出发寻找规律，利用这些规律对未来数据或无法观测的数据进行预测。根据学习模式、学习方法以及算法的不同，机器学习存在不同的分类方法。根据学习模式将机器学习分类为监督学习、无监督学习和强化学习等。根据学习方法可以将机器学习

分为传统机器学习和深度学习。

②知识图谱。知识图谱本质上是结构化的语义知识库，是一种由节点和边组成的图数据结构，以符号形式描述物理世界中的概念及其相互关系，其基本组成单位是"实体—关系—实体"三元组，以及实体及其相关"属性—值"对。不同实体之间通过关系相互联结，构成网状的知识结构。在知识图谱中，每个节点表示现实世界的"实体"，每条边为实体与实体之间的"关系"。通俗地讲，知识图谱就是把所有不同种类的信息连接在一起而得到的一个关系网络，提供了从"关系"的角度去分析问题的能力。

知识图谱可用于反欺诈、不一致性验证、组团欺诈等公共安全保障领域，需要用到异常分析、静态分析、动态分析等数据挖掘方法。特别是，知识图谱在搜索引擎、可视化展示和精准营销方面有很大的优势，已成为业界的热门工具。但是，知识图谱的发展还有很大的挑战，如数据的噪声问题，即数据本身有错误或者数据存在冗余。随着知识图谱应用的不断深入，还有一系列关键技术需要突破。

③自然语言处理。自然语言处理是计算机科学领域与人工智能领域中的一个重要方向，研究能实现人与计算机之间用自然语言进行有效通信的各种理论和方法，涉及的领域较多，主要包括机器翻译、机器阅读理解和问答系统等。

④人机交互。人机交互主要研究人和计算机之间的信息交换，主要包括人到计算机和计算机到人的两部分信息交换，是人工智能领域的重要的外围技术。人机交互是与认知心理学、人机工程学、多媒体技术、虚拟现实技术等密切相关的综合学科。传统的人与计算机之间的信息交换主要依靠交互设备进行，主要包括键盘、鼠标、操纵杆、数据服装、眼动跟踪器、位置跟踪器、数据手套、压力笔等输入设备，以及打印机、绘图仪、显示器、头盔式显示器、音箱等输出设备。人机交互技术除了传统的基本交互和图形交互外，还包括语音交互、情感交互、体感交互及脑机交互等技术。

⑤计算机视觉。计算机视觉是使用计算机模仿人类视觉系统的科学，让计算机拥有类似人类提取、处理、理解和分析图像以及图像序列的能力。自动驾驶、机器人、智能医疗等领域均需要通过计算机视觉技术从视觉信号中提取并处理信息。近年来，随着深度学习的发展，预处理、特征提取与算法处理渐渐融合，形成端到端的人工智能算法技术。根据解决的问题，计算机视觉可分为计算成像学、图像理解、三维视觉、动态视觉和视频编解码五大类。

⑥生物特征识别。生物特征识别技术是指通过个体生理特征或行为特征对个体身份进行识别认证的技术。从应用流程看，生物特征识别通常分为注册和识别两个阶段。注册阶段通过传感器对人体的生物表征信息进行采集，如利用图像传感器对指纹和人脸等光学信息、麦克风对说话声等声学信息进行采集，利用数据预处理以及特征提取技术对采集的数据进行处理，得到相应的特征进行存储。

识别过程采用与注册过程一致的信息采集方式对待识别人进行信息采集、数据预处理和特征提取，然后将提取的特征与存储的特征进行比对分析，完成识别。从应用任务看，生物特征识别一般分为辨认与确认两种任务，辨认是指从存储库中确定待识别人身份的过程，是一对多的问题；确认是指将待识别人信息与存储库中特定单人信息进行比对，确定身份的过程，是一对一的问题。

生物特征识别技术涉及的内容十分广泛，包括指纹、掌纹、人脸、虹膜、指静脉、声纹、步态等多种生物特征，其识别过程涉及图像处理、计算机视觉、语音识别、机器学习等多项技术。目前，生物特征识别作为重要的智能化身份认证技术，在金融、公共安全、教育、交通等领域得到广泛的应用。

2. 云计算的服务类型

通常，云计算的服务类型分为三类，即基础设施即服务（IaaS）、平台即服务（PaaS）和软件即服务（SaaS）。这三种云计算服务有时称为云计算堆栈。以下是这三种服务的概述。

①基础设施即服务（IaaS）。

基础设施即服务是主要的服务类别之一，它向云计算提供商的个人或组织提供虚拟化计算资源，如虚拟机、存储、网络和操作系统。

②平台即服务（PaaS）。

平台即服务是一种服务类别，为开发人员提供通过全球互联网构建应用程序和服务的平台。Paas 为开发、测试和管理软件应用程序提供按需开发环境。

③软件即服务（SaaS）。

软件即服务也是其服务的一类，通过互联网提供按需软件付费应用程序，云计算提供商托管和管理软件应用程序，并允许其用户连接到应用程序并通过全球互联网访问应用程序。

3. 虚拟现实的关键技术

①环境建模技术。即虚拟环境的建模，目的是获取实际三维环境的三维数据，并根据应用的需要，利用获取的三维数据建立相应的虚拟环境模型。

②立体声合成和立体显示技术。在虚拟现实系统中消除声音的方向与用户头部运动的相关性，同时在复杂的场景中实时生成立体图形。

③触觉反馈技术。在虚拟现实系统中让用户能够直接操作虚拟物体并感觉到虚拟物体的反作用力，从而产生身临其境的感觉。

④交互技术。虚拟现实中的人机交互远远超出了键盘和鼠标的传统模式，利用数字头盔、数字手套等复杂的传感器设备，三维交互技术与语音识别、语音输入技术成为重要的人机交互手段。

⑤系统集成技术。由于虚拟现实系统中包括大量的感知信息和模型，因此系统的集成技术为重中之重，包括信息同步技术、模型标定技术、数据转换技术、识别和合成技术等。

4. 区块链的核心技术

①分布式账本。分布式账本指的是交易记账由分布在不同地方的多个节点共同完成，而且每一个节点记录的是完整的账目，因此它们都可以参与监督交易合法性，同时也可以共同为其作证。

跟传统的分布式存储有所不同，区块链的分布式存储的独特性主要体现在两个方面：一是区块链每个节点都按照块链式结构存储完整的数据，传统分布式存储一般是将数据按照一定的规则分成多份进行存储。二是区块链每个节点存储都是独立的、地位等同的，依靠共识机制保证存储的一致性，而传统分布式存储一般是通过中心节点往其他备份节点同步数据。没有任何一个节点可以单独记录账本数据，从而避免了单一记账人被控制或者被贿赂而记假账的可能性。也由于记账节点足够多，理论上讲除非所有的节点被破坏，否则账目就不会丢失，从而保证了账目数据的安全性。

②非对称加密。存储在区块链上的交易信息是公开的，但是账户身份信息是高度加密的，只有在数据拥有者授权的情况下才能访问到，从而保证了数据的安全和个人的隐私。

③共识机制。共识机制就是所有记账节点之间怎么达成共识，去认定一个记录的有效性，这既是认定的手段，也是防止篡改的手段。区块链提出了四种不同的共识机制，适用于不同的应用场景，在效率和安全性之间取得平衡。

区块链的共识机制具备"少数服从多数"以及"人人平等"的特点，其中"少数服从多数"并不完全指节点个数，也可以是计算能力、股权数或者其他的计算机可以比较的特征量。"人人平等"是当节点满足条件时，所有节点都有权优先提出共识结果、直接被其他节点认同后并最后有可能成为最终共识结果。以比特币为例，采用的是工作量证明，只有在控制了全网超过51%的记账节点的情况下，才有可能伪造出一条不存在的记录。当加入区块链的节点足够多的时候，伪造记录基本上不可能，从而杜绝了造假的可能。

④智能合约。智能合约是基于这些可信的不可篡改的数据，可以自动化地执行一些预先定义好的规则和条款。以保险为例，如果说每个人的信息（包括医疗信息和风险发生的信息）都是真实可信的，那就很容易在一些标准化的保险产品中，去进行自动化的理赔。在保险公司的日常业务中，虽然交易不像银行和证券行业那样频繁，但是对可信数据的依赖有增无减。因此，笔者认为利用区块链技术，从数据管理的角度切入，能够有效地帮助保险公司提高风险管理能力。具体来讲主要分投保人风险管理和保险公司的风险监督。

1.3.4 技能应用

选择题

1. 下列不属于云计算特点的是（　　　）。

A. 高可扩展性　　　B. 按需服务　　　C. 高可靠性　　　D. 非网络化

2. 下列不属于典型大数据常用单位的是（　　　）。

A. MB　　　　　　B. ZB　　　　　　C. PB　　　　　　D. EB

3. AR 技术是指（　　　）。

A. 虚拟现实技术　　　　　　　　　B. 增强现实技术

C. 混合现实技术　　　　　　　　　D. 影像现实技术

4. 下列不属于人工智能涉及的学科的是（　　　）。

A. 计算机科学　　　B. 心理学　　　C. 哲学　　　D. 文学

5. 人工智能的实际应用不包括（　　　）。

A. 自动驾驶　　　B. 人工客服　　　C. 智慧生活　　　D. 智慧医疗

6. 区块链的安全性主要是通过（　　　）来进行保证的。

A. 签名算法　　　B. 密码学算法　　　C. 哈希算法　　　D. 共识算法

7. 区块链的技术分类包括公有区块链、行业区块链和（　　　）。

A. 区域区块链   B. 社会区块链

C. 私有区块链   D. 数据区块链

1.3.5 技能拓展

问答题：

1. 人工智能是什么？

2. 区块链的核心技术包括哪些？

3. 云计算的服务类型有哪些？

项目 2

Windows 10操作系统

Windows 10，是由微软公司（Microsoft）开发的操作系统，应用于计算机和平板电脑等设备。Windows 10 在易用性和安全性方面有了极大的提升，除了针对云服务、智能移动设备、自然人机交互等新技术进行融合外，还对固态硬盘、生物识别、高分辨率屏幕等硬件进行了优化完善与支持。

本项目通过熟悉 Windows 10 和设置个性化工作环境来学习 Windows 10 操作系统知识。

❖ **学习目标**

1. 了解 Windows 发展历程，Windows 10 的功能、类型和特点，熟悉 Windows 10 的视窗元素，掌握 Windows 10 的基本操作、安装以及卸载程序的方法。

2. 掌握如何设置桌面主题和背景，掌握设置 Microsoft 账户的方法。

❖ **学习重点**

1. Windows 文件和文件夹的管理操作。

2. 应用程序的安装与卸载。

3. 用户账户的设置。

2.1 熟悉 Windows 10

2.1.1 任务分析

在本任务中，我们将了解 Windows 发展历程，Windows 10 的功能、类型和特点，熟悉 Windows 10 的视窗元素，掌握 Windows 10 的基本操作、安装以及卸载程序的方法。

2.1.2 任务实施

1. Windows 发展历程

在学习使用 Windows 10 操作系统之前，我们先来了解一下 Windows 的前世今生，认识其发展历程。从最初借鉴苹果公司的图形界面伊始产生的简陋的初代 Windows 系统，到现在垄断桌面操作系统，是全世界使用最广泛、应用最多的桌面操作系统。可以很明确地说，我们已经很难离开 Windows 操作系统，Windows 操作系统已经深深地融合在我们的工作、学习和生活之中，可以说无处不在的、功能强大的、使用简单的。Windows 使我们的工作学习生活更加简单、更加便捷、更加高效，它已经深入地改变了用户使用电脑的习惯，让广大用户对 Windows 操作系统形成了依赖。

（1）Windows 1.0 是由微软在 1983 年 11 月宣布，并在两年后（1985 年 11 月）发行的。Windows 1.0 界面如图 2-1 所示。

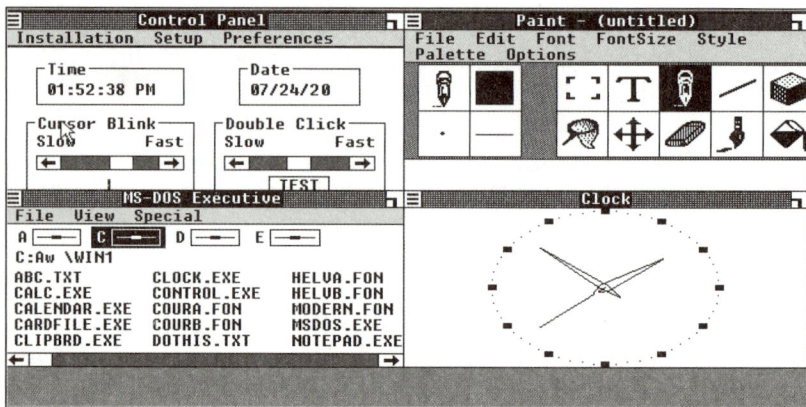

图 2-1　Windows 1.0 界面

（2）Windows 2.0 是在 1987 年 12 月正式在市场上推出的。该版本对使用者界面做了一些改进。2.0 版本还增强了键盘和鼠标界面，特别是加入了功能表和对话框，其界面如图 2-2 所示。

（3）Windows 3.0 是在 1990 年 5 月 22 日发布的，它将 Win286 和 Win386 结合到同一种产品中，是第一个在家用和办公室市场上取得立足点的版本，其界面如图 2-3 所示。

（4）Windows 3.1 是 1992 年 4 月发布的，其界面如图 2-4 所示。Windows 3.1 添加了多媒体功能、CD 播放器以及对桌面排版很重要的 True Type 字体。次年发布的 Windows for Workgroups 3.11 又引入了对网络的支持——包括以太网和当时如日中天的 Novell netware，并利用对等网络的概念构建 Windows 工作组网络。1994 年 Windows 3.2 发布，这也是 Windows 系统第一次有了中文版。由于消除了语言障碍，降低了学习门槛，因此在国内得到了较为广泛的应用。

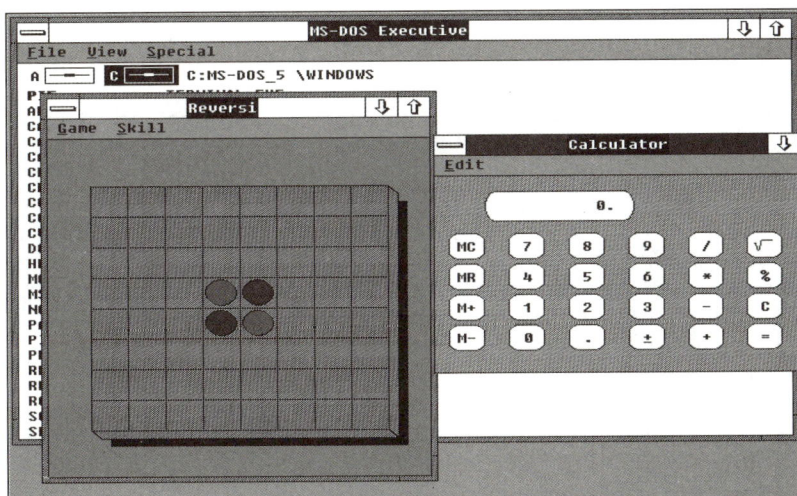

图 2 – 2　Windows 2. 0 界面

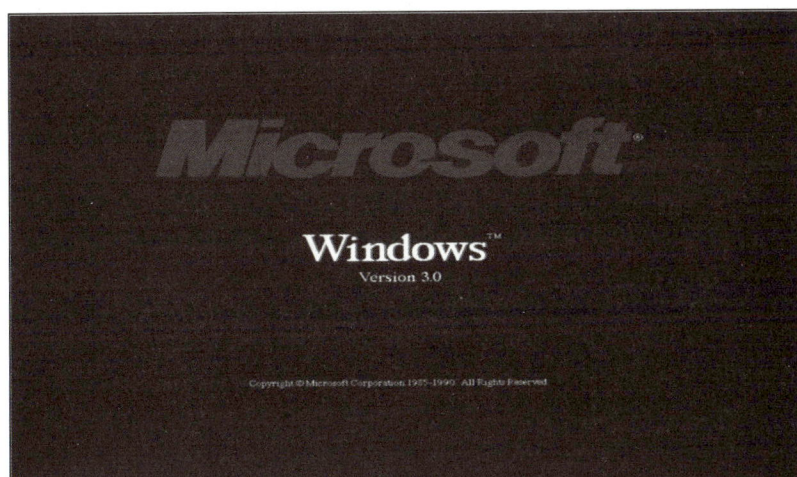

图 2 – 3　Windows 3. 0 界面

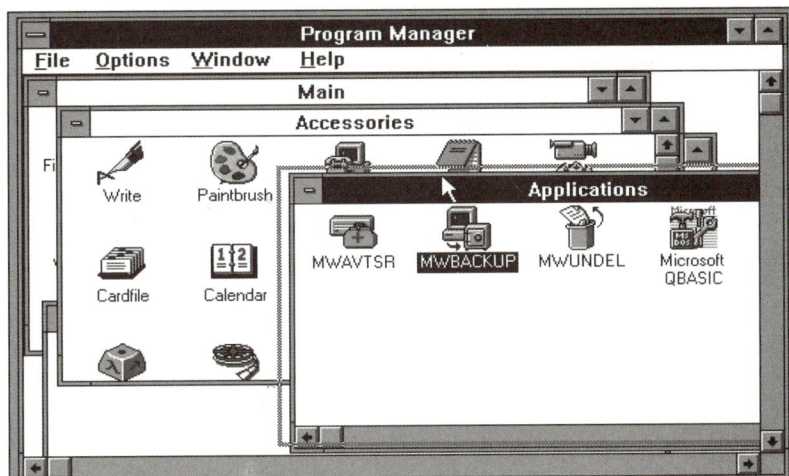

图 2 – 4　Windows 3. 1 界面

（5）Windows 95 是在 1995 年 8 月发布的，其界面如图 2 - 5 所示。虽然缺少了某些功能，诸如高安全性和对 RISC 机器的可携性等，但是 Windows 95 具有需要较少硬件资源的优点。

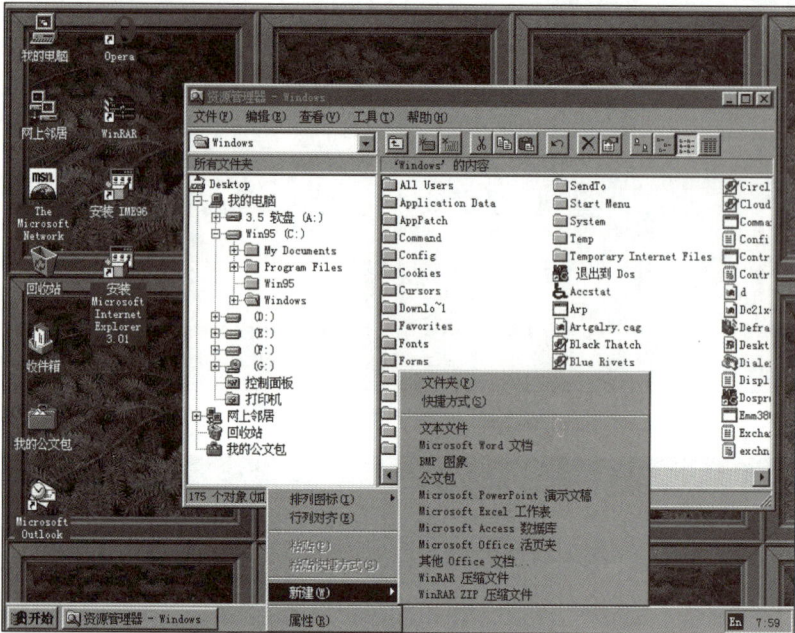

图 2 - 5　Windows 95 界面

（6）Windows 98 在 1998 年 6 月发布，其界面如图 2 - 6 所示，具有许多加强功能，包括执行效能的提高、更好的硬件支持以及与国际网络和全球资讯网（WWW）更紧密地结合。

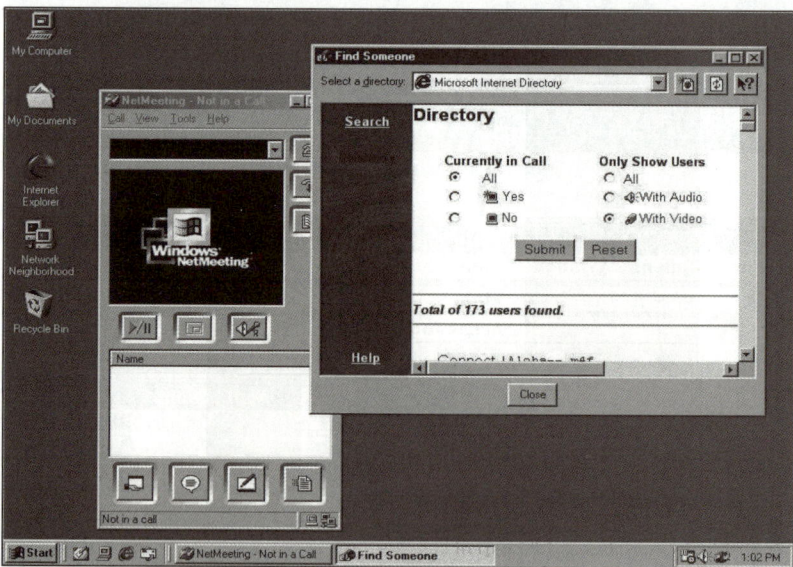

图 2 - 6　Windows 98 界面

（7）2000 年 9 月 14 日微软公司发布的 Windows ME（Windows Millennium Edition，Windows ME），是为庆祝千禧年而开发的，其界面如图 2 - 7 所示。Windows ME 是在 Windows 9X 的基础上开发的，主要针对的是家庭和个人用户。Windows ME 重点改进了对多媒体和硬件设备的支持，但同时也加入了不少在 Windows 2000 上拥有的新概念。主要增加的功能包括系统恢复、UPnP 即插即用、自动更新等。由于 Windows ME 的稳定性和可靠性较差，相当多的 Dos 程序无法在 Windows ME 上运行。相比其他版本的 Windows 系统，Windows ME 只延续了短短一年，就被 Windows XP 取代了。

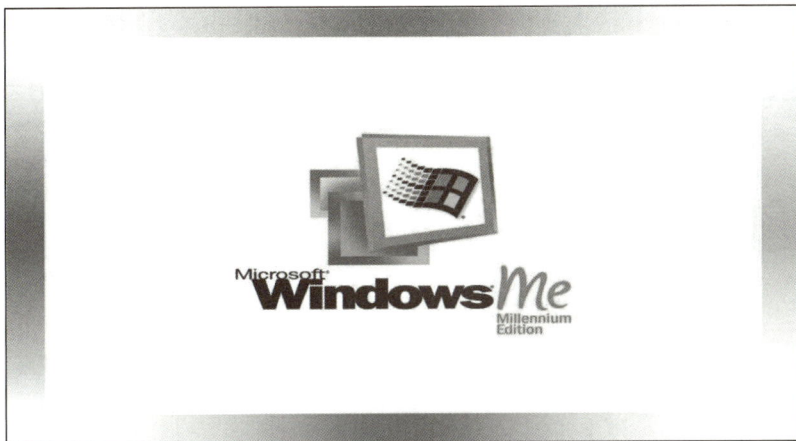

图 2 - 7　Windows ME 界面

（8）Windows 2000 是沿袭微软公司 Windows NT 系列的 32 位视窗操作系统，是 Windows 操作系统发展的一个新里程碑，其界面如图 2 - 8 所示。Windows 2000 起初称为 Windows NT 5.0。它的英文版于 1999 年 12 月 19 日上市，中文版于次年 2 月上市。Windows 2000 是一个先占式多任务、可中断的、面向商业环境的图形化操作系统，为单一处理器或对称多处理器的 32 位 Intelx86（奔腾芯片）电脑而设计。它的客户机版本（Professional 版本）在 2001 年 10 月被 Windows XP 所取代；而服务器版本则在 2003 年 4 月被 Windows Server 2003 所取代。

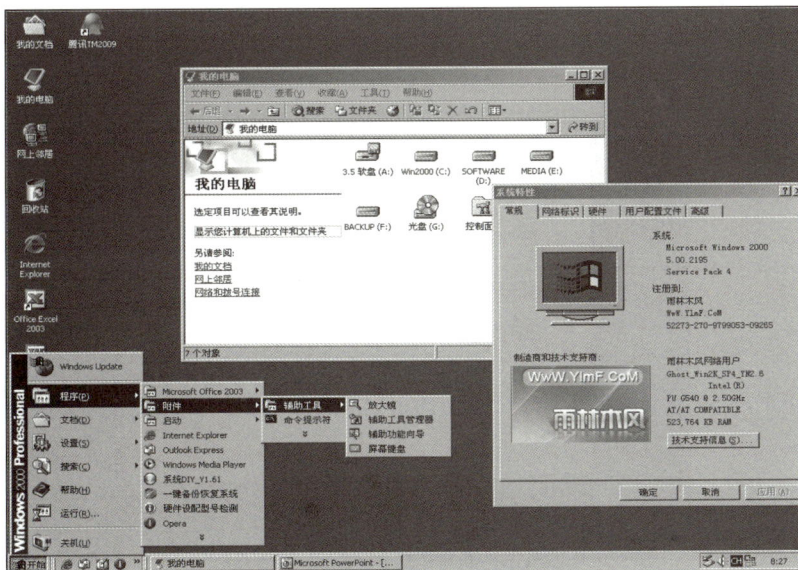

图 2 - 8　Windows 2000 界面

（9）Windows XP 是 2001 年 10 月发布的一款操作系统。它不再采用微软公司一贯的以年份命名的方式，而是以一个全新的名字 Windows XP 来命名这款全新的操作系统，其界面如图 2-9 所示。按照微软公司的解释，XP 是 experience 的缩写，旨在在全新技术和功能的引导下，让使用者拥有更加丰富而广泛的全新计算机使用体验，感受科技带来的乐趣。

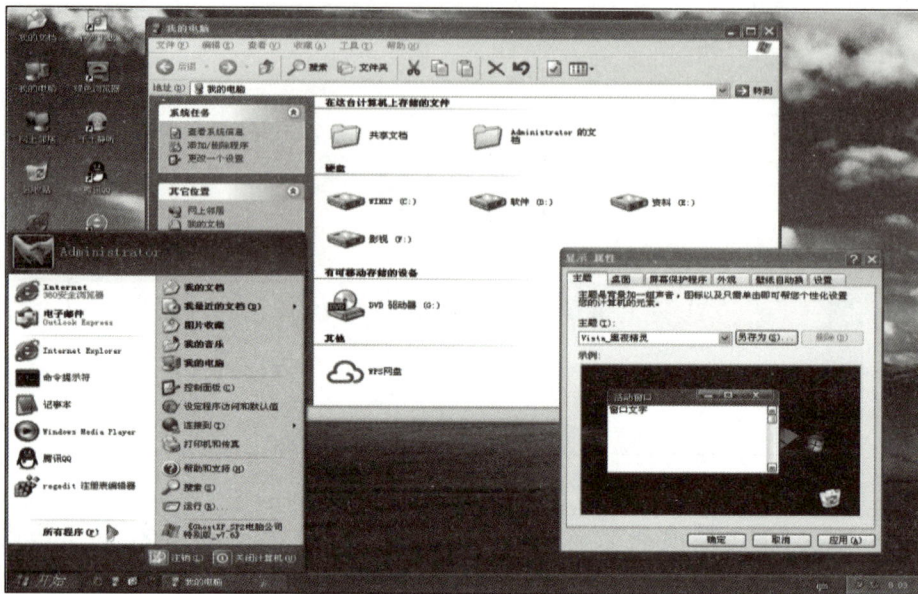

图 2-9　Windows XP 界面

（10）Windows Vista。2006 年 11 月，具有跨时代意义的 Vista 系统发布，它引发了一场硬件革命，使 PC 正式进入双核、大（内存、硬盘）世代。不过因为 Vista 的使用习惯与 XP 有一定差异，软硬件的兼容问题导致它的普及率差强人意，但它华丽的界面和炫目的特效还是值得赞赏的。Windows Vista 界面如图 2-10 所示。

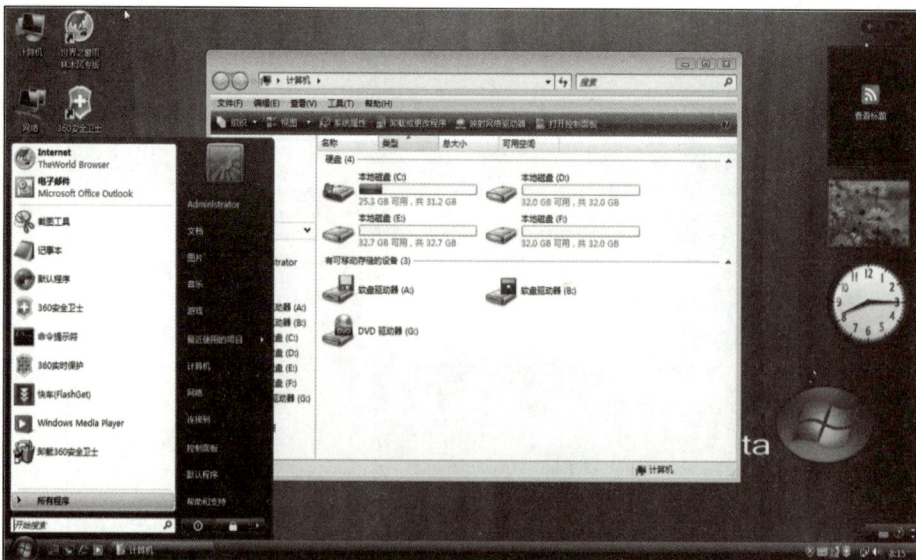

图 2-10　Windows Vista 界面

（11）Windows 7。2009 年 10 月，微软公司推出了 Windows 7，其是在 Windows Vista 的基础上开发的，核心版本号为 Windows NT 6.1。Windows7 可供家庭及商业工作环境、笔记本电脑、平板电脑、多媒体中心等使用。Windows 7 先后推出了简易版、家庭普通版、家庭高级版、专业版、企业版等多个版本。Windows 7 的启动时间大幅缩减，增加了简洁的搜索和信息使用方式，改进了安全和功能合法性，提升触摸准确性。Aero 界面效果更显华丽和美观。Windows 7 界面如图 2 - 11 所示。

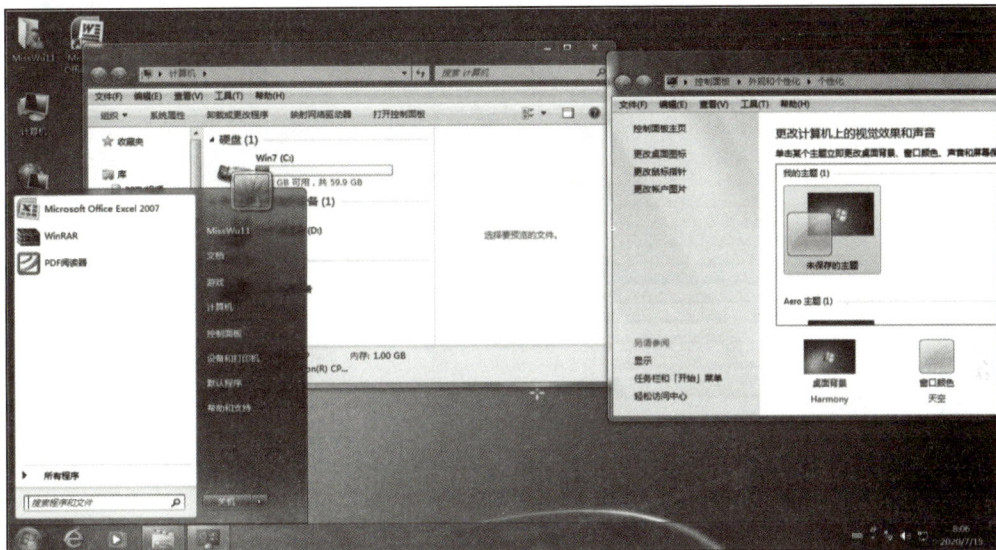

图 2 - 11　Windows 7 界面

（12）Windows 8。2012 年 10 月 26 日，微软正式推出 Windows 8。Windows 8 是由微软公司开发的具有革命性变化的操作系统。该系统旨在让人们的日常电脑操作更加简单和快捷，为人们提供高效易行的工作环境。Windows 8 支持个人电脑（X86 构架）及平板电脑（X86 构架或 ARM 构架）。Windows 8 大幅改变以往的操作逻辑，提供更佳的屏幕触控支持。新系统画面与操作方式变化极大，采用全新的 Metro 应用风格用户界面，取消开始菜单，使用开始屏幕，并取消 Windows 留存部分 Aero 界面。各种应用程序、快捷方式等能以动态方块的样式呈现在屏幕上，用户可自行将常用的浏览器、社交网络、游戏、操作界面融入。Windows 8 界面如图 2 - 12 所示。

图 2 - 12　Windows 8 界面

（13）Windows 10。2015 年 7 月 29 日发布的 Windows 10 是微软最新发布的 Windows 版本，Windows 10 大幅减少了开发阶段。Windows10 恢复了原来的开始菜单，并可在设置中选择开始菜单全屏，大大方便了不同的用户。全新毛玻璃透明效果，去除原本的 Aero Peek。添加 Metro 应用，也称 UWP 应用。修改了系统的大部分图标，优化文件资源管理器。Windows 10 界面如图 2 – 13 所示。

图 2 – 13　Windows 10 界面

（14）Windows 11。美国当地时间 2021 年 6 月 24 日，微软推出新的 Windows 11 系统，这是微软近 6 年来首次推出新的 Windows 操作系统。Windows 11 提供了许多创新功能，旨在支持当前的混合工作环境，侧重于在灵活多变的全新体验中提高最终用户的工作效率。Windows 11 界面如图 2 – 14 所示。

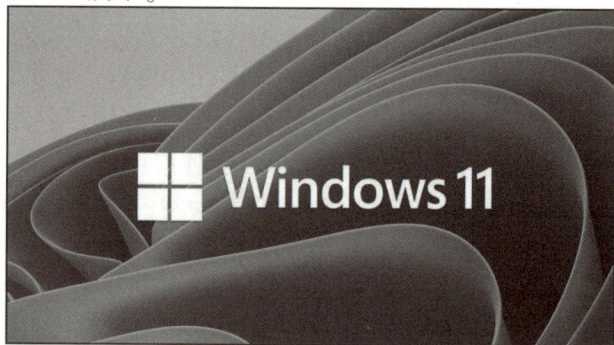

图 2 – 14　Windows 11 界面

2. Windows 10 的新特性

随着智能化设备日渐普及，工作协调性与同步性也开始被提到一个新的高度，为了实现多端融合与信息流同步概念，也就是当你在一台设备上进行某项工作时，可以随时切换到另一台设备，移动端平板、智能手机和桌面系统的软硬件统一、融合。比如具有云剪贴板、就近共享、OneDrive、DLNA 等一系列多终端功能。Windows 10 操作系统结合了 Windows 7 和 Windows 8 操作系统的优点，更符合用户的操作体验，下面就来简单介绍 Windows 10 操作系统的新特性。

Windows10 重新使用 Windows 8 取消的"开始"按钮，但采用全新的"开始"菜单，在菜单右侧增加了磁贴风格的区域，将传统风格和现代风格有机地结合在一起，兼顾了老版本系统用户的使用习惯。

在 Windows 10 中，增加了个人智能助理——Cortana（小娜），它可以记录并了解用户的使用习惯，帮助用户在电脑上查找资料、管理日历、跟踪程序包、查找文件、跟你聊天，还可以推送关注的资讯等，类似于苹果 IOS 的 SIRI、小米的小爱同学。此外，Windows 10 还有许多其他新功能和改进，如增加了云存储、Onedrive 用户可以将文件保存在网盘中，方便在不同电脑或手机中访问；增加了通知中心，可以查看各应用推送的信息；增加了 Task View（任务视图），可以创建多个传统桌面环境；另外还有平板模式、手机助手等，新特性如下：

（1）资讯和兴趣。通过 Windows 任务栏上的"资讯和兴趣"功能，用户可以快速访问动态内容的集成馈送，如新闻、天气、体育等，这些内容在一天内更新。用户还可以量身定做自己感兴趣的相关内容来个性化任务栏，从任务栏上无缝地阅读资讯的同时，因为内容比较精简所以不太会扰乱日常工作流程

（2）生物识别技术。Windows 10 所新增的 Windows Hello 功能将带来一系列对于生物识别技术的支持。除了常见的指纹扫描之外，系统还能通过面部或虹膜扫描来让你进行登录。

（3）Cortana 搜索功能。Cortana 可以用它来搜索硬盘内的文件、系统设置、安装的应用，甚至是互联网中的其他信息。作为一款私人助手服务，Cortana 还能像在移动平台那样帮你设置基于时间和地点的备注。

（4）平板模式。随着智能化设备日渐普及，为了实现多端融合，微软在照顾老用户的同时，也没有忘记随着触控屏幕成长的新一代用户。Windows 10 提供了针对触控屏设备优化的功能，同时还提供了专门的平板电脑模式，开始菜单和应用都将以全屏模式运行。并且系统会自动在平板电脑与桌面模式间切换。

（5）多桌面。如果用户没有多显示器配置，但依然需要对大量的窗口进行重新排列，那么 Windows 10 的虚拟桌面应该可以帮到用户。在该功能的加持下，用户可以将窗口放进不同的虚拟桌面当中，并在其中进行轻松切换。

（6）窗口贴靠辅助。Windows 10 不仅可以让窗口占据屏幕左右两侧的区域，还能将窗口拖曳到屏幕的四个角落使其自动拓展并填充1/4 的屏幕空间。在贴靠一个窗口时，屏幕的剩余空间内还会显示出其他开启应用的缩略图，点击之后可将其快速填充到这块剩余的空间当中。

（7）任务切换器。Windows 10 的任务切换器不再仅显示应用图标，而是通过大尺寸缩略图的方式内容进行预览。

（8）任务栏的微调。在 Windows 10 的任务栏当中，新增了 Cortana 和任务视图按钮，与此同时，系统托盘内的标准工具也匹配上了 Windows 10 的设计风格。可以查看到可用的 Wi-Fi 网络，或是对系统音量和显示器亮度进行调节。

（9）通知中心。通知中心功能也被加入 Windows 10 当中，让用户可以方便地查看来自不同应用的通知。此外，通知中心底部还提供了一些系统功能的快捷开关，比如平板模式、

便签和定位等。

（10）文件资源管理器升级。Windows 10 的文件资源管理器会在主页面上显示出用户常用的文件和文件夹，让用户可以快速获取到自己需要的内容。

（11）设置和控制面板。Windows 10 中提供了新版的设置和控制面板，该应用会提供系统的一些关键设置选项，用户界面也和传统的控制面板相似，而从前的控制面板也依然会存在于系统当中。

2020 年，在 Windows 10 20H2 最新版本中，Windows 控制面板链接入口点击后将不再打开经典控制面板，取而代之的将是设置应用，同时资源管理器、第三方应用中的快捷方式，也都被从控制面板改到了设置应用。

（12）兼容性增强。只要能运行 Windows 7 操作系统，就能更加流畅地运行 Windows 10 操作系统。针对固态硬盘、生物识别、高分辨率屏幕等硬件都进行了优化支持与完善。

（13）安全性增强。除了继承旧版 Windows 操作系统的安全功能之外，还引入了 Windows Hello、Microsoft Passport、Device Guard 等安全功能。

（14）新技术融合。在易用性、安全性等方面进行了深入的改进与优化。针对云服务、智能移动设备、自然人机交互等新技术进行融合。

3. 启动与退出 Windows 10

步骤如下：

（1）打开显示器电源，然后按下主机电源开关，系统开始启动，稍等片刻就会进入欢迎界面。

（2）按任意按键，即可进入登录界面；如果设置了登录密码，就需要在密码框内输入正确的密码才可以登录。

（3）如果要退出 Windows 10，可以点击桌面左下角的"开始" ▦ 按钮，在"开始"菜单中选择 ⏻ 桌面电源图标，再单击"关机"。

4. 认识 Windows 10 桌面

进入 Windows 10，用户首先看到的是"桌面（desktop）"，Windows 10 的桌面组成元素主要包括桌面背景、桌面图标和任务栏等，如图 2 – 15 所示。

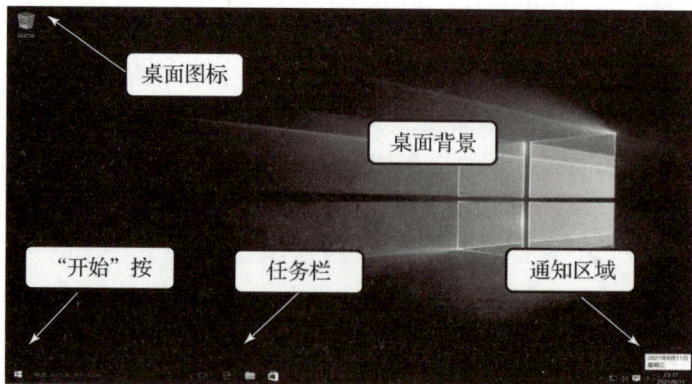

图 2 – 15　Windows 10 桌面

（1）桌面背景。桌面背景可以是个人收集的图片、Windows 提供的图片，也可以显示幻灯片图片。Windows 10 操作系统自带了很多漂亮的背景图片，用户可从中选自己喜欢的图片作为桌面背景。除此之外，用户还可以把自己收藏的精美图片设置为背景图片。

（2）桌面图标。Windows 10 操作系统中，所有的文件、文件夹和应用程序都用相应的图标表示。桌面图标一般是由文字和图片组成，文字说明是图标的名称，图片是它的标识符。新安装的系统桌面中只有一个"回收站"图标。用户双击桌面上的图标，可以快速地打开相应的文件、文件夹或者应用程序，如双击桌面上的"回收站"图标，即可打开"回收站"窗口。

（3）任务栏。任务栏是位于桌面的最底的长条，显示系统正在运行的程序、当前时间等，任务栏主要由"开始"按钮、搜索框、任务视图、快速启动区、系统图标、显示区、通知栏和"显示桌面"按钮组成。和之前的 Windows 相比，Windows 10 中的任务栏设计得更加人性化，使用更加方便，功能和灵活性更强大。用户可以使用"Alt + Tab"组合键在不同的窗口之间执行切换操作。

（4）通知区域。默认情况下，通知区域位于任务栏的右侧。它包含一些程序图标，这些程序图标提供有关常驻应用程序的通知、更新等信息，还有网络连接状态、音量调节、时间日期显示等。新的电脑在通知区域已有一些常用图标，而某些程序在安装过程中会自动将图标添加到通知区域。用户可以更改出现在通知区域中的图标，对于某些特殊图标（如系统图标），还可选择是否显示。用户可以通过将图标拖动到所需的位置来更改图标在通知区域中的顺序，以及隐藏图标的顺序。

（5）"开始"按钮。单击桌面左下角的"开始"按钮（Windows 徽标键），可打开"开始"菜单，左侧依次为用户账户头像、常用的应用程序列表、快捷选项、系统设置、电源按钮。右侧为"开始"屏幕，如图 2 – 16 所示。

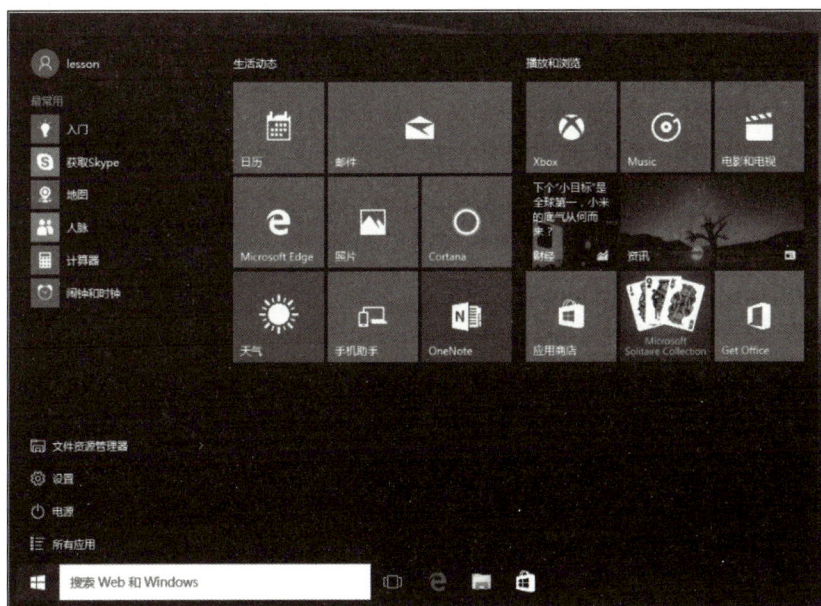

图 2 – 16　"开始"屏幕

5. 认识窗口

单击或者双击某一项目或文件夹，可以打开对应窗口，Windows 10 中的各种窗口有所差别，但大多数具有共同的组成元素。例如，双击桌面上的"回收站"图标，打开"回收站"窗口，如图 2 – 17 所示。

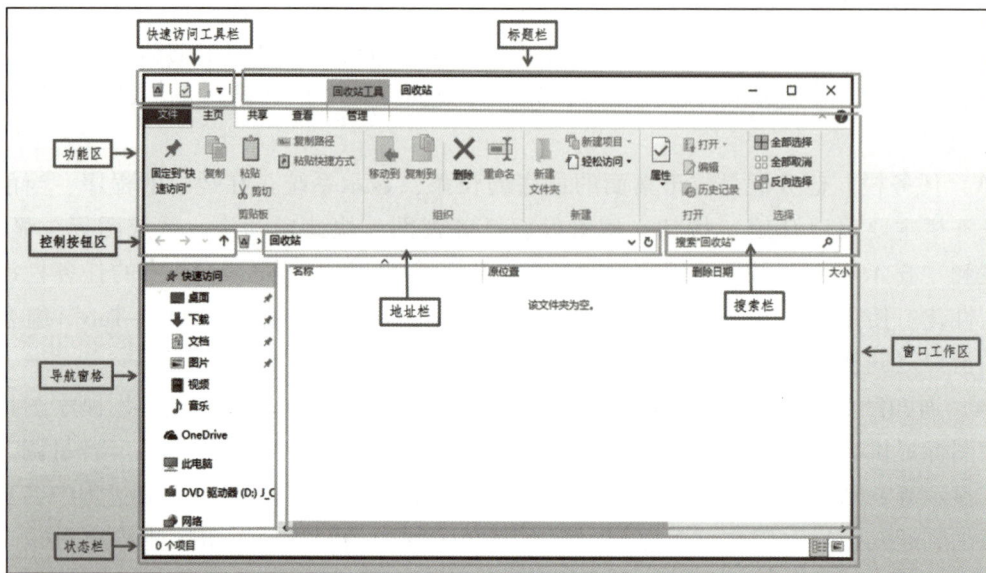

图 2 – 17　"回收站"窗口

（1）标题栏。位于窗口顶端，显示当前目录的位置。标题栏右侧为窗口的"最小化""最大化/还原""关闭"按钮，单击相应的按钮可对窗口执行对应的操作。

（2）快速访问工具栏。用于显示用户常用的命令按钮，默认只显示"属性""新建文件夹"两个按钮。用户可单击"自定义快速访问工具栏"按钮，在展开的下拉列表中选择相应选项，将其显示或取消显示在快速访问工具栏中。

（3）功能区。用于分类存放与当前窗口相关的命令。例如，在"回收站"窗口，"文件"选项卡中是一些与文件操作相关的命令，"查看"选项卡中则是一些与浏览视图、项目布局、项目显示等相关的命令。单击选项卡标签右侧的按钮可展开功能区（显示当前选项卡中包含的命令），再次单击可最小化功能区。

（4）控制按钮区。包括"后退"按钮←、"前进"按钮→和"上移"按钮↑，可实现目录的后退、前进和返回上级目录。

（5）地址栏。显示当前目录的路径信息，单击某一级目录即可切换到该目录；用户还可以在地址栏中输入要查看目录的路径信息，按"Enter"键访问该目录。

（6）搜索框。用于在当前目录中搜索文件和文件夹。

（7）导航窗格。采用层次结构对计算机中的资源进行导航。用户可使用导航窗格来查找文件和文件夹，还可在导航窗格中将项目直接移动或复制到目标位置。如果在已打开的窗口中没有看到导航窗格，可单击"查看"选项卡"窗格"组中的"导航窗格"下拉按钮，在展开的下列表中选择"导航窗格"选项，将其显示出来。

（8）窗口工作区。用于显示在导航窗格中选定项目的内容或执行某项操作后的内容。若窗口工作区中的内容较多，将在其右侧和下方出现滚动条，通过拖动滚动条可查看其他未显示的内容。

（9）状态栏。用于显示当前窗口的项目数量、已选择项目数量、选中文件的大小等属性信息；状态栏右侧显示了"列表"按钮和"缩略图"按钮，单击某一按钮，即可切换到对应的视图模式。

除了最小化、最大化/还原和关闭窗口的操作外，常用的窗口操作还包括以下几项。

（1）移动窗口。将鼠标指针移至窗口标题栏的空白区域，然后按住鼠标左键并拖动，到合适位置后释放鼠标左键即可。注意：最大化的窗口不能移动。

（2）最小化后还原窗口。最小化窗口后，窗口将缩小为图标并显示在任务栏上。要将图标还原成窗口，则只需单击该图标即可。

（3）改变窗口大小。将鼠标指针移至窗口的左或右（上或下）侧边框时，待鼠标指针变为左右双向箭头 ↗ ⟷（或上下 ↕ 双向箭头）形状时，按住鼠标左键不放并左右（或上下）拖动，到合适大小后，释放鼠标左键，可调整窗口的宽度（或高度）。要同时改变窗口的宽度和高度，可将鼠标指针移至窗口的任意角上，当鼠标指针变为倾斜双向箭头 ↗ 或 ↖ 时，按住鼠标左键并拖动，到合适大小后释放鼠标左键即可。

（4）切换窗口。将鼠标指针移至任务栏的任务图标上，此时将展开所有打开的该类型项目的缩略图，单击某个缩略图，即可切换到该窗口。按住"Alt"键不放，再反复按"Tab"键，可在各窗口缩略图之间轮流切换，待切换到目标窗口的缩略图（该缩略图四周显示白色边框）时，释放"A"键，即可切换到该窗口。

（5）排列窗口。在任务栏的空白处单击，在弹出的菜单中选择相应选项，即可按照所选择的选项将打开的窗口层叠、堆叠或者并排显示，如图 2-18 所示。

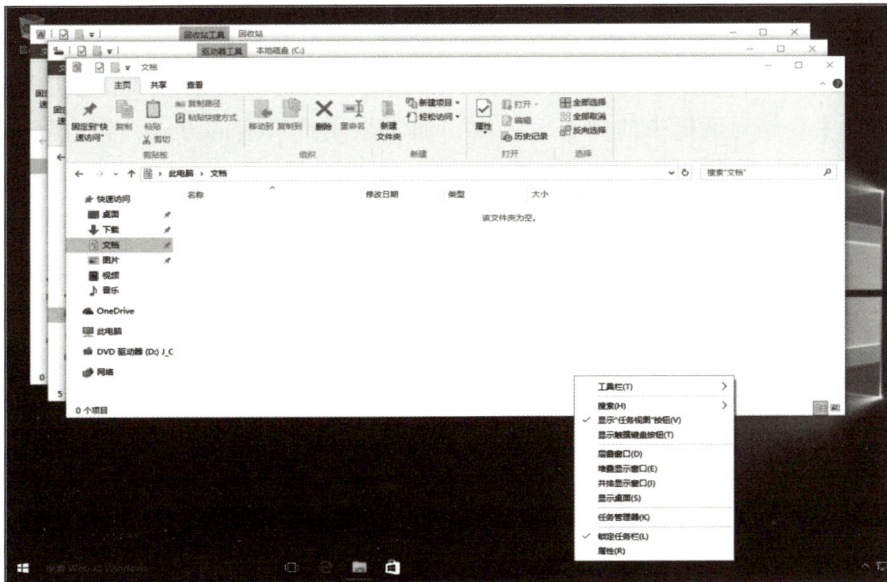

图 2-18　排列窗口

6. 认识对话框

对话框是 Windows10 中的一种特殊窗口，用于对所操作项目进行信息显示、获得用户响应或设置参数等操作。对话框的大小、形状各异，但基本上都是一组控制命令的集合。例如，在"回收站"窗口中，单击"查看"选项卡中的"选项"按钮，打开"文件夹选项"对话框，如图 2-19 所示。

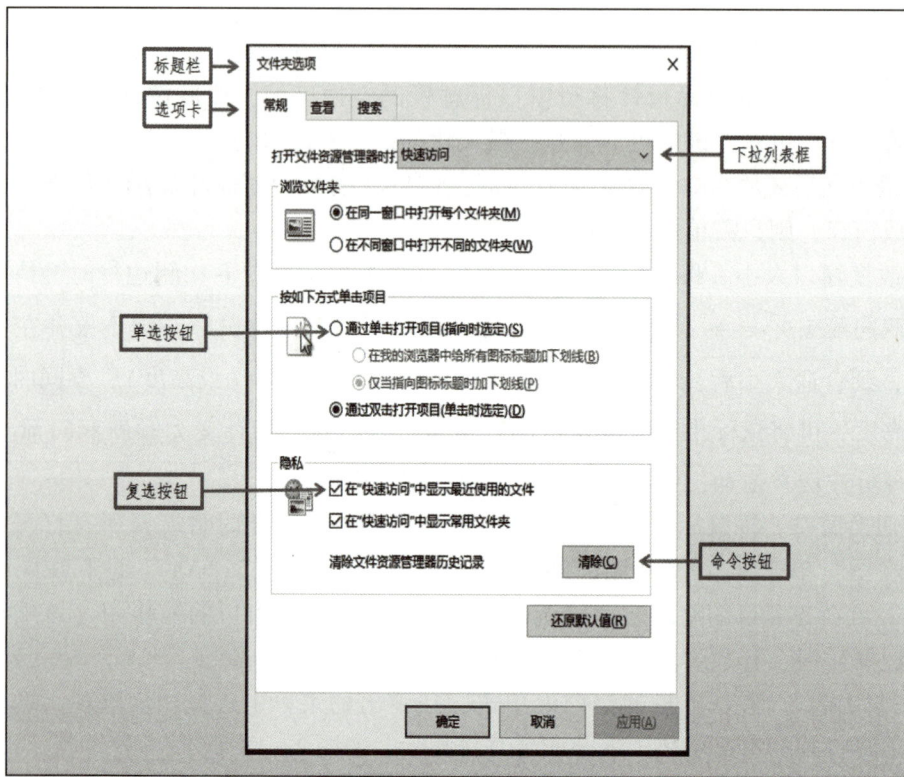

图 2-19　"文件夹选项"对话框

（1）标题栏。左侧显示了对话框的名称；右侧是"关闭"按钮，单击它可关闭对话框。

（2）选项卡。当对话框中的内容较多时，通常采用选项卡的方式，将内容归类到不同的选项卡中。

（3）下拉列表框。包含了某些设置的可选择项，下拉列表框只显示一个当前选项，需单击其右侧的下拉按钮，展开下拉列表，才能选择其他选项。

（4）复选按钮。用于设定或取消某些项目，单击可选中当前选项，再次单击可以取消选择。

（5）单选按钮。通常由多个单选按钮组成一组，用户只能选择其中之一，从而完成某种设置。

（6）命令按钮。在对话框中有许多按钮，单击这些按钮可打开某个对话框或应用相关设置。几乎所有的对话框中都有"确定""取消""应用"按钮。其中，单击"确定"按钮可使对话框中所做的设置生效并关闭对话框，单击"应用"按钮可使设置生效而不关闭对话框，单击"取消"按钮将取消设置并关闭对话框。

除了以上元素外，Windows 10 对话框中还有编辑框（用于编辑参数值）、帮助按钮（单击此按钮可显示对应项目的帮助信息）等元素。

7. 管理文件和文件夹

文件和文件夹是 Windows10 操作系统资源的重要组成部分。在使用计算机的过程中，用户会不断对文件或文件夹进行各种操作，只有掌握好管理文件和文件夹的基本操作，才能更好地完成工作、学习和生活。

（1）打开/关闭文件或文件夹。

对文件或文件夹进行最多的操作就是打开和关闭，下面就介绍打开和关闭文件或文件夹的常用方法。

①打开文件最简单、直观的操作之一，就是左键双击要打开的文件。正常情况下，Windows10 会打开默认的关联应用程序，打开用户已经双击的文件。如果是 .txt 文件，则会打开"记事本"；如果是 .JPG 图像文件，则会打开新版"图片程序"。

②另一种方式就是在需要打开的文件上单击鼠标右键，在弹出的快捷菜单中选择"打开"菜单命令。

③如果要打开的文件没有对应的应用程序关联，可以利用"打开方式"打开，具体操作步骤如下：

在需要打开的文件名上单击鼠标右键，在弹出的快捷菜单中选择"打开方式"菜单命令，在其子菜单中选择相关的软件，如这里选择"画图"方式打开图片文件，如图 2 – 20 所示。

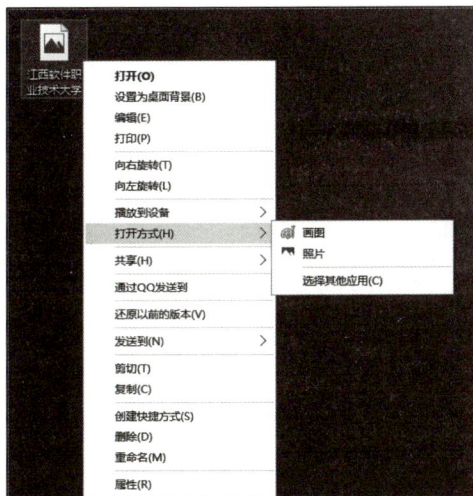

图 2 – 20　"打开方式"打开文件

（2）更改文件或文件夹的名称。

新建文件或文件夹后，都有一个默认的名称作为文件名，用户可以根据需要给新建或已有的文件或文件夹重新命名。

更改文件名称和更改文件夹名称的操作类似，主要有三种方法。

①使用功能区。

选择要重新命名的文件或文件夹，单击"主页"标签，在"组织"功能区中，单击"重命名"按钮，文件或文件夹即可进入编辑状态，输入要命名的名称，单击"Enter"键进行确认，或者在空白区域单击即可，如图 2 – 21 所示。

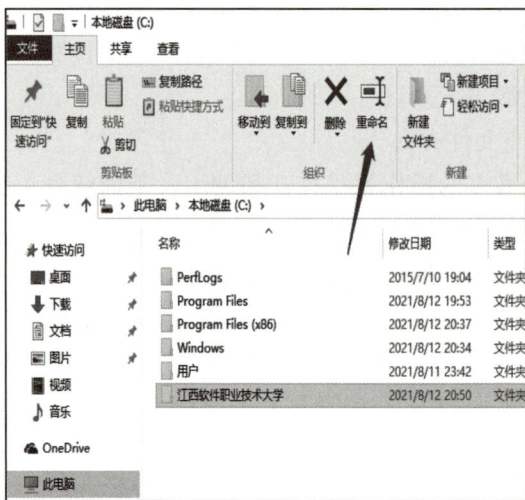

图 2 – 21　文件"重命名" 1

②右键菜单命令。

选择要重新命名的文件或文件夹，单击鼠标右键，在弹出的菜单命令，选择"重命名"菜单命令，文件或文件夹即可进入编辑状态，输入要命名的名称，单击"Enter"键进行确认，或者在空白区域单击即可，如图 2 – 22 所示。

图 2 – 22　文件"重命名" 2

③"F2"快捷键。

选择要重新命名的文件或文件夹，按"F2"键，文件或文件夹即可进入编辑状态，输入要命名的名称，单击"Enter"键进行确认，或者在空白区域单击即可。

（3）选择文件/文件夹操作。

在完成文件/文件夹操作，诸如移动、复制、剪切、删除之前，必须选择相应的文件/文件夹，我们来看看怎样选择文件/文件夹。

①单选。选定单个文件或文件夹，只需要用鼠标单击该文件或文件夹即可。

②连续多选。选中多个连续的文件或文件夹，先单击要选定的第一个文件或文件夹，再按住"Shift"键，并单击要选定的最后一个文件或文件夹，如图2-23所示。

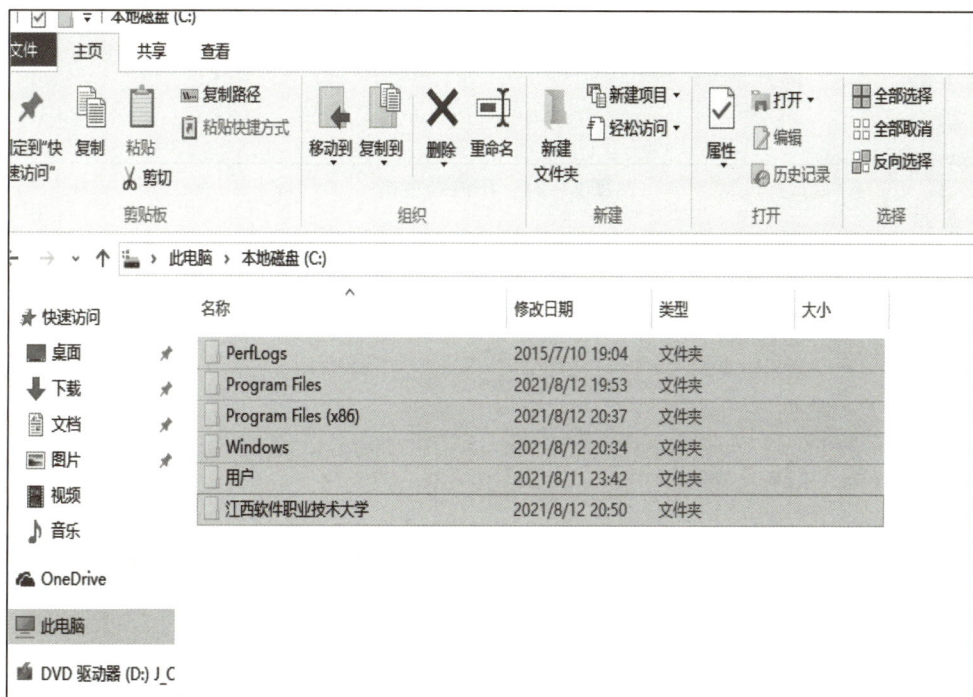

图2-23 连续多选

③不连续多选。选中多个不连续的文件或文件夹，先按住"Ctrl"键，然后再逐个单击要选定的文件或文件夹，如图2-24所示。

④全选。选定全部文件或文件夹，在键盘上按住"Ctrl + A"组合键，可以快速选中全部文件或文件夹，如图2-25所示。

⑤鼠标框选。选择多个连续文件，我们还可以用鼠标框选，在第一个文件或文件夹旁单击鼠标左键不要松开，看到一个鼠标框，拖动到选择的最后一个文件或文件夹，即可多选。

⑥取消选择。在选定的多个文件或文件夹中取消个别文件或文件夹时，先按住"Ctrl"键，单击要取消的文件或文件夹，如图2-26所示。

⑦全部取消。若要全部取消选定，在空白区域单击一下即可。

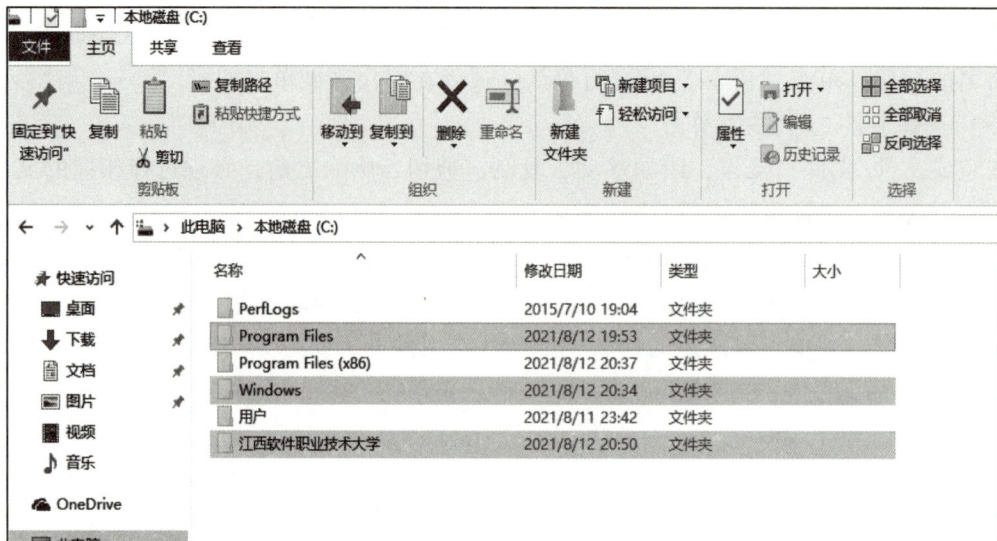

图 2-24 不连续多选

图 2-25 全选

（4）复制、移动文件或文件夹。

移动是指将所选文件或文件夹移动到指定位置，在原来的位置不保留被移动的文件或文件夹；而复制会在将所选文件或文件夹移动到指定位置的同时，在原来的位置保留被移动的文件或文件夹。

①复制文件或文件夹。

选中需要复制的文件或文件夹，单击鼠标右键，并在弹出的快捷菜单中选择"复制"菜单命令，或选中文件或文件夹后，按"Ctrl + C"组合键。

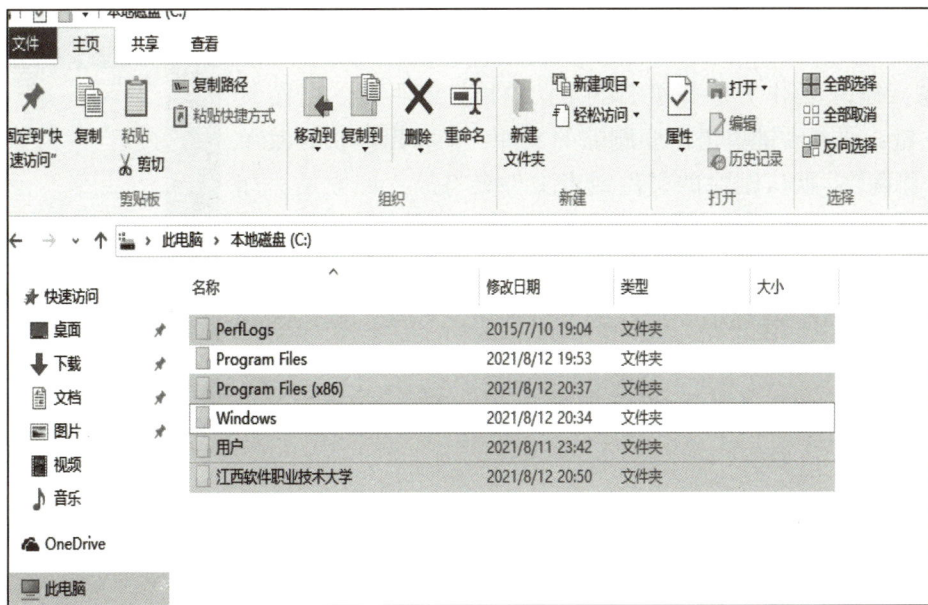

图 2 − 26　取消选择

打开目标存储位置窗口，右键单击窗口空白区域，在弹出的快捷菜单中选择"粘贴"菜单命令，或者按"Ctrl + V"组合键即可，如图 2 − 27 所示。

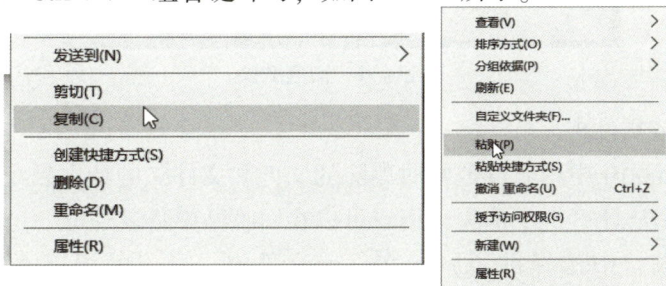

图 2 − 27　复制

②移动文件或文件夹。

如果需要移动文件或文件夹，只需在复制的步骤中，在单击鼠标右键弹出的快捷菜单中选择"剪切"菜单命令或按"Ctrl + X"组合键，后续步骤与复制步骤一致，如图 2 − 28 所示。

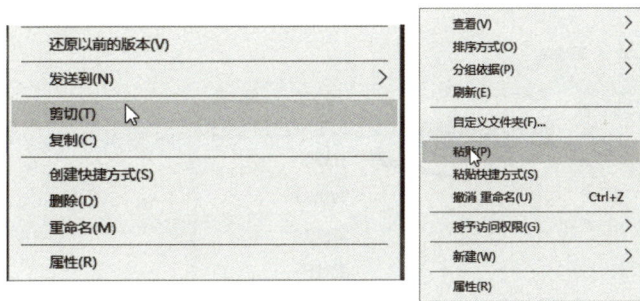

图 2 − 28　移动

（5）删除文件/文件夹。

①普通删除。当不再需要计算机中的文件或文件夹时，可以对它们进行删除操作。选择要删除的文件或文件夹，直接按"Delete"键，或者右键单击需要删除的文件，在弹出的快捷菜单中选择"删除"，默认删除的文件或者文件夹将放入回收站，如图2-29所示。

②彻底删除。如果我们想要彻底删除文件或者文件夹，而不是暂时放入回收站，应选中要删除的文件或者文件夹，按住Shift键，右键单击，在弹出的快捷菜单中选择删除，此时会弹出一个提示框，在框内单击"是"即可彻底删除文件，如图2-30所示。

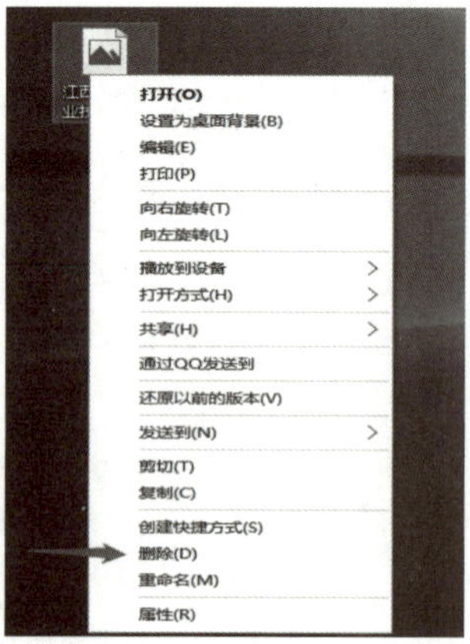

图 2-29　普通删除

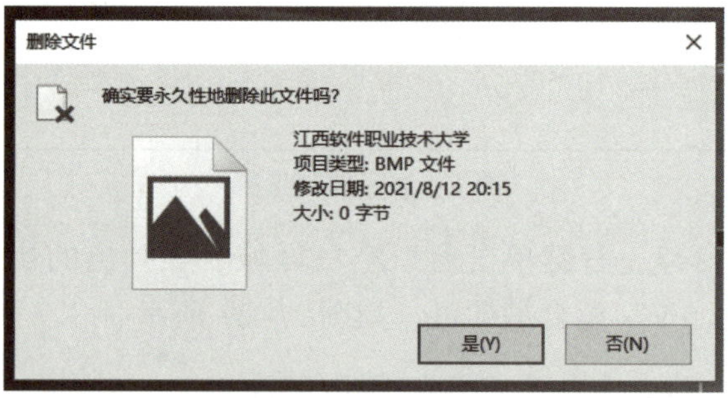

图 2-30　彻底删除

（6）还原文件或文件夹。

回收站是Windows10中用于存放临时删除的文件和文件夹的特定磁盘区域。被删除的文件和文件夹并未真正从计算机中消失，用户可以在回收站中将其还原。

在"回收站"窗口中选择欲还原的文件或文件夹，可以使用以下方法，如图2-31所示。

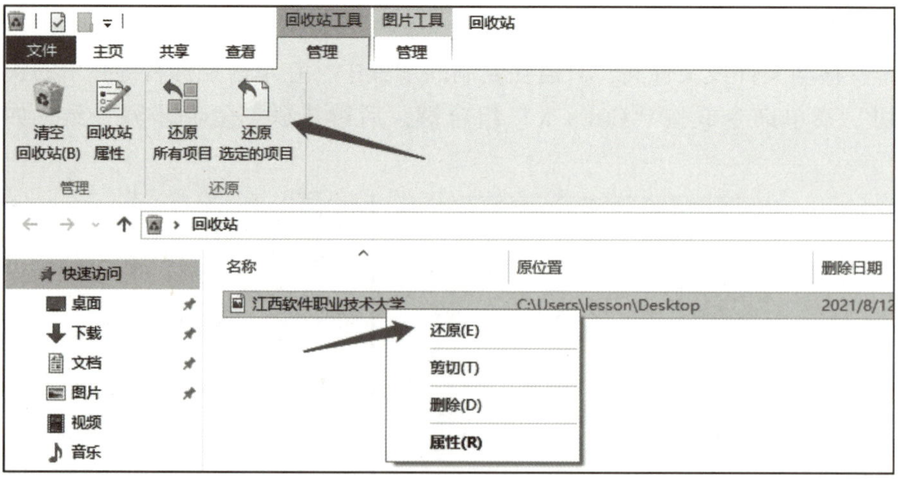

图 2-31　还原

58

①单击"回收站工具/管理"选项卡"还原"组中的"还原选定的项目"按钮。

②右击欲还原的文件或文件夹,在弹出的快捷菜单中选择"还原"选项。

③将欲还原的文件或文件夹从回收站中拖放到目标位置。

(7) 查找文件或文件夹。

打开"此电脑"窗口,在窗口右上角的搜索框中输入要查找的文件名称(如果记不清文件或文件夹全名,可输入部分名称),如"软件",此时系统自动开始搜索,等待一段时间即可显示搜索结果,如图 2-32 所示。

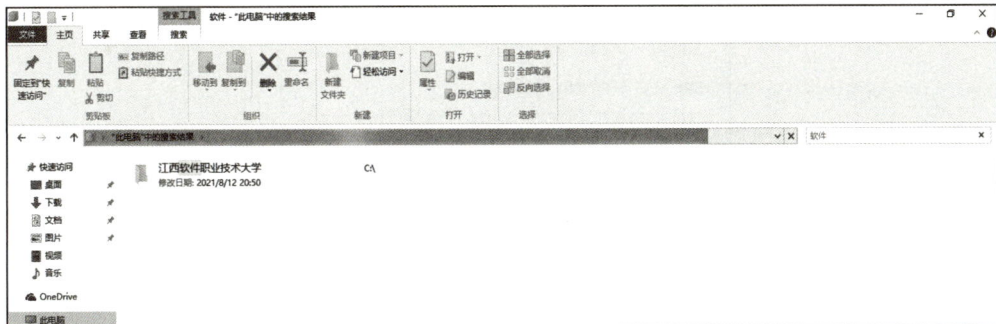

图 2-32 查找

(8) 查看文件或文件夹属性。

①属性。文件或文件夹有隐藏和只读两种属性。

隐藏属性:具有隐藏属性的文件,在文件资源管理器里是不显示的。

只读属性:具有只读属性的文件,内容是不能被进行修改的。

②查看方法。

选中要查看属性的文件或文件夹,用鼠标右击所选对象,从弹出的快捷菜单中单击"属性"选项,如图 2-33 所示。

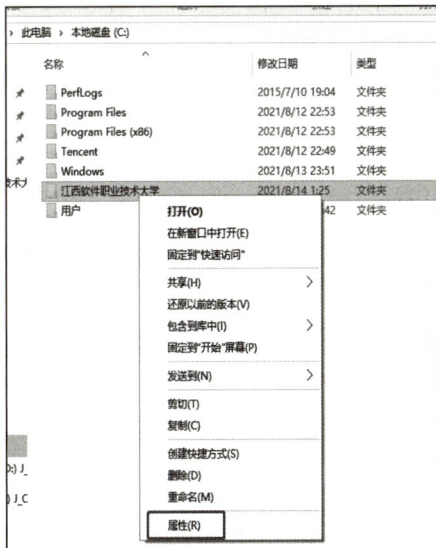

图 2-33 打开"属性"选项

在弹出的属性对话框的"常规"选项卡中查看所选文件或文件夹的大小、占用空间、创建时间等信息，还可查看和设置对象属性，如图 2 – 34 所示。

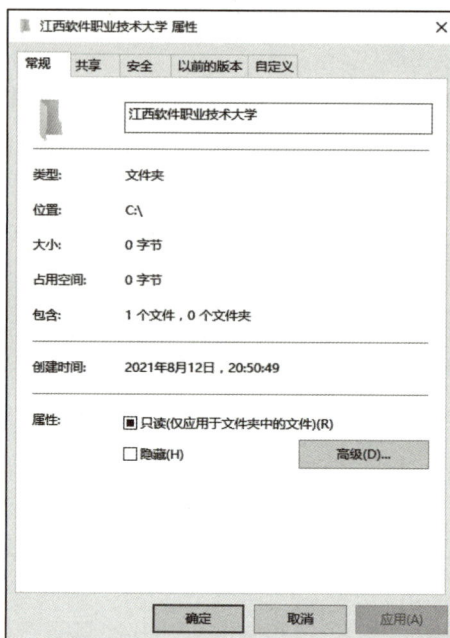

图 2 – 34　查看文件（夹）属性

2.1.3　知识储备

1. 操作系统的功能及分类

为了使计算机系统能协调、高效和可靠地工作，同时也为了给用户营造方便友好的使用计算机的环境，在计算机操作系统中，通常都设有进程管理、存储管理、设备管理、文件管理和作业管理等功能模块，它们相互配合，共同完成操作系统既定的全部职能。

（1）功能。操作系统主要包括以下几个方面的功能：

①进程管理。进程管理的工作十分简单，其工作主要是进程调度。在单用户单任务的情况下，处理器仅为一个用户的一个任务所独占。但在多道程序或多用户的情况下，组织多个作业或任务时，就要解决处理器的调度、分配和回收等问题。

②存储管理。分为几种功能：存储分配、存储共享、存储保护、存储扩张。

③设备管理。分为以下功能：设备分配、设备传输控制、设备独立性。

④文件管理。文件存储空间的管理、目录管理、文件操作管理、文件保护。

⑤作业管理。负责处理用户提交的任何要求。

（2）分类。计算机的操作系统根据不同的用途分为不同的种类。

①根据操作系统的功能及作业处理方式可以分为：批处理操作系统、分时操作系统、实时操作系统和网络操作系统。

②根据操作系统能支持的用户数和任务来进行分类，可分为：单用户单任务操作系统、单用户多任务操作系统、多用户多任务操作系统。

计算机操作系统的分类还有其他的方法，比如根据操作系统的体系结构进行划分、从硬件规模角度划分等。

2. 文件和文件夹

Windows 系统文件按照不同的格式和用途分很多种类，为便于管理和识别，在对文件命名时，是以扩展名加以区分的，即文件名格式为："主文件名 . 扩展名"。这样就可以根据文件的扩展名，判定文件的种类，从而知道其格式和用途。在 Windows 10 中，文件名（包括扩展名）可高达 255 个字符。文件名可以包含除？""／＼＜＞＊｜：之外的大多数字符；文件名不区分大小写。

文件的种类是由文件的扩展名来标示的，由于扩展名是无限制的，所以文件的类型自然也就是无限制的。文件的扩展名是 Windows 10 操作系统识别文件的重要方法，因而了解常见的文件扩展名对于学习和管理文件有很大的帮助。

3. 文件资源管理器。

（1）打开文件资源管理器。

"文件资源管理器"是 Windows 系统提供的资源管理工具，我们可以用它查看本台电脑的所有资源，特别是它提供的树形的文件系统结构，使我们能更清楚、更直观地认识电脑的文件和文件夹。另外，在"资源管理器"中还可以对文件进行各种操作，如：打开、复制、移动等。

在 Windows 10 中，右击桌面左下角的"开始"按钮，然后在弹出的快捷菜单中选择"文件资源管理器"选项，或单击任务栏中的"文件资源管理器"图标，均可打开"文件资源管理器"窗口，如图 2 - 35 所示。

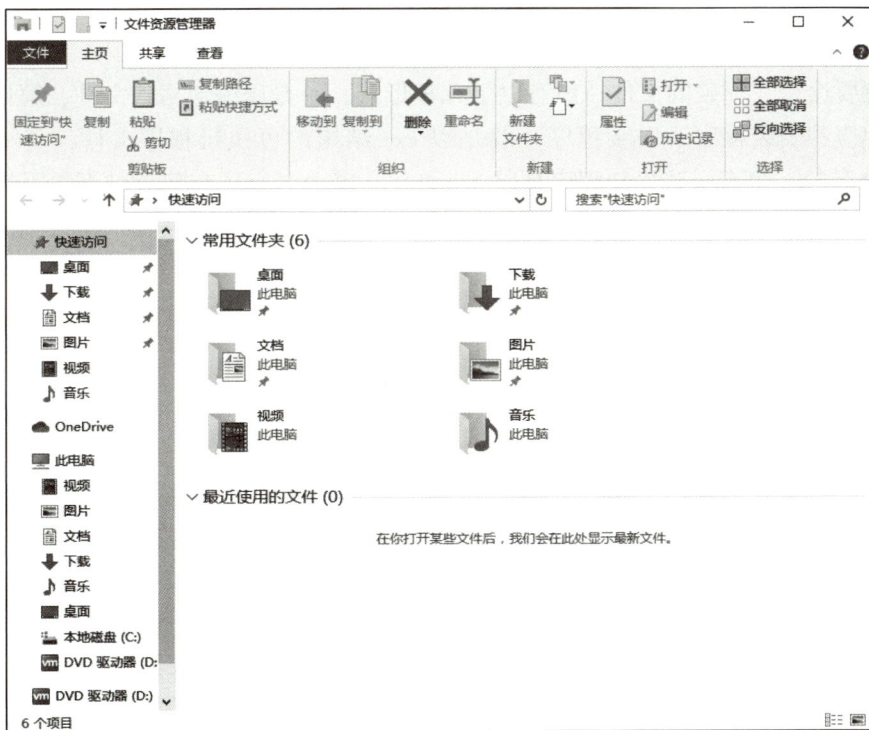

图 2 - 35　文件资源管理器

（2）文件资源管理器窗口。

资源管理器有左右两个功能窗口，左边窗口称树格窗口，用于显示树状结构的资源列表，如驱动器、文件夹、打印机、控制面板等；右边窗口称内容格窗口，用来显示当前已选取的文件夹的内容。

①"查看"菜单。

用"查看"菜单，选择不同显示方式。显示方式有"大图标""小图标""列表"和"详细资料"。

用"查看"菜单的"排列图标"子菜单，排列文件和文件夹的顺序，排列方式有按名称、类型、大小、日期和自动排列5种排列顺序。

用"文件夹选项"命令来设置其他查看方式，如选择显示风格、设置是否隐藏某些文件、是否隐藏已登记的文件扩展名等。

②展开树枝。

用鼠标单击要展开的文件夹图标前的"＋"号，树格中即显示出该节点的树枝。此时有两点变化：该节点图标变成打开的形状；在内容格中显示出该节点的内容。

用鼠标双击节点图标，展开树枝同时显示节点内容，此时有三点变化：该节点图标变成打开的形状；在树格中显示该节点的树枝；在内容格中显示出该节点的内容。

收缩树枝：用鼠标单击要收缩的节点图标前的"－"号处，树格中该节点的树枝收缩。

4. 应用程序的安装与卸载

为了扩展计算机的功能，用户需要为计算机安装应用程序。当不需要这些应用程序时，可将它们从操作系统中卸载，以节约系统资源，提高系统运行速度。

（1）安装软件。安装软件的前提就是需要有相应的应用软件，从互联网下载应用软件是现在的主要途径，下载的文件一般有以下几种形式，一是压缩包格式文件，解压之后我们需要找到相应的安装程序。安装程序一般是以 exe 结尾的可执行程序文件，基本上都是以 setup. exe 命名的，也有一些安装程序是以 install. exe 来命名，还有部分以不常用的 MSI 格式的大型安装文件。除此以外，还有一些的工具软件提供免安装方式，即提供 RAR、ZIP 等压缩文件格式，只需要解压至指定文件夹位置便可以运行，而不需要执行安装过程。

（2）卸载软件。软件卸载指从硬盘删除程序文件和文件夹以及从注册表删除相关数据的操作，释放原来占用的磁盘空间并使其软件不再存在于系统中。

软件的卸载主要有以下几种方法：

①使用自带的卸载程序。当软件安装完成后，会自动添加在"开始"菜单中，如果需要卸载软件，可以在"开始"菜单中查找是否有自带的卸载程序。打开"开始"菜单，在常用程序列表或所有应用列表中，找到选择要卸载的软件，单击展开软件名，出现卸载程序，运行卸载程序即可。

②通过"应用和功能选项"卸载。可以单击"开始"按钮，在弹出的菜单里选择"设置"选项，在打开的"设置"窗口里选择"应用和功能"选项。在显示的界面里单击需要卸载的软件，出现"卸载"按钮，单击"卸载"按钮即可完成软件卸载，如图 2-36 所示。

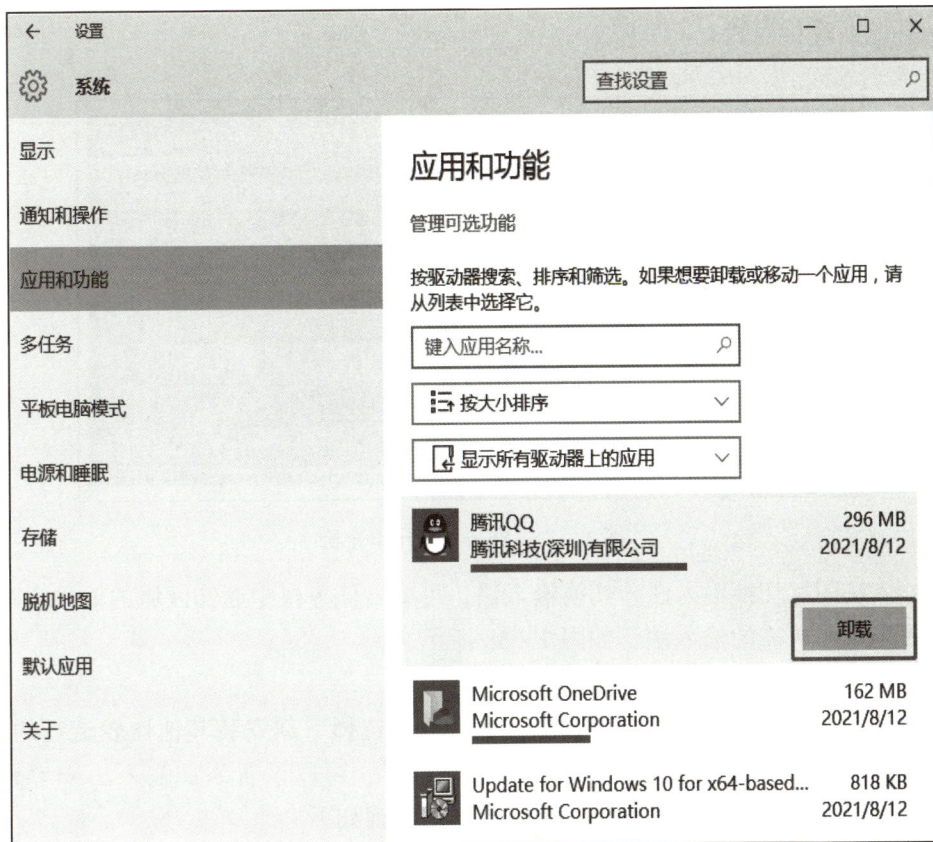

图 2-36　卸载应用程序

5. 输入法的使用和设置

（1）中文输入法。

又称为汉字输入法，是指为了将汉字输入计算机或手机等电子设备而采用的编码方法，是中文信息处理的重要技术。

广泛使用的中文输入法有拼音输入法、五笔字型输入法、二笔输入法、郑码输入法等。在 Windows 系统常用的输入法有微软拼音输入法、搜狗拼音输入法、搜狗五笔输入法、百度输入法、谷歌拼音输入法、QQ 拼音输入法、QQ 五笔输入法、极点中文汉字输入平台等。

①拼音输入法。拼音输入法是利用汉字的读音（汉语拼音）进行输入的一类中文输入法。拼音输入法有两种输入方案：全拼和简拼。

全拼：输入要打的字的全拼中所有字母，如：中（zhong）、国（guo）。

简拼：输入要打的字的全拼中的第一个字母，如中（z）、国（g）。

②五笔输入法。一种依据笔画和字形特征对汉字进行编码的输入法。

（2）使用输入法。

切换输入法可以使用以下几种方式。

Shift + Ctrl 组合键。这是电脑里最常使用的输入法切换快捷键，而且适用于目前为止所有的 Windows 系统，如图 2 – 37 所示。

图 2 – 37 Shift + Ctrl 组合键

单击输入法图标切换输入法。切换输入法，可单击任务栏中通知区域的输入法图标，在展开的列表中选择所需的输入法，如图 2 – 38 所示。

（3）设置输入法。

Windows 10 系统自带微软拼音输入法。我们可以选择下载安装其他比较流行的输入法，例如搜狗拼音输入法和搜狗五笔输入法。安装完成后，可以设置添加输入法或者删除输入法，还可以设置常用的输入法为默认输入法，操作步骤如下。

①单击任务栏中通知区域的输入法图标，在展开的列表中选择"语言首选项"，如图 2 – 39 所示。

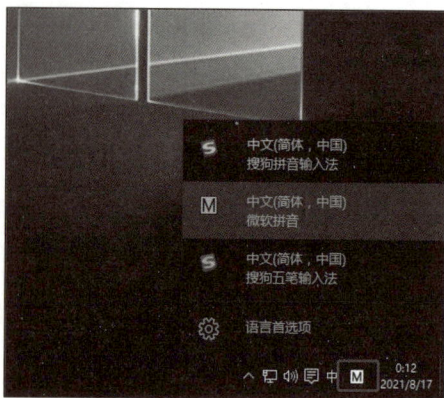

图 2 – 38 切换输入法

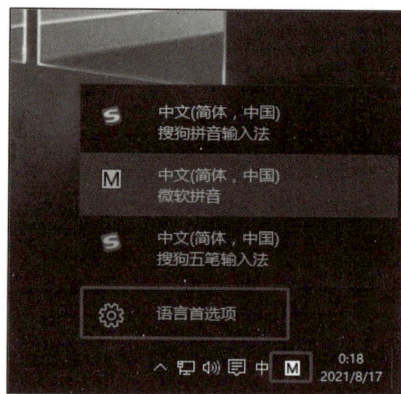

图 2 – 39 选择"语言首选项"

②在打开的设置窗口中，选择"中文（中华人民共和国）"选项，然后单击"选项"，如图 2 – 40 所示。

③添加输入法。在打开的窗口中单击"添加键盘"，在展开的列表中单击要添加的输入法，即可添加到输入法列表，如图 2 – 41 所示。

④删除输入法。可单击要删除的输入法，然后单击"删除"，如图 2 – 42 所示。

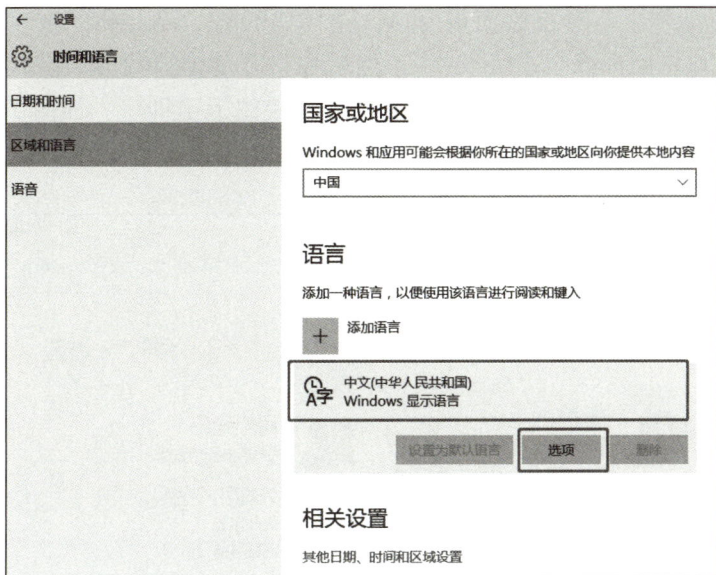

图 2－40　选择"中文（中华人民共和国）"选项后单击"选项"

图 2－41　添加输入法

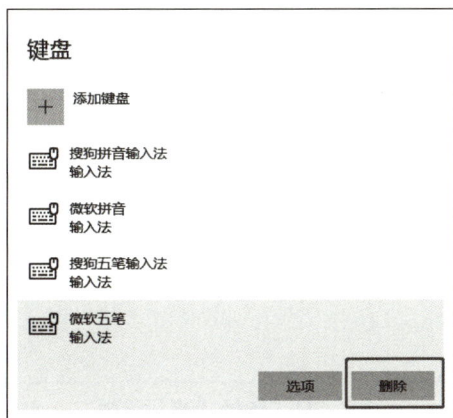

图 2－42　删除输入法

⑤设置默认输入法。打开控制面板窗口，选择"时钟、语言和区域"下的"更换输入法"，在打开的窗口左侧选择"高级设置"，然后在打开的窗口选择"替代默认输入法"下拉箭头，单击想设置的默认输入法，单击"保存"按钮退出即可，如图 2 – 43、图 2 – 44、图 2 – 45 所示。

图 2 – 43 选择"时钟、语言和区域"下的"更换输入法"

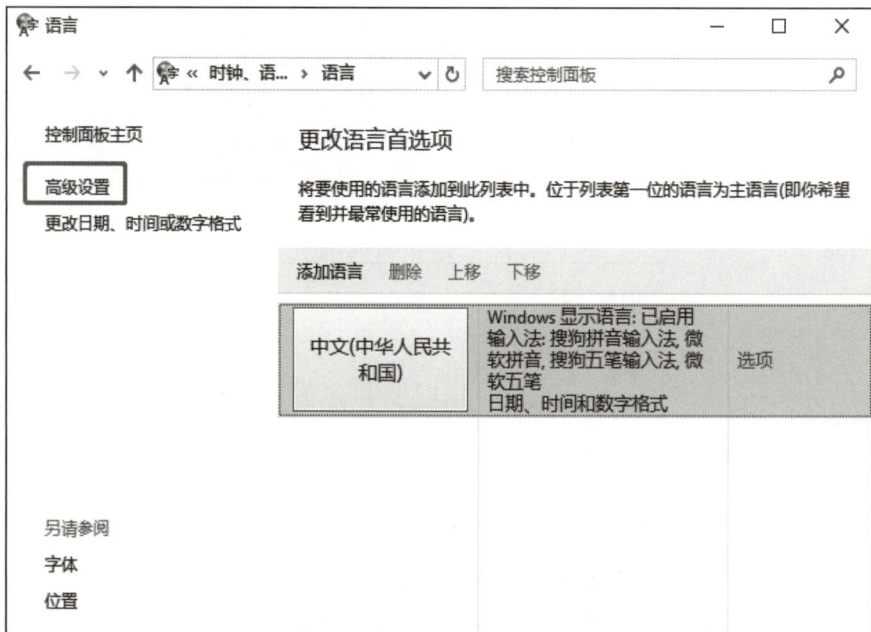

图 2 – 44 选择"高级设置"

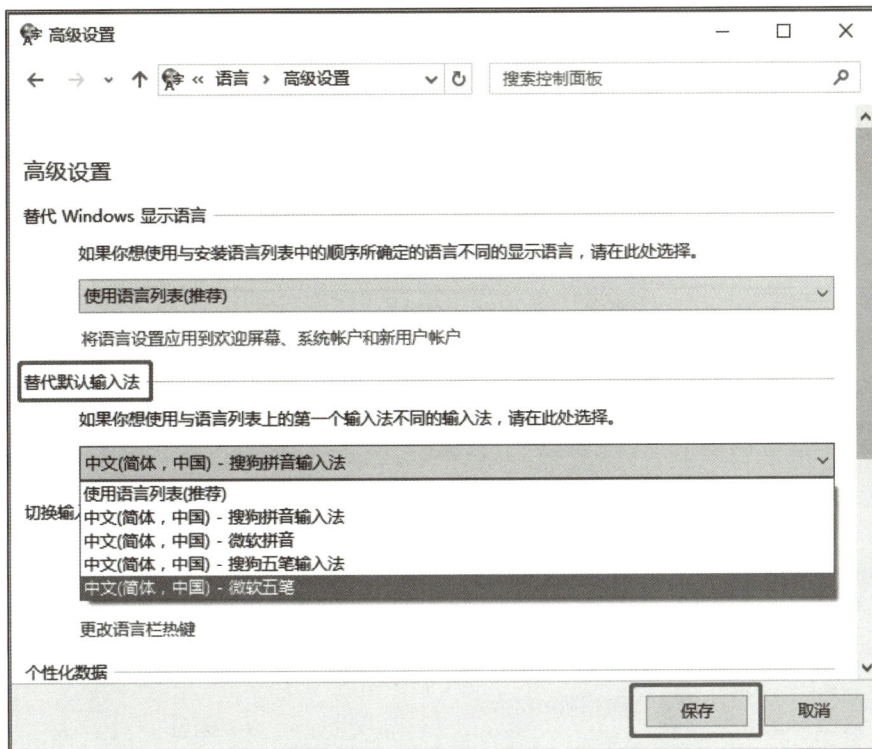

图 2 – 45   设置默认输入法

6. 创建桌面快捷方式

快捷方式是指向计算机上某个项目（如文件、文件夹或程序）的链接，为方便快速地访问计算机中的文件或文件夹，用户可为其在桌面上创建快捷方式，为此，可右击文件或文件夹，在弹出的快捷菜单中选择"发送到"，再选择"桌面快捷方式"选项，如图 2 – 46 所示。

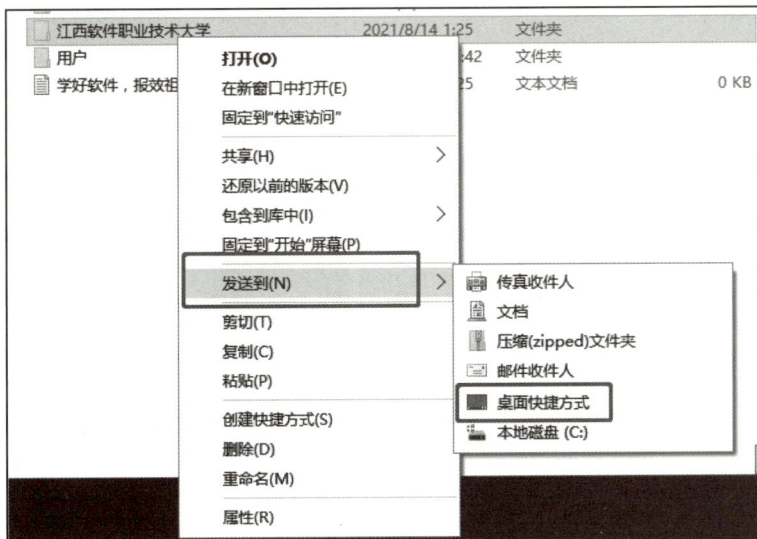

图 2 – 46   创建桌面快捷方式

7. 检索文件、查询程序

（1）检索文件。

用鼠标右击左下角的开始，选择"文件资源管理器"；打开文件资源管理器窗口，单击右上角的搜索框，可以看到在菜单中可以设置搜索的文件类型、修改日期等条件；在搜索框里输入文件名称或者名称的部分关键词，在搜索结果中就可以单击想要打开的文件，如图2－47所示。

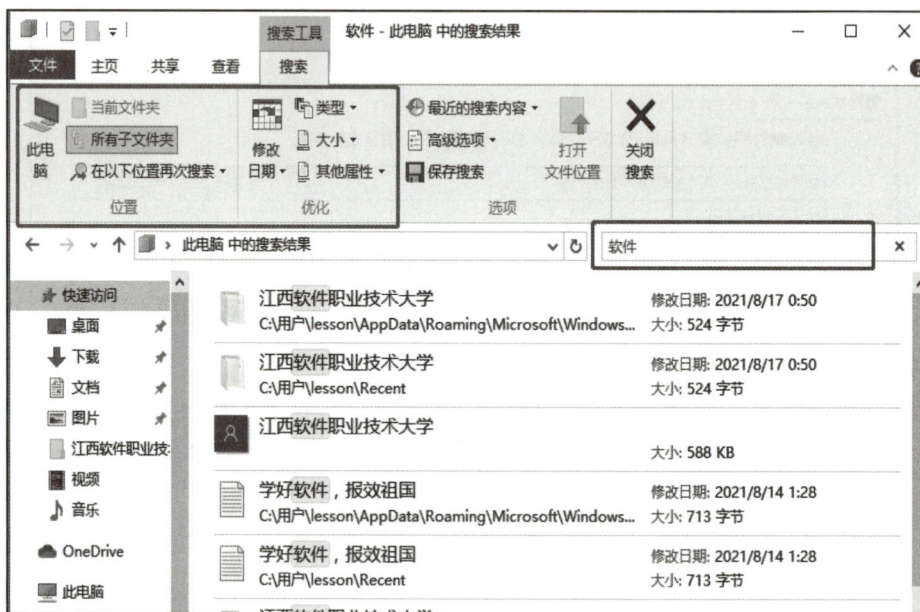

图2－47　检索文件

（2）查询程序。

①单击"开始菜单"，单击"所有应用"，你会看到微软给我们按0～9、A～Z、拼音a～z进行了分类排列，根据你需要的应用首字母，找到相应的位置，就可以打开应用了，如图2－48所示。

图2－48　查询程序1

②在任务栏的搜索框输入想要查询的程序即可，如图2－49所示。

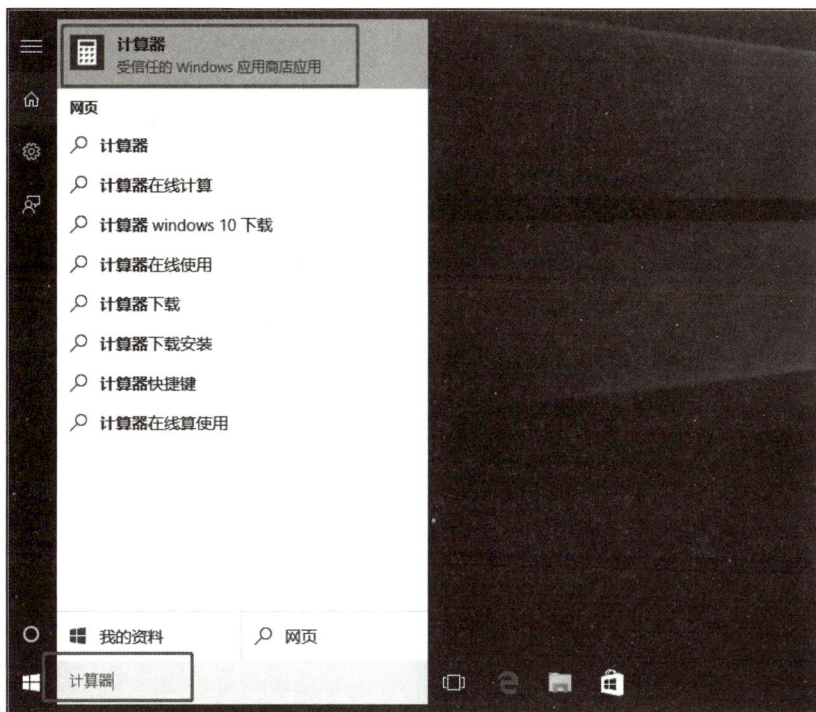

图 2-49　查询程序 2

2.1.4　技能应用

操作题：

1. 在"C:\江西软件职业技术大学"文件夹中新建"创业创新，知识管理.txt"文件。

2. 将"C:\江西软件职业技术大学"中的"创业创新，知识管理.txt"重命名为"学好软件，报效祖国.txt"。

3. 将"C:\江西软件职业技术大学"中的"学好软件，报效祖国.txt"文件复制到桌面。

2.1.5　技能拓展

操作题：

1. 用两种方法打开计算器。

2. 用两种方法打开画图。

3. 用两种方法，在桌面上为文件夹"C:\江西软件职业技术大学"中的"学好软件，报效祖国.txt"文件创建快捷方式。

4. 用两种方法在 D 盘创建一个名为"江西软件职业技术大学"的文件夹。

2.2　设置个性化工作环境

2.2.1　任务分析

在本任务中，我们将掌握如何设置桌面主题和背景，掌握设置 Microsoft 账户的方法。

2.2.2　任务实施

1. 设置桌面主题和背景

（1）设置桌面主题。

桌面主题弹出"个性化"窗口，选择"主题"选项，可以自己选择喜欢的主题，你可以单击"联机获取更多主题"，将会打开"Microsoft Store"微软应用商店，在微软应用商店中，有着丰富的 Windows 10 主题供你选择自己喜欢的主题风格，你可以下载、安装多个主题，可以在多个安装的主题当中进行切换，让 Windows10 桌面随你的心情而变幻，如图 2－50 所示。

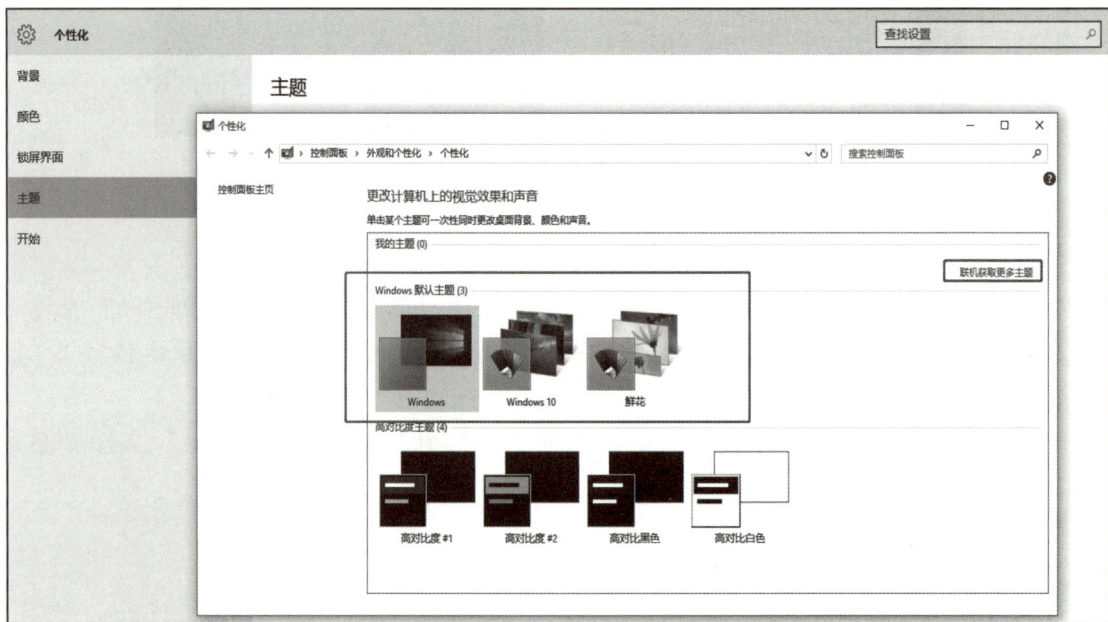

图 2－50　设置桌面主题

（2）设置桌面背景。

桌面主题弹出"个性化"窗口，选择"背景"选项，可以在右侧窗格中选择自己喜欢的图片设置为背景。如果想使用其他图片做背景，单击"浏览"，在打开的对话框中选择要使用的图片，单击"选择图片"即可，如图 2－51 所示。

2. 设置用户账户

Windows 10 提供了多用户操作环境，可以分别为每个人设置一个用户账户。

每个人都可以通过自己的账户和密码登录系统，可以拥有自己的桌面、用户文件夹，互不影响。

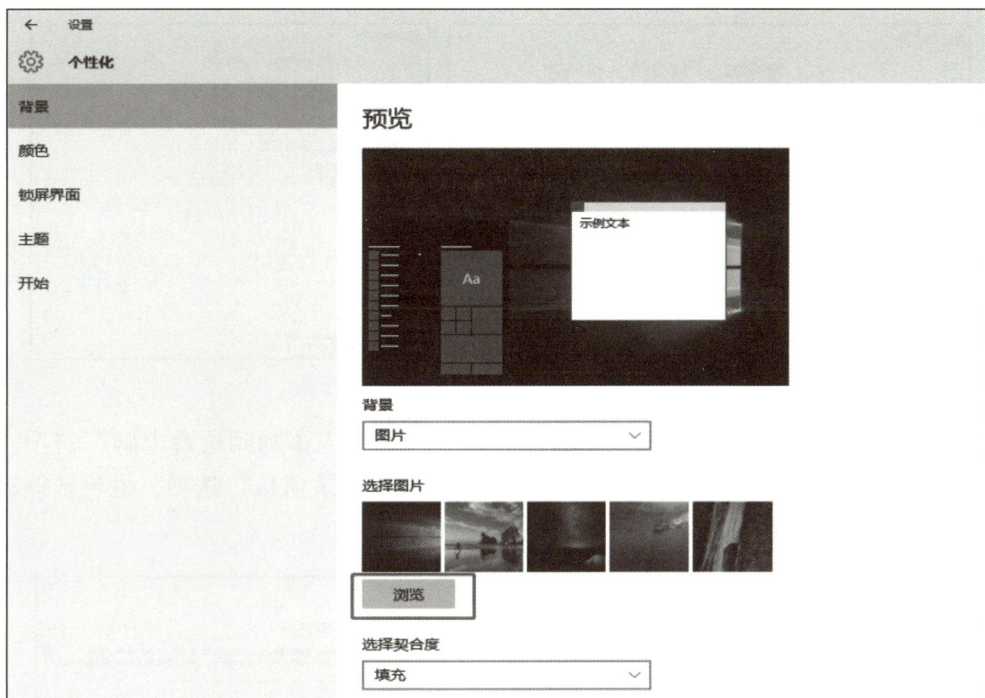

图 2 - 51　设置桌面背景

（1）新建用户账户。

一般情况下，Windows 10 只有一个管理员账户，如果想为其他人新建账户，可以执行以下操作。

①单击"开始"按钮，在弹出的快捷菜单选择"控制面板"，在打开的"控制面板"窗口，选择"用户账户"选项，在打开的窗口里再次选择"用户账户"选项，如图 2 - 52 所示。

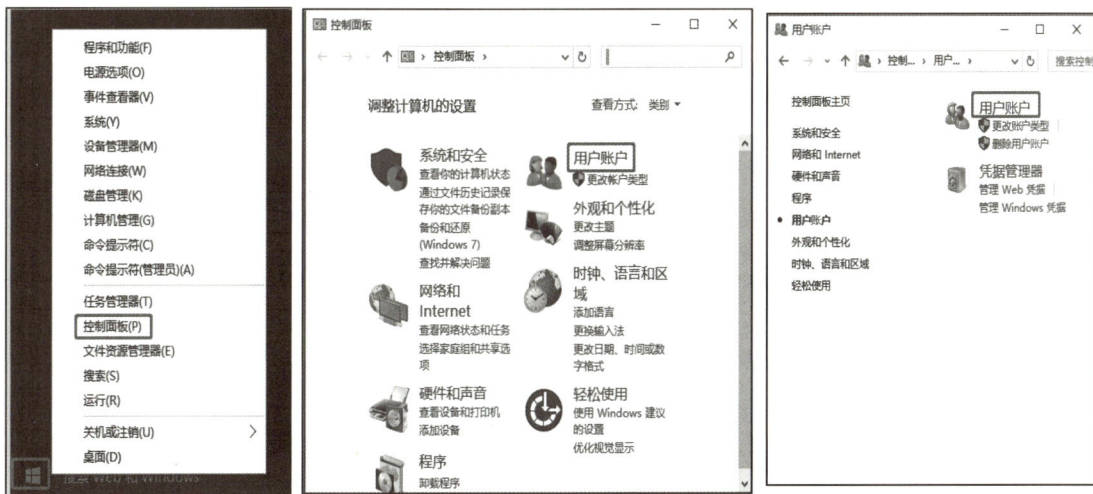

图 2 - 52　选择"用户账户"选项

②打开"用户账户"窗口，选择"管理其他账户"选项，在打开的"管理账户"窗口中选择"在电脑设置中添加新用户"选项，如图 2 - 53 所示。

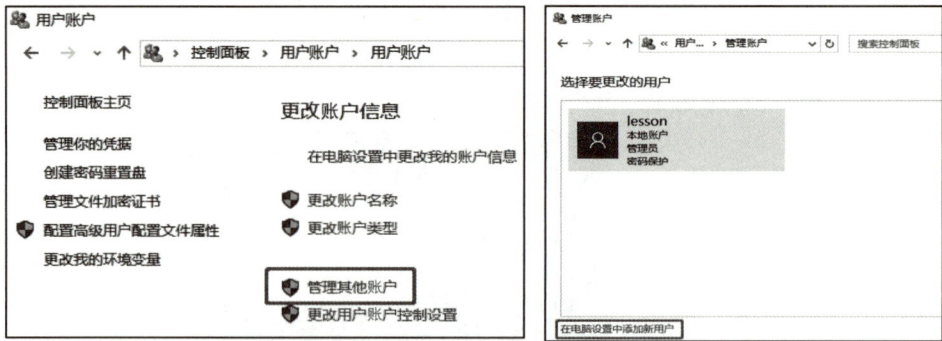

图 2 – 53   选择"管理其他账户"选项

③在打开的"家庭和其他用户"界面中选择"将其他人添加到这台电脑"选项，在打开的"此人将如何登录?"窗口，选择"我没有这个人的登录信息"选项，也可选择输入信息，如图 2 – 54 所示。

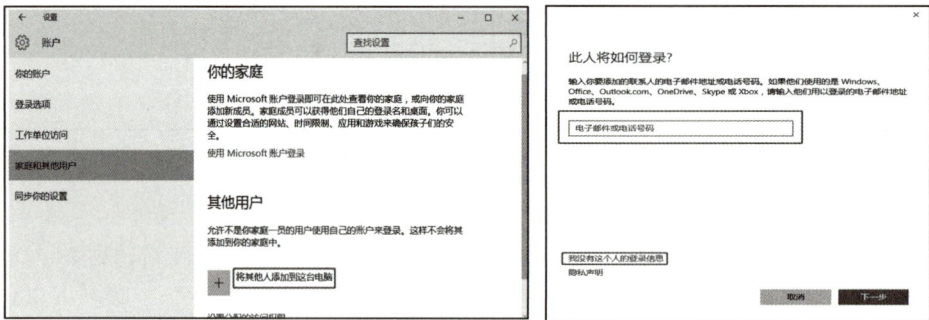

图 2 – 54   选择"将其他人添加到这台电脑"选项

④打开"让我们来创建你的账户"界面，选择"添加一个没有 Microsoft 账户的用户"选项。打开"为这台电脑创建一个账户"界面，输入新用户的账户名、密码和提示语，然后单击"下一步"按钮，如图 2 – 55 所示。

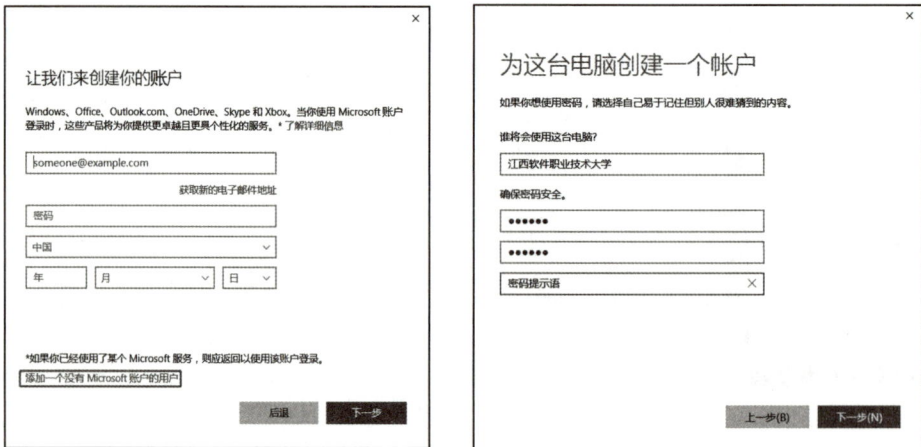

图 2 – 55   输入新账户名、密码和提示语

⑤返回"家庭和其他用户"界面，就可看到新添加的用户账户显示在"其他用户"区域，如图 2－56 所示，这样就为系统创建了一个带密码的新用户账户。

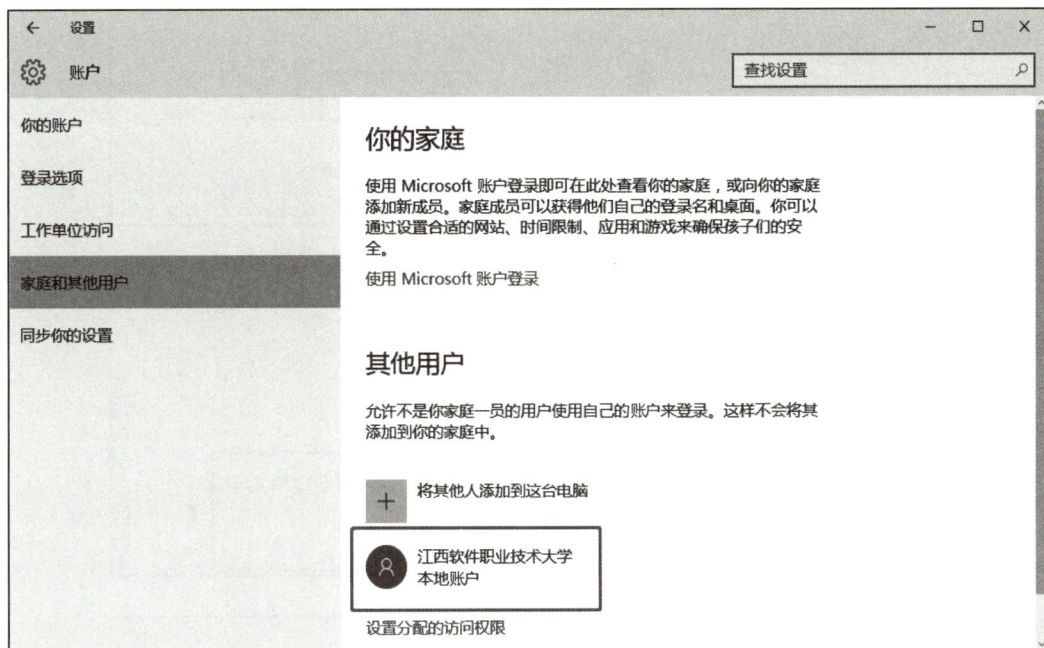

图 2－56　创建的新用户账户

（2）登录新用户账户。

如果想登录新创建的用户账户，可单击"开始"按钮，在弹出的窗口左上方单击 按钮，再单击新建立的用户"江西软件职业技术大学"，输入密码，按"Enter"键即可登录，如图 2－57 所示。

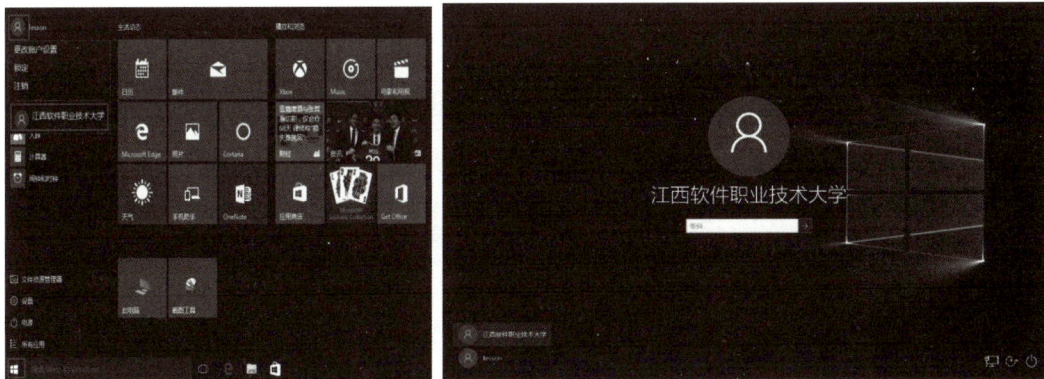

图 2－57　登陆新用户账户

（3）删除用户账户。

打开控制面板，在打开的"控制面板"窗口，选择"用户账户"选项，在打开的窗口里选择"删除用户账户"选项，之后在打开的窗口双击要删除的账户，再打开的窗口单击"删除账户"选项，最后在打开的对话框单击"删除文件"按钮，如图 2－58 所示。

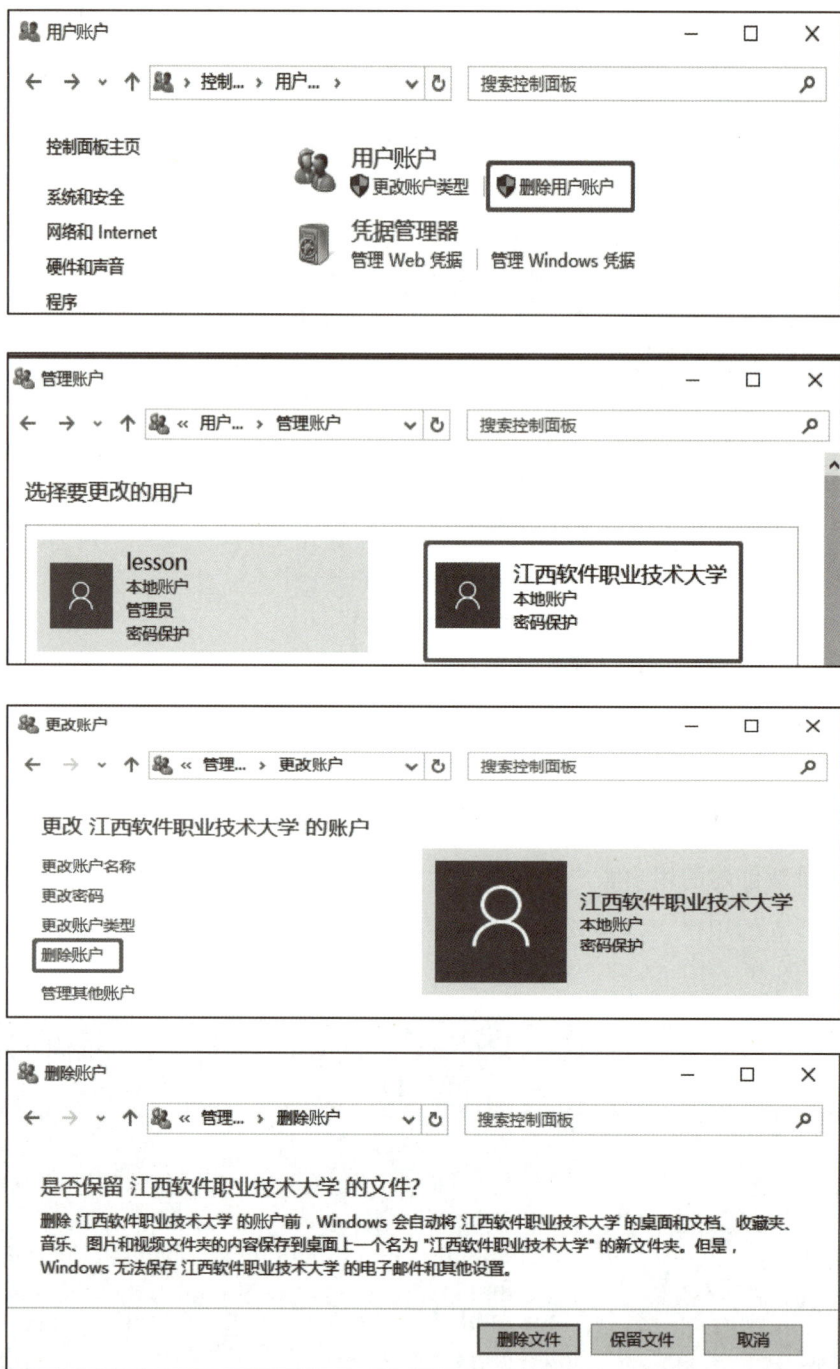

图 2-58　删除用户账户

2.2.3　知识储备

1. 设置显示分辨率

屏幕分辨率指的是屏幕上显示的文本和图像的清晰度，是指纵横向上的像素点数，单位是 px。屏幕分辨率是确定计算机屏幕上显示多少信息的设置，以水平和垂直像素来衡量。

就相同大小的屏幕而言，当屏幕分辨率低时（例如 640×480），在屏幕上显示的像素少，单个像素尺寸比较大。屏幕分辨率高时（例如 1 600×1 200），在屏幕上显示的像素多，单个像素尺寸比较小。

显示分辨率就是屏幕上显示的像素个数，分辨率 160×128 的意思是水平方向含有像素数为 160 个，垂直方向像素数 128 个。屏幕尺寸一样的情况下，分辨率越高，显示效果就越精细和细腻，同时屏幕上的项目越小，因此屏幕可以容纳越多的项目。分辨率越低，在屏幕上显示的项目越少，但尺寸越大。设置适当的分辨率有助于提高屏幕上图像的清晰度。

那我们来试着设置一下屏幕分辨率吧。

（1）在桌面上空白处单击鼠标右键，在弹出的快捷菜单选择"显示设置"，在弹出的界面的显示选项里单击"高级显示设置"选项，如图 2-59 所示。

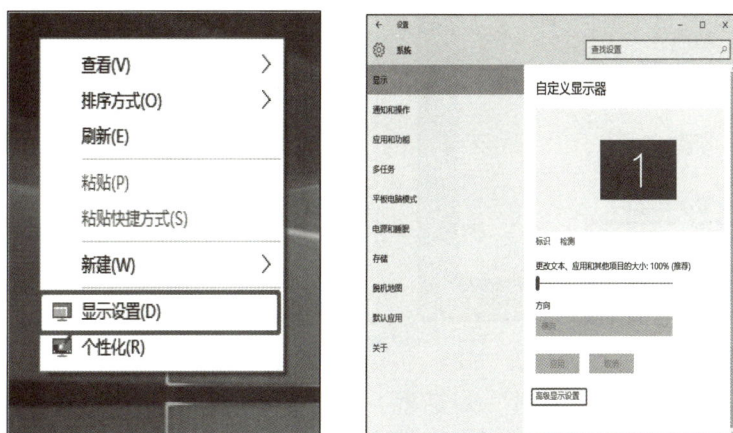

图 2-59 选择"高级显示设置"选项

（2）在打开的"高级显示设置"窗口里单击分辨率下拉箭头，选择需要的分辨率，单击"应用"即可，如图 2-60 所示。

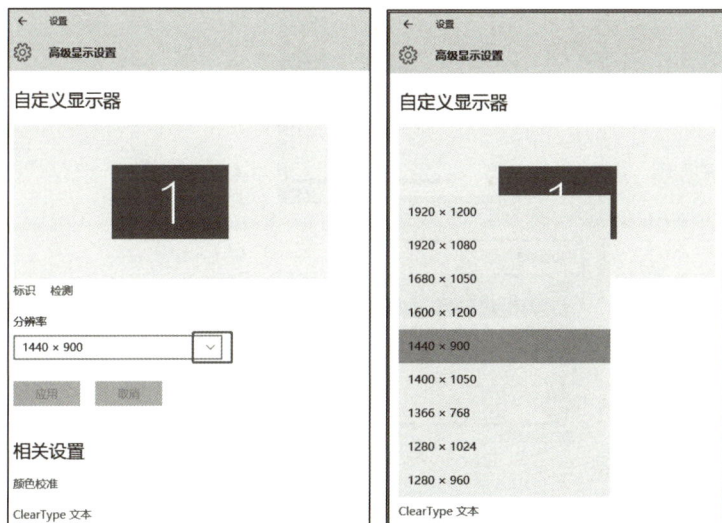

图 2-60 设置分辨率

2. 设置屏幕保护程序

屏幕保护程序可用来显示美丽的画面或临时遮挡工作界面，设置屏幕保护程序的操作步骤如下。

（1）在桌面上空白处单击鼠标右键，在弹出的快捷菜单选择"个性化"选项，在"个性化"窗口的左侧界面中选择"锁屏界面"选项，再在右侧界面中选择"屏幕保护程序设置"选项，如图 2 - 61 所示。

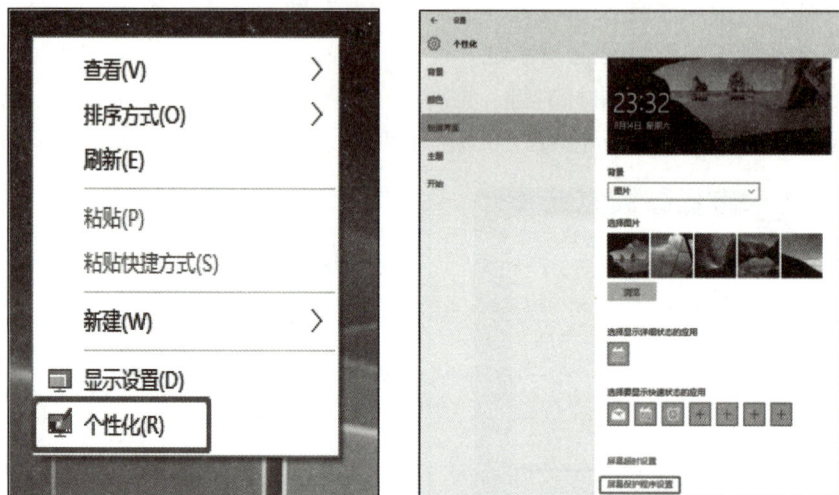

图 2 - 61　选择"屏幕保护程序设置"选项

（2）打开"屏幕保护程序设置"对话框，在"屏幕保护程序"下拉列表中选择锁屏效果如"彩带"选项，部分效果还可以在"屏幕保护程序设置"对话框右侧"设置"里进行设置，如图 2 - 62 所示。

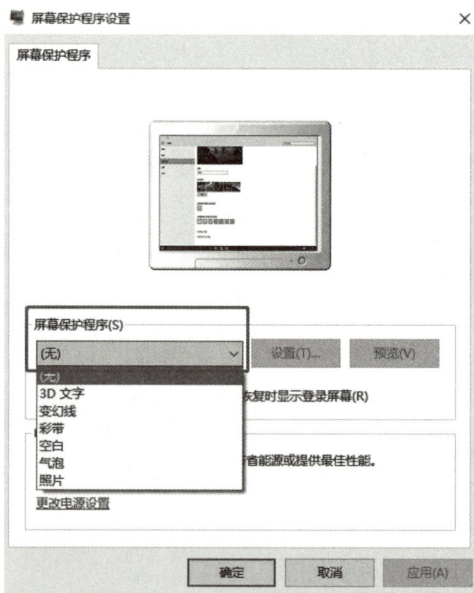

图 2 - 62　选择屏幕保护

（3）在"等待"编辑框中输入计算机空闲多长时间后启动屏幕保护程序，如 1 分钟。如果用户设置了开机密码，还可选中"在恢复时显示登录屏幕"复选框，如图 2－63 所示。

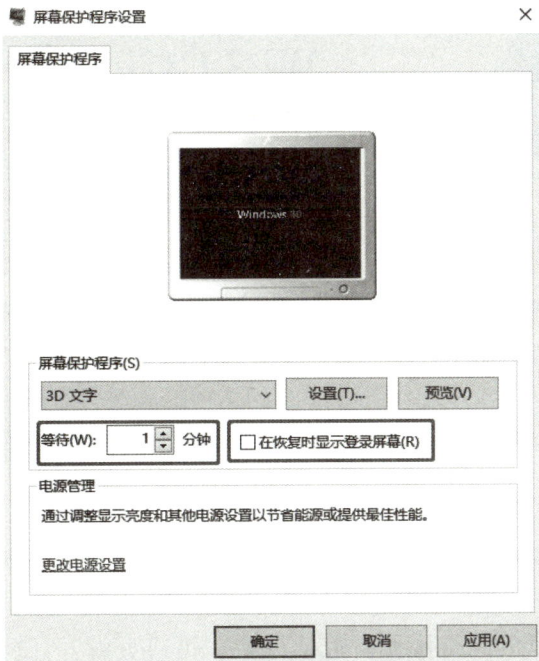

图 2－63　设置屏幕保护程序选项

（4）单击"确定"按钮，完成设置，当在设定时间内不对计算机进行操作（移动鼠标或按键盘上的按键）时，系统将进入屏幕保护程序，要回到操作界面，只需移动一下鼠标或按键盘上的任意键即可。如果勾选了"在恢复时显示登录屏幕"选项，则会显示登录屏幕，需输入登录密码才可回到操作界面。

2.2.4　技能应用

操作题：

1. 设置一张自己从网上下载的图片作为桌面背景。

2. 从"Microsoft Store"微软应用商店下载一个自己喜欢的主题，设置为桌面主题。

3. 给 Windows 操作系统添加一个用户，用户名为：jxuspt，密码为：123456。

2.2.5　技能拓展

操作题：

1. 修改屏幕的分辨率为 1 600×900、1 024×768、800×600 等，然后比较更改前后屏幕上显示的信息有何变化。

2. 设置屏幕保护程序效果为"3D 文字"效果，等待时间为 10 分钟，并设置显示文字为"江西软件职业技术大学欢迎你"。

3. 下载安装搜狗拼音输入法和搜狗五笔输入法，将搜狗拼音输入法设置为默认输入法。

项目3

WPS Office——文字处理

WPS 文字软件是 WPS Office 的三个重要组件之一，它是一款开放、高效的办公软件，它不仅可以进行简单的文字处理，还能制作图文并茂的文档，以及进行长文档的排版和特殊版式编排等。利用它可以轻松地制作各种形式的文档，满足日常学习和办公的需要。

本项目将主要通过 4 个任务的实际操作对 WPS 文字的相关知识进行详解。

❖ 学习目标

1. 掌握文字处理软件的基本操作：包括新建、打开、保存、关闭文档等基本操作，以及文字的输入、编辑、格式设置等操作。

2. 掌握文字处理软件的高级操作：包括分栏、页眉页脚、目录、插入图片、表格、公式等高级操作，以提高文档的排版效果和内容表达能力。

3. 学会利用 WPS 文字处理软件进行文档的排版和美化，使文档更加清晰、易读、美观。

4. 进行文档的格式转换、打印、邮件合并等操作，以方便文档的传输和共享。

5. 培养良好的文档管理习惯，包括命名规范、分类管理、备份等，以便于文档的查找和管理。

❖ 学习重点

1. 操作界面的熟悉度：WPS 文字处理软件的操作界面与其他文字处理软件有所不同，需要花费一定的时间熟悉。

2. 格式排版的掌握：文字处理软件的格式排版是使用者必须要掌握的基本操作，包括段落格式、字体格式、行距等。

3. 表格制作的技巧：WPS 文字处理软件的表格功能强大，需要掌握例如单元格合并、边框设置、表格样式等制作技巧。

3.1　制作"关于征集公司二十周年庆典节目的通知"文档

3.1.1　任务分析

通过制作如图 3−1 所示的培训通知，来学习文档的基本操作。

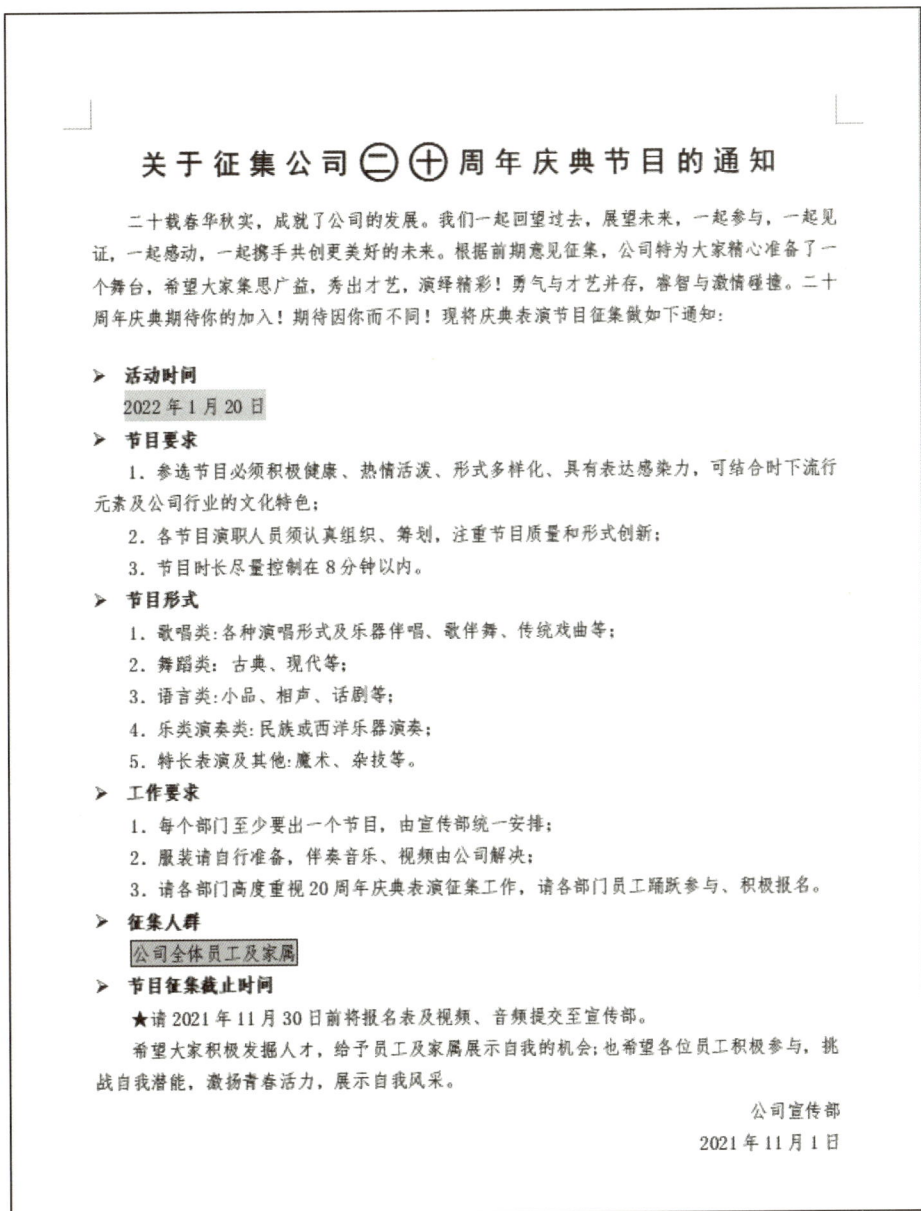

图 3−1　"征集节目通知"效果

（1）新建文档；

（2）输入和编辑文本内容；

（3）设置字体格式；

（4）设置段落格式；

（5）添加项目符号和编号；

（6）设置字符间距及带圈字符；

（7）设置突出显示；

（8）设置文本底纹和边框；

（9）保存文档；

（10）文档云备份。

3.1.2 任务实施

步骤 1：在操作系统桌面上单击"开始"按钮，从中选择"WPS Office"/"WPS Office"选项，再在打开的界面左侧或上方单击"新建"按钮。

步骤 2：新建文档。在打开的"新建"界面上方显示了 WPS 各个功能的图标，保持"文字"图标的选中状态，单击"新建空白文档"图标，如图 3-2 所示。

图 3-2 新建空白文档

步骤 3：输入文档内容。切换到中文输入法，在新建的"文字文稿 1"中输入通知内容，如图 3-3 所示。

步骤 4：设置标题字符格式。拖动鼠标选择"关于征集公司二十周年庆典节目的通知"文本；单击"开始"选项卡中的"字体"下拉列表中选择"黑体"选项；单击"字号"下拉按钮，选择"小二"选项，如图 3-4、图 3-5 所示。

步骤 5：设置字符间距。保持文本选中状态，单击"开始"选项卡，打开"字体"对话框，单击"字符间距"选项卡，单击"间距"下拉按钮；在打开的下拉列表中选择"加宽"选项；在"间距"对应的"值"数值框中输入"0.08"；单击"确定"按钮，如图 3-6 所示。

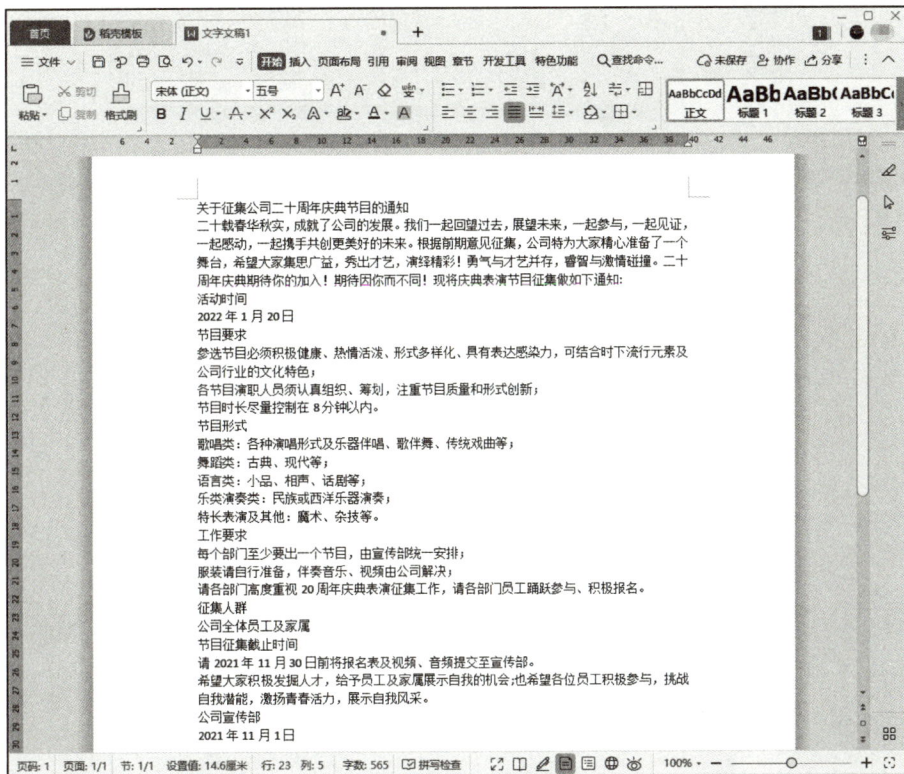

图 3 - 3   征集周年庆典通知内容

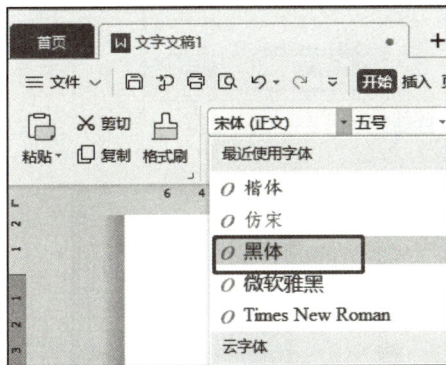

图 3 - 4   设置标题字体

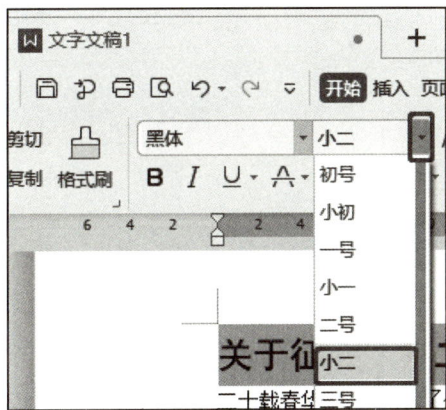

图 3 - 5   设置标题字号

步骤 6：设置带圈字符。选中文档标题行中的"二"，在"开始"选项卡中单击"拼音指南"按钮右侧的下拉按钮，在打开的列表中选择"带圈字符"选项；打开"带圈字符"对话框，选择"样式"中的"增大圈号"，圈号选择"圆形"，单击"确定"按钮，如图 3 - 7 所示。

步骤 7：设置对齐方式。选择标题文本；单击"开始"选项卡中的"居中对齐"按钮，设置文字居中对齐如图 3 - 8 所示。

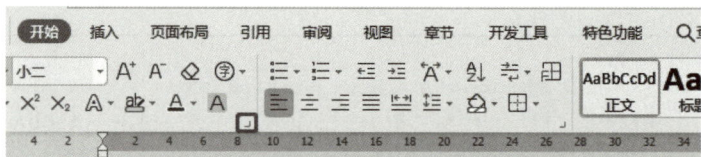

图 3-6　设置字符间距

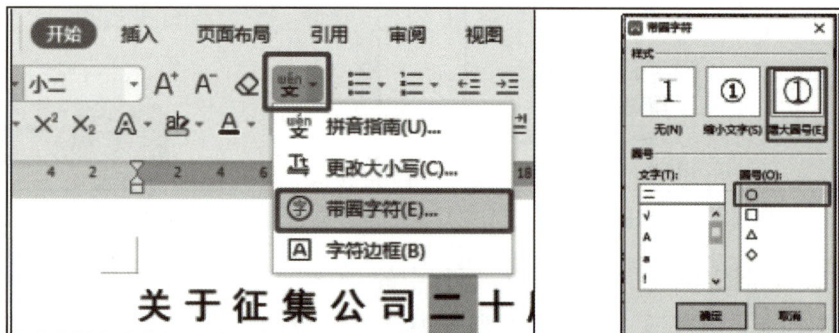

图 3-7　设置带圈字符

　　步骤 8：设置正文字体格式。在文档中选择除标题外的所有文本，单击"开始"选项卡中的"字体"下拉列表，选择"仿宋"选项；单击"字号"下拉按钮，选择"小四"选项，如图 3-9 所示。

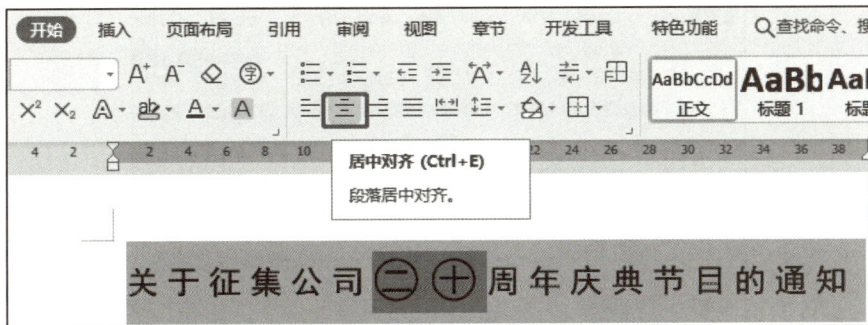

图 3-8　居中对齐

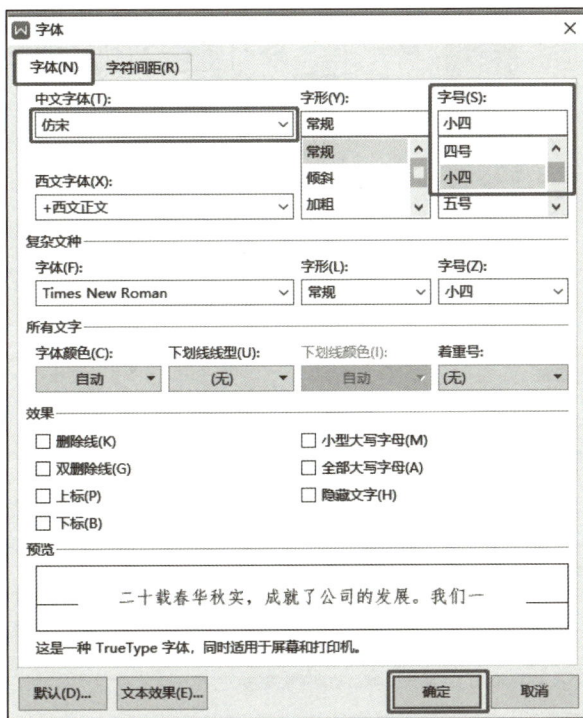

图 3-9　设置字体格式

步骤 9：设置正文段落格式。在"开始"选项卡中打开"段落"对话框，在"缩进和间距"选项卡的"行距"栏中选择"最小值"，设置值为"20"，如图 3-10 所示。

步骤 10：设置段落首行缩进。打开"段落"对话框，在"缩进和间距"选项卡的"缩进"栏中选择"特殊格式"下拉列表中的"首行缩进"选项；在右侧的"度量值"数值框中输入"2"，单击"确定"按钮，如图 3-11 所示。

步骤 11：设置段后间距。选择正文第一段文本，在"缩进和间距"选项卡的"间距"栏的"段后"数值框中输入"0.5"，单击"确定"按钮，设置段后间距，如图 3-12 所示。

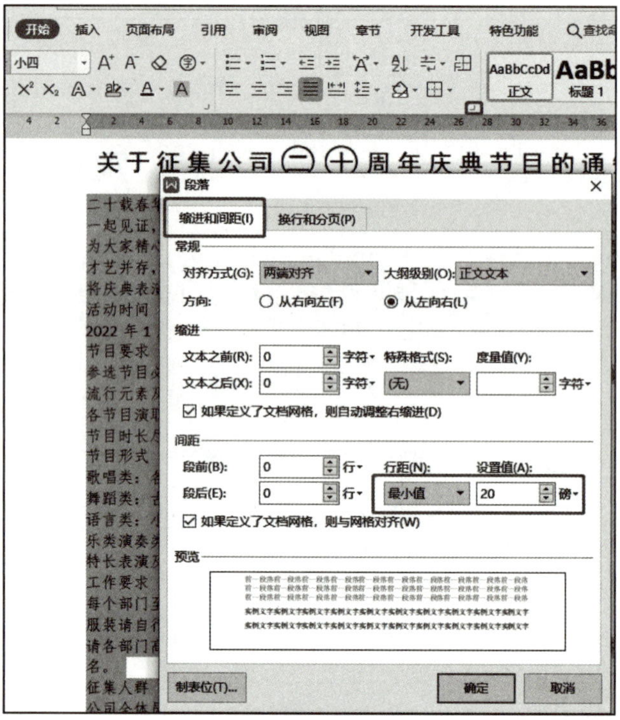

图 3 – 10　设置段落行距

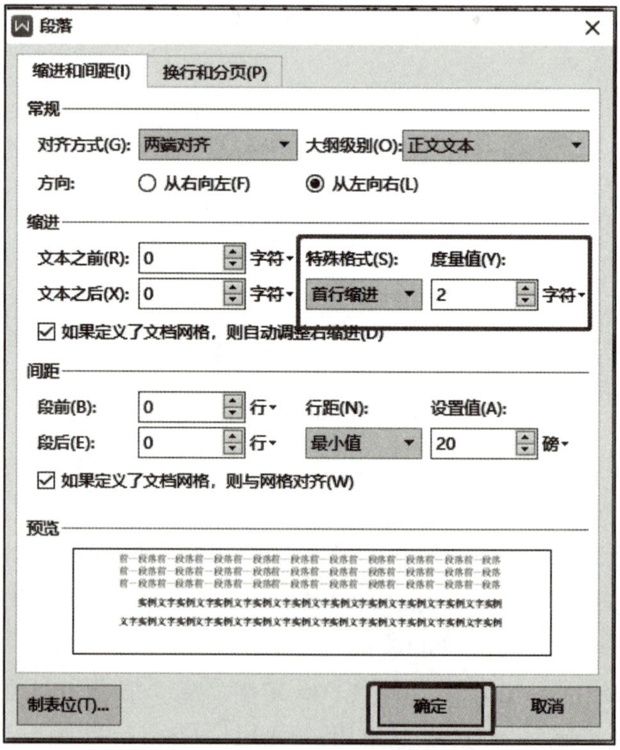

图 3 – 11　设置首行缩进

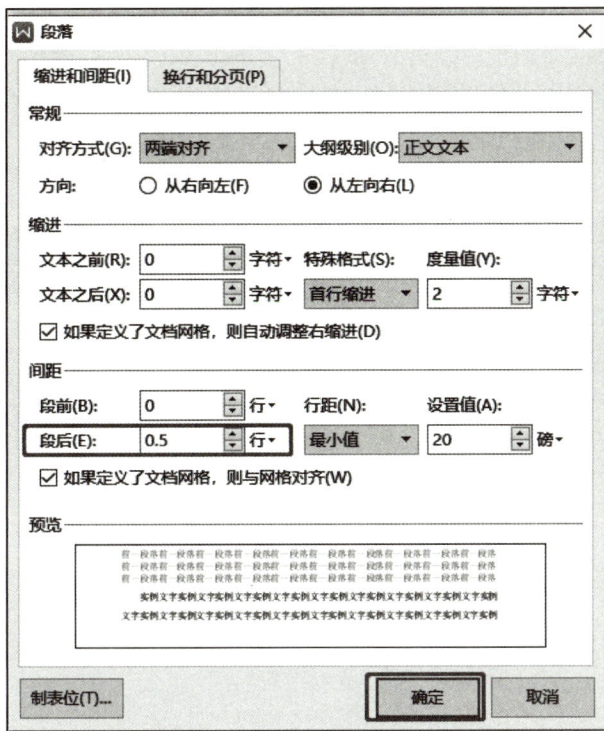

图 3 – 12　设置段后间距

步骤 12：设置项目符号。在按住"Ctrl"键的同时，单击鼠标左键选择正文"活动时间""节目要求""节目形式""工作要求""征集人群""节目征集截止时间"内容；单击"开始"选项卡中的"项目符号"右侧的下拉按钮；在打开的列表中选择"箭头项目符号"选项，如图 3 – 13 所示。

图 3 – 13　设置项目符号

步骤 13：在"开始"选项卡中单击"加粗"按钮 **B**，将所选文本设置为加粗效果。

步骤 14：设置编号。选择"节目要求"下方的 3 段文字；单击"开始"选项卡中的"编号"右侧的下拉按钮，在打开的列表中选择第二排的最后一种格式，如图 3 - 14 所示。

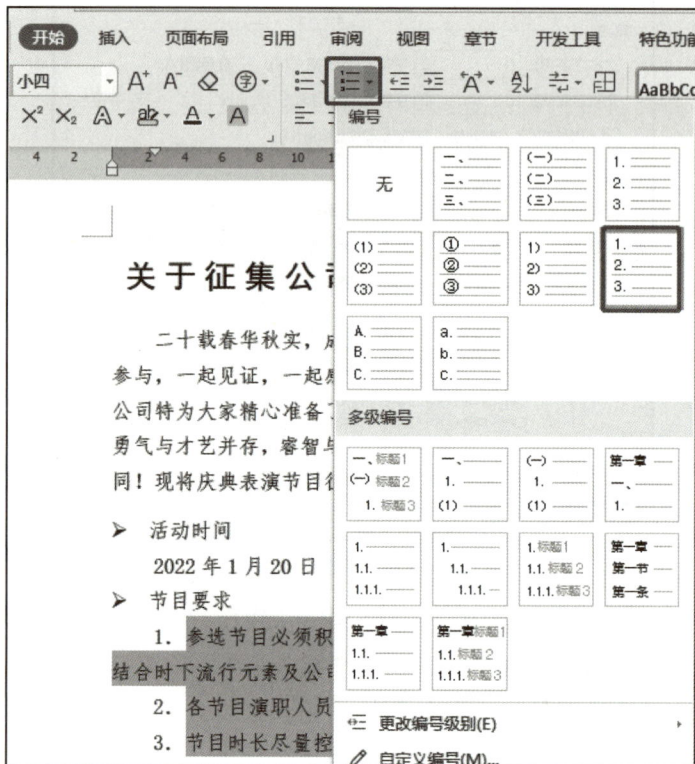

图 3 - 14　设置编号

步骤 15：按照相同的操作方法，继续为"节目形式"和"工作要求"下方的文本添加编号。

步骤 16：设置突出显示文本。选择文本"2022 年 1 月 20 日"，单击"开始"选项卡中"突出显示"右侧的下拉按钮，在打开的列表中选择"黄色"选项，如图 3 - 15 所示。

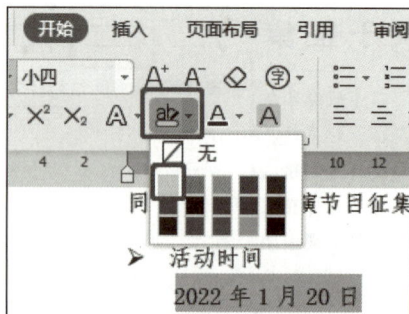

图 3 - 15　设置突出显示

步骤 17：设置字符边框和底纹。选择文本"公司全体员工及家属"；单击"开始"选项卡中的"字符底纹"按钮（见图 3 – 16）；保持文本选中状态，单击"开始"选项卡中的"边框"右侧的下拉按钮；在打开的列表中选择"外侧框线"选项，如图 3 – 17 所示。

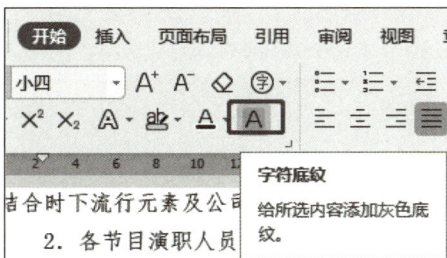

图 3 – 16　设置文字底纹

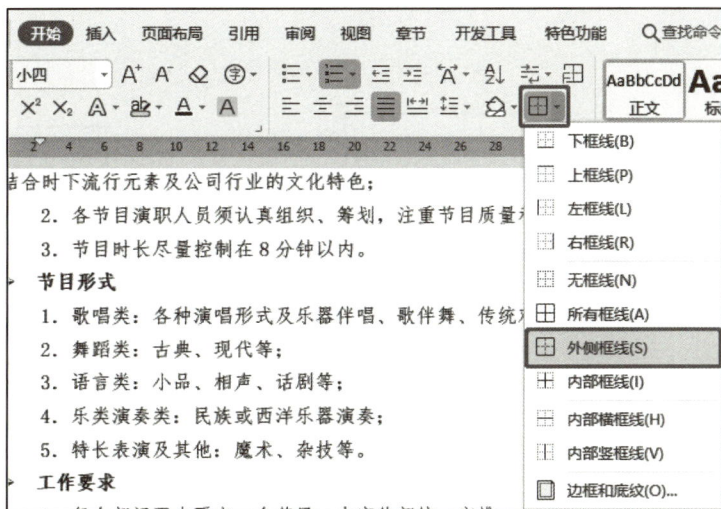

图 3 – 17　设置文字边框

步骤 18：保存文档。单击"快速访问工具栏"中的"保存"按钮 ▢ ，或者单击界面左上角的"文件"按钮，在展开的下拉列表中选择"保存"选项，打开"另存为"对话框。

步骤 19：在"另存文件"对话框的左侧窗格中选择存储位置，然后在右侧窗格中选择具体的文件夹，接着在"文件名"编辑框中输入文档的名称，在"文件类型"下拉列表中选择想要存储的文件类型，最后单击"保存"按钮即可，如图 3 – 18 所示。

步骤 20：将文档云备份。在界面左上角单击"文件"按钮，在展开的下拉列表中选择"另存为"选项，打开"另存文件"对话框；在"另存文件"对话框左侧窗格中选择"我的云文档"选项，单击"保存"按钮，即可将文档备份到云端（见图 3 – 19）；单击"首页"标签，在打开的界面中选择"我的云文档"选项，可以看到已经备份在云端的"通知"文档。

图 3－18　保存文档

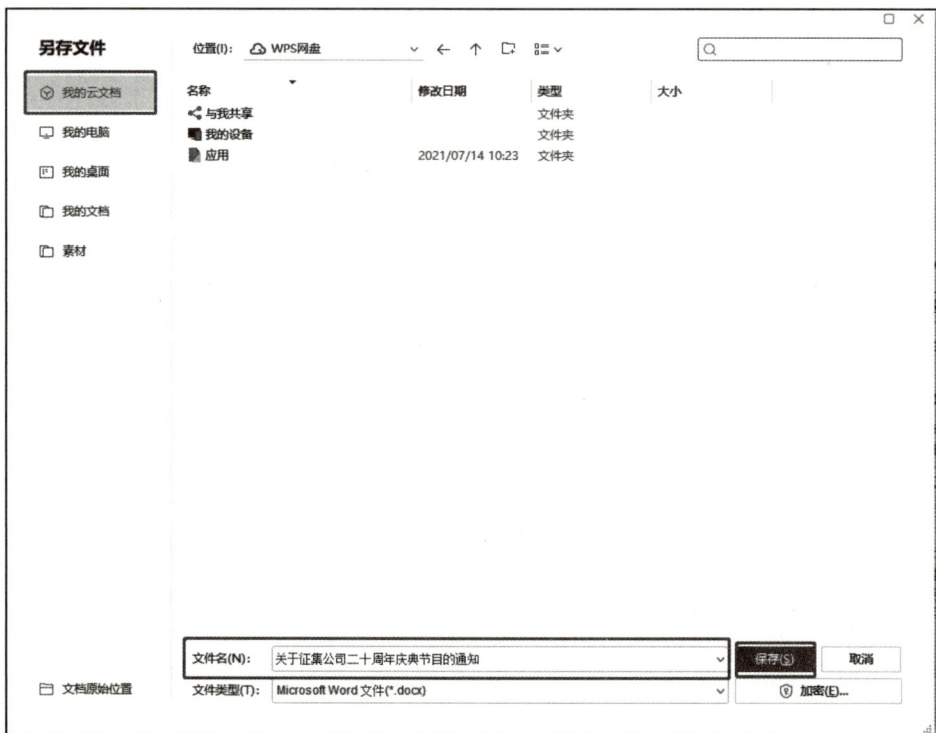

图 3－19　文档云备份

3.1.3　知识储备

1. WPS 文字的工作界面

新建 WPS 文字后，显示在用户前面的就是 WPS 文字的工作界面，下面进行详细介绍，如图 3－20 所示。

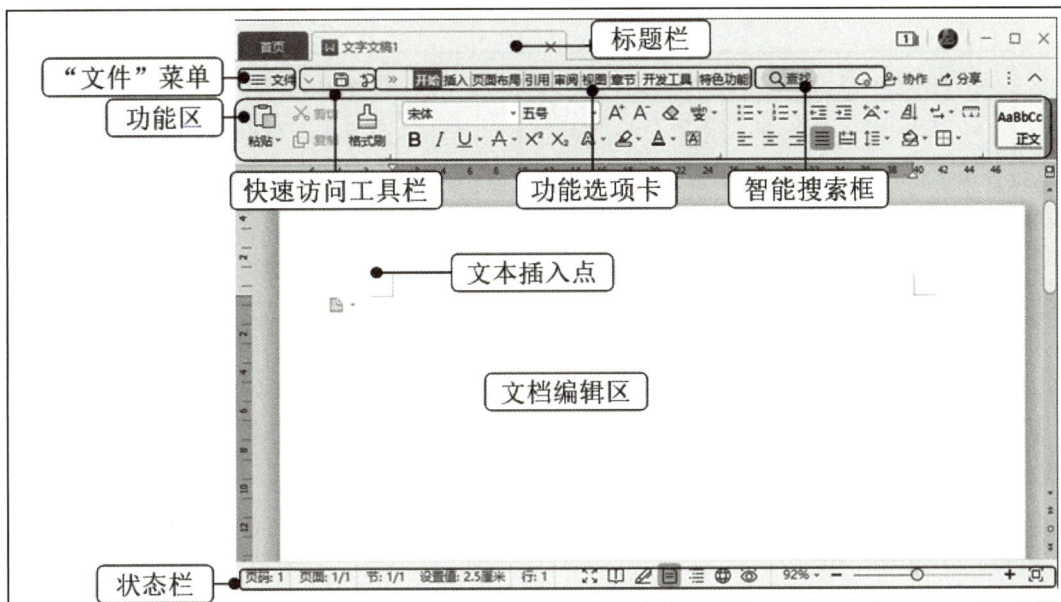

图 3－20　WPS 文字的工作界面

（1）标题栏：位于工作界面的最上方，其中显示了当前打开的文档名、用户头像和窗口控制按钮，单击右侧的窗口控制按钮，可分别将窗口最小化、最大化或还原、关闭。

（2）快速访问工具栏：用于放置使用频率较高的命令按钮。默认情况下，该工具栏包含"保存"按钮、"输出为 PDF"按钮、"打印"按钮、"打印预览"按钮、"撤销"按钮和"恢复"按钮。如果要向其中添加其他命令按钮，可单击快速访问工具栏右侧的"自定义快速访问工具栏"按钮，在展开的下拉列表中选择需要添加的命令按钮，使其左侧显示 ✓ 标记。

（3）"文件"菜单：单击该按钮，在展开的列表中选择相应选项，可对文档执行新建、打开、保存、输出、打印、分享、加密、备份与恢复等操作。

（4）功能区：用选项卡的方式分类存放编排文档方式所需的命令按钮。单击功能区上方的选项卡标签可切换到不同的选项卡，从而显示不同的命令按钮。在每一个选项卡中，命令按钮又被分类放置在不同的组（以竖线分隔）中。某些组的右下角有一个"对话框启动器"按钮，单击该按钮可打开相关对话框。

（5）文档编辑区：是用户进行文字输入、编辑和排版的地方。在文档编辑区的左上角有一个不停闪烁的光标，称为插入点，用于定位当前的编辑位置。

（6）状态栏：位于工作界面的底部，其左侧显示当前文档相关信息、"拼写检查"按钮和"文档校对"按钮，右侧显示视图模式切换按钮和显示比例调整工具。

2. WPS 文字的视图模式

WPS 文字提供了全屏显示、阅读版式、写作模式、页面、大纲和 Web 版式 6 种视图模式。打开某文档后，切换到"视图"选项卡，单击某一视图模式按钮可切换到该视图模式。此外，在状态栏右侧单击相应的视图模式切换按钮，也可在不同的视图模式之间切换，如图 3-21 所示。

图 3-21 "视图"选项卡

（1）全屏显示：将文档编辑区全屏显示。

（2）阅读版式：模拟图书阅读方式，将两页文档的内容同时显示在一个视图窗口中，从而方便用户阅读文档内容。进入阅读版式视图后，若想返回页面视图，可按"Esc"键。

（3）写作模式：打开"目录"任务窗格，用户可以对章节与书签进行管理，模拟编写图书方式，用分节符划分章节。

（4）页面：是编排文档时最常用的视图模式。在该视图模式下，文档内容显示效果与打印效果几乎完全一样。

（5）大纲：主要用于快速浏览和编排长文档。在该视图模式下，用户不仅可以快速查看文档的结构，还可以通过拖动标题来重新组织文档的结构。

（6）Web 版式：主要用于预览文档在 Web 浏览器中的显示效果，它适用于创建和编辑 Web 页。

3. WPS 云服务

WPS 云服务是 WPS 提供的一项非常方便使用的功能，它根据 WPS 在线服务账号、密码和用户指令进行相应的操作，可实现的功能包括数据分析、备份及存储等，其中应用最为广泛的就是备份功能。

登录 WPS 账号后，在保存文档时可以选择将文档备份到该账号的云空间中，这样不仅可以保证当计算机物理存储遭到破坏时也能找到保存过的文档，还为用户的多设备使用提供了很大的便利，有效提高工作效率。

4. 输入特殊符号

如在文档中输入一些键盘上没有的特殊符号，可在确定输入位置后，在"插入"选项卡中单击"符号"下拉按钮，在展开的下拉列表中选择需要的符号。若"符号"下拉列表中没有所需符号，则选择"其他符号"选项，在打开的"符号"对话框中进行插入，如图 3-22 所示。

此外，用户也可右击输入法状态条上的"软键盘"图标。在弹出的快捷菜单中选择符号类型，再在打开的软键盘中单击需要的符号。再次单击"软键盘"图标，可关闭软键盘。

图 3-22　输入特殊符号

5. 查找与替换文本

若要在文档中查看某个字词的位置，或将某个字词全部替换为另外的字词，可使用查找与替换功能。

（1）替换文本。在"开始"功能选项卡中单击"查找替换"按钮；在"查找替换"对话框中切换到"替换"选项卡。在"查找内容"编辑框中输入需要替换的文本内容。单击"查找下一处"按钮，可在文档中查找设置的查找内容。在"替换为"编辑框中输入替换后的内容。最后单击"替换"按钮可替换当前查找到的内容，单击"全部替换"按钮，则替换全部内容，如图 3-23 所示。

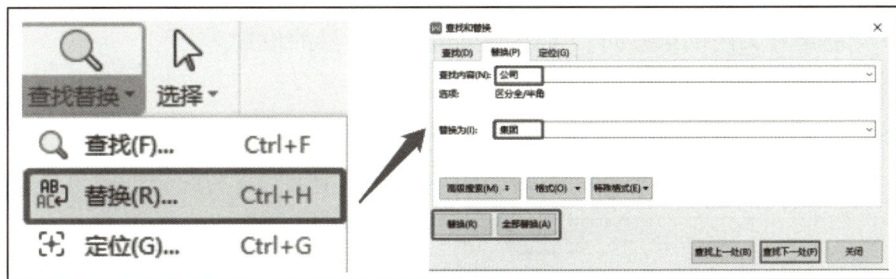

图 3-23　替换文本

（2）查找文本。在"开始"选项卡中单击"查找替换"按钮，或单击"查找替换"下拉按钮，在展开的下拉列表中选择"查找"选项，打开"查找和替换"对话框的"查找"选项卡，在"查找内容"编辑框中输入查找内容，此时文档中将以灰色底纹突出显示查找到的内容，如图 3-24 所示。

若要进行高级查找和替换操作，如区分英文大小写、区分全角和半角符号。使用通配符等，可在"查找和替换"对话框中单击"高级搜索"按钮，展开对话框进行操作。

6. 格式刷

在 WPS 文字中使用格式刷能快速将文字的格式应用到其他文字上。

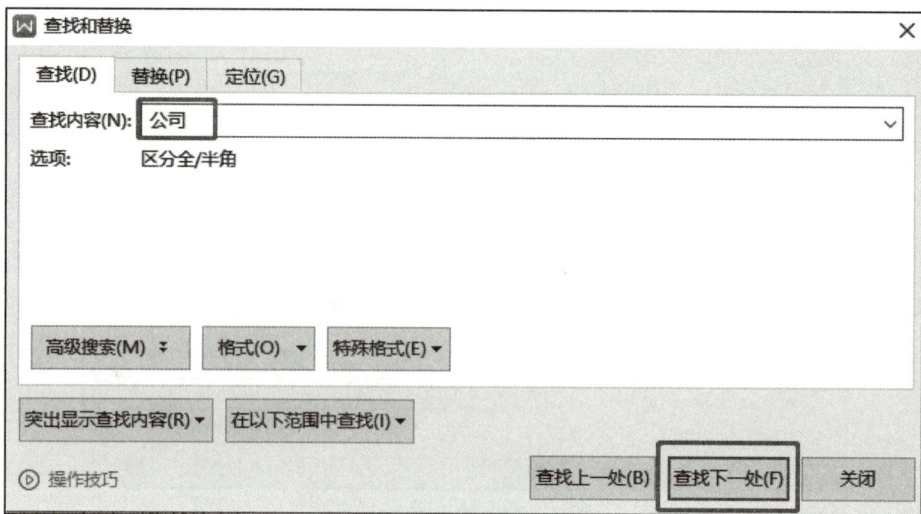

图 3 – 24　查找文本

（1）选中已设置好格式的文字。

（2）在"开始"选项卡中单击"格式刷"按钮 🖌，然后将鼠标移动到文字编辑区，当鼠标的指针呈 🖌 形状时，按住鼠标左键拖选需要应用样式的文字即可。要注意的是单击格式刷只能使用一次，使用完成后格式刷功能自动关闭。

（3）如文档中多处内容需要使用格式刷，可双击"格式刷"按钮，当鼠标的指针呈 🖌 形状时，可多次重复使用格式刷功能复制格式，使用完成后可再次单击"格式刷"按钮或按"Esc"键关闭格式刷功能。

7. 页面布局相关设置

页面布局包含对文档纸张方向、大小和页边距等项目的设置。

（1）设置纸张方向。

WPS文字中页面的纸张方向默认纵向显示，在"页面布局"选项卡中单击"纸张方向"按钮，在打开的下拉列表中选择页面"纵向"或"横向"，如图3 – 25所示。

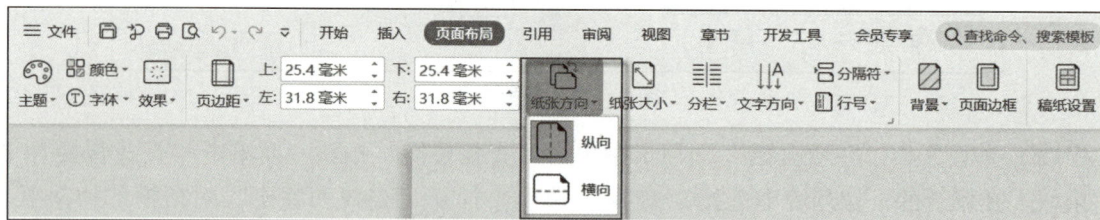

图 3 – 25　设置纸张方向

（2）设置纸张大小。

WPS文字中新建的纸张大小默认为"A4"。WPS文字提供了不同的纸张大小设置，还可以自定义纸张大小。在WPS文字中设置纸张大小的方法有以下2种：

①在"页面布局"选项卡中单击"纸张大小"按钮，在下拉列表中单击"A4"，即可将纸张大小设置为"A4"。

②在"页面布局"选项卡中单击"纸张大小"按钮，在下拉列表中选择"其他页面大小"按钮，打开"页面设置"对话框，如图 3 - 26 所示。在"纸张"选项卡中单击"纸张大小"栏"A4"右侧的下拉箭头选择纸张大小。在"预览"栏的"应用于"下拉列表中选择纸张设置的应用范围，然后单击"确定"按钮完成设置。

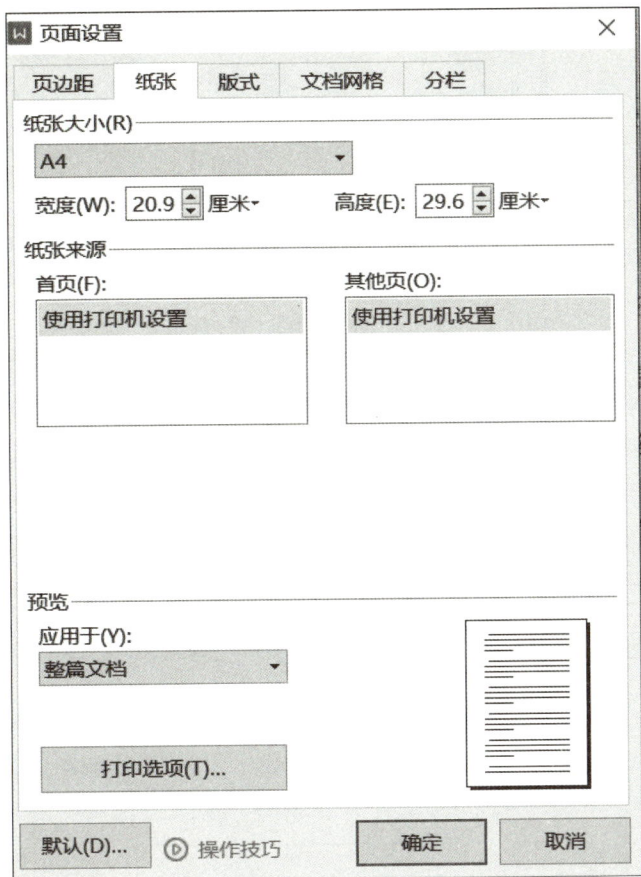

图 3 - 26　设置纸张

（3）设置页边距。

页边距是指页面的边线到文字的距离，页边距越大，页面可容纳的文字、图片等越少。反之，页边距越小，页面可容纳的内容越多。用户可以根据页面的具体使用情况自行设置。

①在"页面布局"选项卡中"页边距"按钮右侧的"上""下""左""右"框中自定义页边距的值；也可以单击"页边距"右侧下拉列表，选择 WPS 文字已定义的页边距，如图 3 - 27 所示。

②在"页面布局"选项卡单击"页边距"右侧下拉列表，选择"自定义页边距"，打开"页面设置"对话框，如图 3 - 28 所示。在"页边距"选项卡中的"页边距"栏中填写"上""下""左""右"的数值，然后在"预览"栏设置应用范围，完成后单击"确定"按钮即可完成页边距的设置。

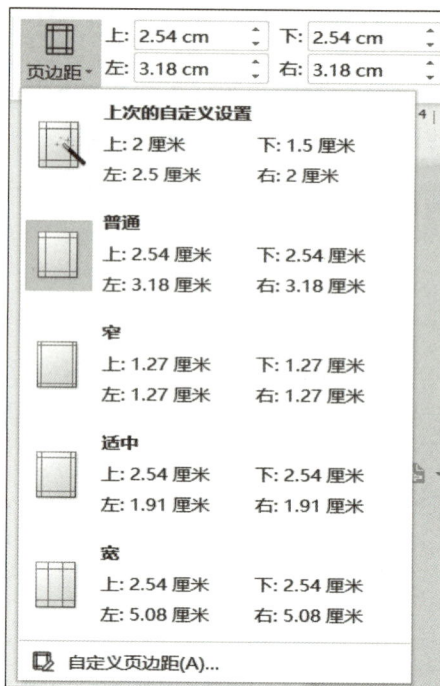

图 3 − 27　设置页边距 1

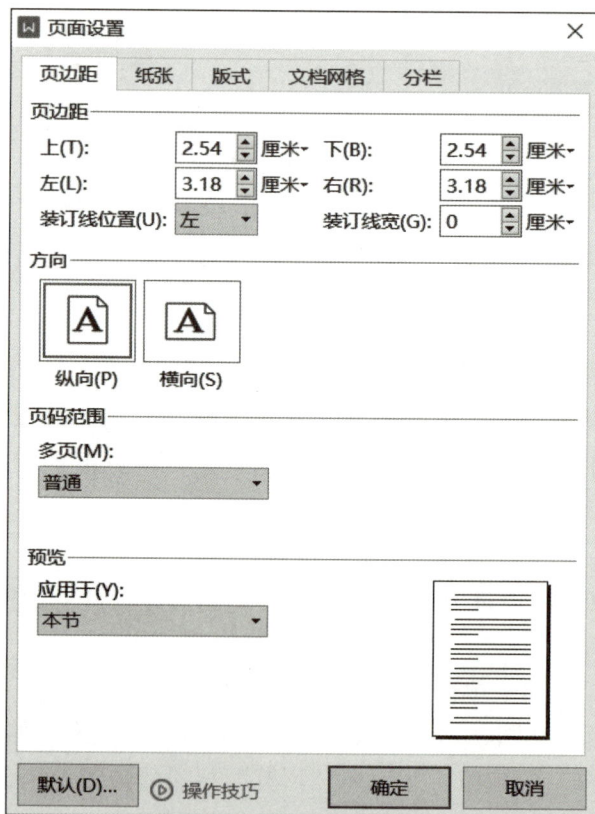

图 3 − 28　设置页边距 2

8. WPS 文字加密

为了防止无操作权限的人员查看文档，可对文档进行加密操作。

（1）打开文档，单击"文件"菜单，在弹出的下拉列表中选择"文档加密"按钮 ⬚ 文档加密(E)，在右侧弹出的子列表中单击"密码加密"命令 ⬚ 密码加密(P)，打开"密码加密"对话框，如图 3-29 所示。

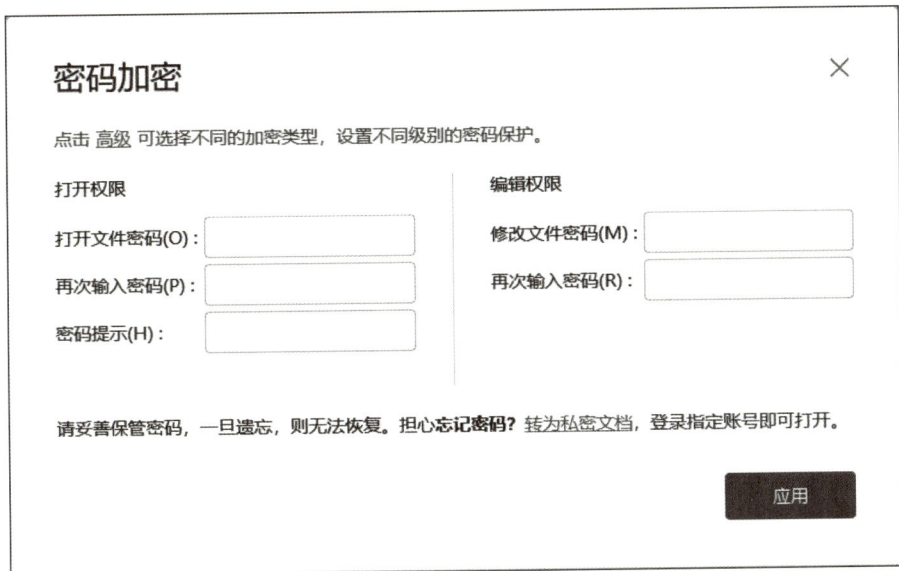

图 3-29　设置密码加密

（2）在打开的"密码加密"对话框中的"打开文件密码"输入密码，在"再次输入密码"框中输入相同的确认密码，"密码提示"框中可以输入自定义的密码提示，也可以不填写。

（3）设置完成后，单击"应用"按钮，即可完成文档的加密。为验证密码设置的效果，我们可以先关闭文档，然后再重新打开，弹出"文档已加密"弹窗，如图 3-30 所示。此时需要输入正确的密码才能打开 WPS 文字。

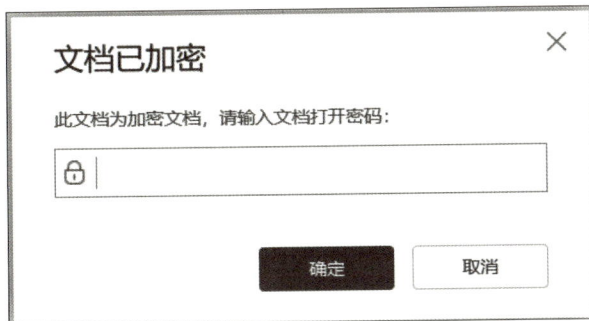

图 3-30　文档已加密弹窗

（4）如需删除文档的密码加密，可以按照同样的方法打开"密码加密"对话框，然后在对话框中将已经设置的密码删除，删除后单击"应用"按钮，即可删除 WPS 文字密码。

3.1.4 技能应用

操作题：编辑"使用说明书"文档

打开素材"使用说明书"文档，根据要求编辑文档并保存，最终效果如图 3 –31 所示。

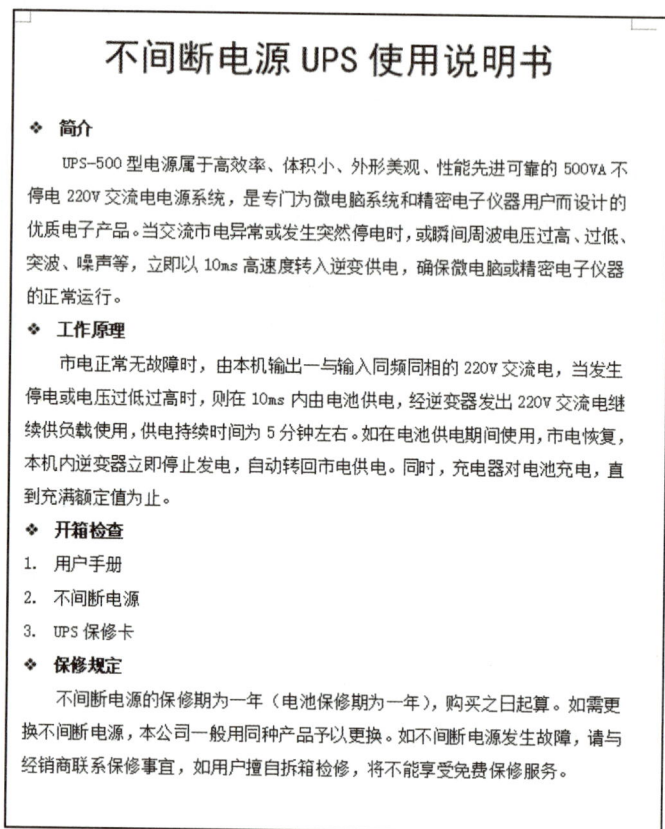

图 3 –31 "使用说明书"效果

（1）设置文档标题"不间断电源 UPS 使用说明书"的格式为黑体、一号、居中对齐，段后间距为 1 行；

（2）设置除标题外的文档正文的字号为小四，中文字体为宋体，西文字体为 Times New Roman，行距 1.5 倍；

（3）为"简介""工作原理""开箱检查""保修规定"字体加粗并添加项目符号为"加粗空心方形"；

（4）为"开箱检查"下方的相关段落添加编号；

（5）保存文档。

3.1.5 技能拓展

操作题：制作"培训通知"文档

根据所学知识，使用素材文本"培训通知"自行排版，将其保存名称设置为"关于公司内部举办公文写作培训的通知"，并加密文档。排版效果自定，文本内容如图 3 –32 所示。

关于公司内部举办公文写作培训的通知

为提高公司各部门，包括各级领导及办公室人员公文处理及公文写作的能力，更好地适应现代办公室工作规范化、制度化的新要求，策划部经与公司高层及其他各部门商议，拟自 2021 年 3 月起连续在公司各部门轮流举行公文写作培训，现将有关事项通知如下：

培训目的

公司公文处理和公文写作规范化、制度化。

培训内容

公文处理规范化；

公文写作规范化；

秘书的职能要求；

公文办理的流程。

培训时间

办公室：2021 年 3 月 10 日—14 日（10：00—16：00）

秘书处：2021 年 3 月 15 日—19 日（10：00—16：00）

宣传部：2021 年 3 月 20 日—24 日（10：00—16：00）

组织部：2021 年 3 月 25 日—29 日（10：00—16：00）

各部门副处级以上的领导：2021 年 3 月 30 日—9 月 3 日（10：00—16：00）

培训要求

在培训期间各部门及要求参加培训人员不得以任何理由推托或中途退出。如因客观原因而不能及时参加培训者必须上交请假条说明理由，并在相关部门办理证明。

培训教师

本次培训课程的主讲教师为党校及高等院校从事公文写作和教学的领导、专家、教授等。

培训地点

公司多媒体会议室

×××有限公司培训中心办公室

2021 年 2 月 7 日

图 3-32　"培训通知"文本内容

3.2 制作"产品入库单"文档

3.2.1 任务分析

通过制作如图3-33所示的产品入库单,学习在文档中插入、编辑、美化表格,以及对表格中的数据进行简单计算的方法。

产品入库单

入库日期: 年 月 日

产品名称	类别	单价(元)	应收数量(斤)	金额(元)	备注
西瓜	水果	5	200	1000.00	
火龙果	水果	2	130	260.00	
夏威夷果	坚果	45	20	900.00	
巴旦木	坚果	65	20	1300.00	
糖	副食品	17	25	425.00	
豆干	副食品	3	20	60.00	
葡萄	水果	9	50	450.00	
松子	坚果	68	26	1768.00	
饼干	副食品	22.5	50	1125.00	
茶叶	副食品	100	20	2000.00	
合计金额	大写: 玖仟贰佰捌拾捌元整			小写: 9288.00	

图3-33 "产品入库单"效果

(1)使用"页面布局"工具设置纸张方向为"横向"。

(2)输入入库单表头及入库日期,并编辑格式。

(3)使用"插入"工具,插入一个12行、6列的表格。

(4)使用"表格工具"中的"对齐方式"按要求调整表格内容。

(5)使用"表格工具"选项卡设置表格的高度。

(6)使用"表格样式"选项卡设置单元格的边框和底纹样式。

(7)使用"表格工具"选项卡中的"公式"进行计算。

(8)使用"表格工具"选项卡中的"公式"将合计金额设置为大写。

3.2.2 任务实施

步骤1:新建"产品入库单"文档,在"页面布局"选项卡的"纸张方向"下拉列表中选择"横向"选项,设置文档的纸张方向为横向,如图3-34所示。

步骤2:输入入库单表头和入库日期内容,然后另起一行,如图3-35所示。

步骤3:在"插入"选项卡中单击"表格"下拉按钮,在展开的下拉列表中选择"插入表格"选项,打开"插入表格"对话框,设置表格的列数、行数,单击"确定"按钮,即可插入表格,如图3-36所示。

图 3 - 34　设置纸张方向

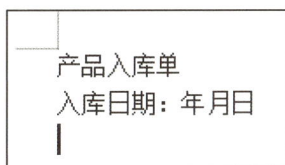

图 3 - 35　输入入库单表头和入库日期内容

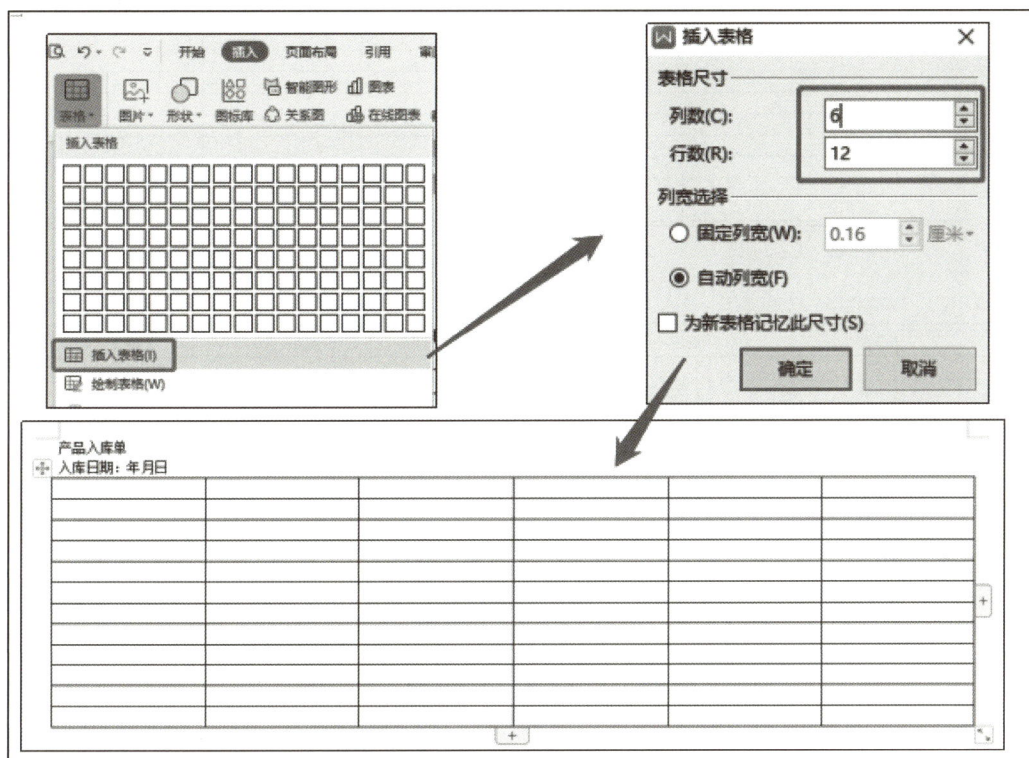

图 3 - 36　插入表格

步骤 4：选中表格第 12 行的第 5 列和第 6 列单元格，在"表格工具"选项卡中单击"合并单元格"按钮，将选中单元格合并为一个单元格，如图 3 - 37 所示。

步骤 5：使用同样的方法，将第 12 行的第 1 列和第 2 列单元格合并为一个单元格，将第 12 行的第 3 列和第 4 列单元格合并为一个单元格。

步骤 6：输入入库单内容并调整格式。在表格第 1 行第 1 列的单元格中单击，然后输入"产品名称"，即可在当前单元格中输入内容。使用同样的方法输入产品入库单内容，如图 3 - 38 所示。

步骤 7：选中表头文本"产品入库单"，设置其字符格式为微软雅黑、二号，对齐方式为居中对齐。

图 3-37　合并单元格

产品名称	类别	单价（元）	应收数量（斤）	金额（元）	备注
西瓜	水果	5	200		
火龙果	水果	2	130		
夏威夷果	坚果	45	20		
巴旦木	坚果	65	20		
糖	副食品	17	25		
豆干	副食品	3	20		
葡萄	水果	9	50		
松子	坚果	68	26		
饼干	副食品	22.5	50		
茶叶	副食品	100	20		
合计金额		大写：		小写：	

图 3-38　产品入库单内容

步骤 8：选中入库日期所在段落，设置其对齐方式为右对齐，段后间距为 0.5 行，在"年""月""日"前分别插入 4 个空格。

步骤 9：单击表格左上角的 ⊕ 按钮，选中整个表格，将表格内字体设置为仿宋、小四号字。

步骤 10：选中表格第一行文本，在"表格工具"选项卡中单击"对齐方式"下拉按钮，在展开的下拉列表中选择"水平居中"选项（见图 3-39），然后将第一行文本设置为加粗效果，如图 3-40 所示。

步骤 11：使用同样的方法，将第 2 行第 1 列至第 11 行第 6 列的文本水平居中对齐；将第 12 行第 1 列的对齐方式设置为水平居中，并将"合计金额""大写：""小写："设置为加粗效果。此时，产品入库单效果如图 3-41 所示。

步骤 12：美化产品入库单。将插入点置于第 1 行的任意单元格中，在"表格工具"选项卡的"高度"编辑框中输入行高值"1 厘米"，按"Enter"键确认，如图 3-42 所示。

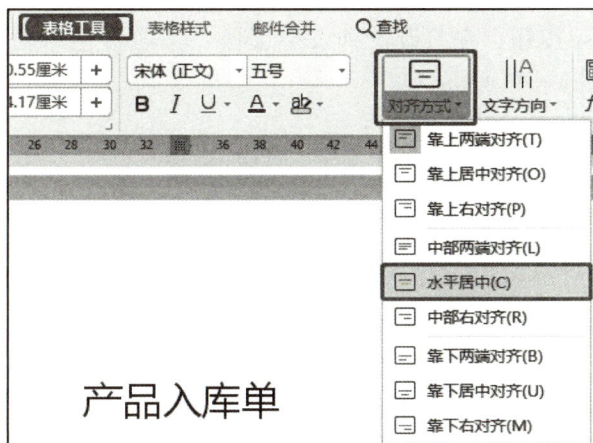

图 3-39 设置表格文本对齐方式

产品名称	类别	单价（元）	应收数量（斤）	金额（元）	备注
西瓜	水果	5	200		
火龙果	水果	2	130		
夏威夷果	坚果	45	20		

图 3-40 表格文本水平居中加粗效果

产品名称	类别	单价（元）	应收数量（斤）	金额（元）	备注
西瓜	水果	5	200		
火龙果	水果	2	130		
夏威夷果	坚果	45	20		
巴旦木	坚果	65	20		
糖	副食品	17	25		
豆干	副食品	3	20		
葡萄	水果	9	50		
松子	坚果	68	26		
饼干	副食品	22.5	50		
茶叶	副食品	100	20		
合计金额		大写：		小写：	

产品入库单

入库日期： 年 月 日

图 3-41 输入内容并调整格式后的产品入库单效果

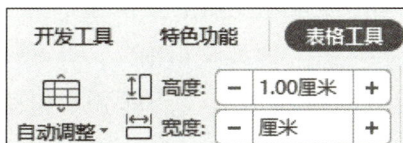

图 3-42 调整行高

步骤 13：将鼠标指针移至表格第 2 行最左侧边框线附近，按住鼠标左键并向下拖动到表格底部，选中 2～12 行，然后设置其行高均为 0.8 厘米。

步骤 14：设置表格的底纹。选择表格中的首行单元格，单击"表格样式"选项卡中的"底纹"按钮右侧的下拉按钮；在打开的列表中选择"主题颜色"栏中的"橙色，着色 4，浅色 40%"选项，如图 3－43 所示。

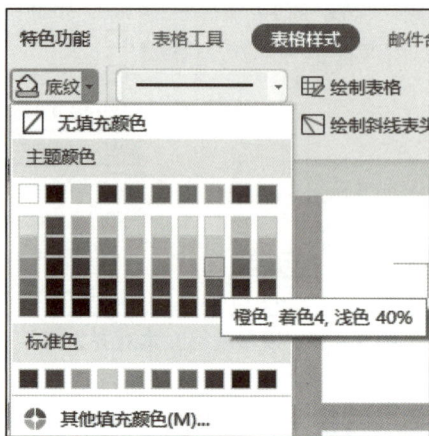

图 3－43　设置表格底纹

步骤 15：直接应用底纹颜色。选择表格中最后一行单元格，单击"表格样式"选项卡中的"底纹"按钮，即可为所选行应用于第一行相同的颜色，如图 3－44 所示。

产品名称	类别	单价（元）	应收数量（斤）	金额（元）	备注
西瓜	水果	5	200		
火龙果	水果	2	130		
夏威夷果	坚果	45	20		
巴旦木	坚果	65	20		
糖	副食品	17	25		
豆干	副食品	3	20		
葡萄	水果	9	50		
松子	坚果	68	26		
饼干	副食品	22.5	50		
茶叶	副食品	100	20		
合计金额		大写：		小写：	

图 3－44　添加表格底纹效果

步骤 16：设置边框样式。单击表格左上角的按钮选中整个表格，然后分别单击"表格样式"选项卡中的"线型" ⬛⬛⬛⬛⬛⬛ 、"线型粗细" 0.75 磅 和"边框颜色" ⬛ 右侧的下拉按钮，在展开的下拉列表中分别选择边框线的样式、粗细和颜色为双实线、0.75 磅、黑色。

步骤 17：单击"边框"下拉按钮，在展开的下拉列表中选择边框类型，如"外侧框线"，为所选表格添加设置的外侧框线，如图 3－45 所示。

产品名称	类别	单价（元）	应收数量（斤）	金额（元）	备注
西瓜	水果	5	200		
火龙果	水果	2	130		
夏威夷果	坚果	45	20		
巴旦木	坚果	65	20		
糖	副食品	17	25		
豆干	副食品	3	20		
葡萄	水果	9	50		
松子	坚果	68	26		
饼干	副食品	22.5	50		
茶叶	副食品	100	20		
合计金额	大写：			小写：	

图3-45　设置表格外侧框线

步骤18：计算入库单数据。将插入点定位到表格第2行第5列单元格中，在"表格工具"选项卡中单击"公式"按钮，打开"公式"对话框，删除"公式"编辑框中的"SUM（LEFT）"，在等号右侧输入"PRODUCT（LEFT）"，在"数字格式"下拉列表框中选择"0.00"选项，单击"确定"按钮，如图3-46所示。

步骤19：使用同样的方法，求出其他产品的金额。

步骤20：将插入点定位到第12行第3列单元格中"（小写）"文本右侧，打开"公式"对话框，在"公式"编辑框中输入"=SUM（E2:E11）"，在"数字格式"下拉列表中选择"0.00"选项，单击"确定"按钮，计算所有产品的合计金额，如图3-47所示。

图3-46　输入乘积公式

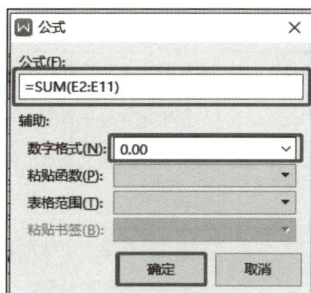

图3-47　输入求和公式

步骤21：在第12行第2列单元格中"（大写）"文本右侧，打开"公式"对话框，在"公式"编辑框中输入"=SUM（E2:E11）"，在"数字格式"下拉列表中选择"人民币大写"选项，单击"确定"按钮（见图3-48），此时，即可在"大写："单元格中显示最终结果。计算数据后的表格效果如图3-49所示。

步骤22：单击"保存"按钮，保存文档。

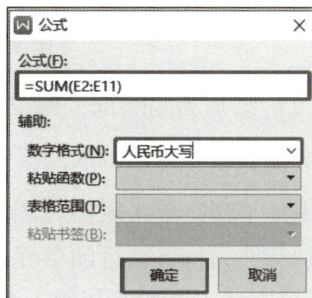

图3-48　设置人民币大写格式

产品入库单

入库日期： 年 月 日

产品名称	类别	单价（元）	应收数量（斤）	金额（元）	备注
西瓜	水果	5	200	1000.00	
火龙果	水果	2	130	260.00	
夏威夷果	坚果	45	20	900.00	
巴旦木	坚果	65	20	1300.00	
糖	副食品	17	25	425.00	
豆干	副食品	3	20	60.00	
葡萄	水果	9	50	450.00	
松子	坚果	68	26	1768.00	
饼干	副食品	22.5	50	1125.00	
茶叶	副食品	100	20	2000.00	
合计金额		大写：玖仟贰佰捌拾捌元整		小写：9288.00	

图 3－49　表格设置最终效果

3.2.3　知识储备

1．编辑表格

（1）选择表格、行、列或单元格。

要对表格进行编辑操作，需先选择要编辑的表格、行、列或单元格。为此，WPS 文字提供了多种方法，如图 3－50 所示。

选择对象	操作方法
整个表格	单击表格左上角的 ⊕ 按钮
一整行	将鼠标指针移至要选择行最左侧边框线附近，当鼠标指针变为向右箭头时单击
一整列	将鼠标指针移至要选择列最上方边框线附近，当鼠标指针变为⬇形状时单击
一个单元格	将鼠标指针移至要选择单元格左侧边框线上，当鼠标指针变为⬈形状时单击（双击则选择该单元格所在的一整行）
多个连续单元格	在要选择的第一个单元格内单击，然后按住鼠标左键不放，拖动至最后一个单元格处，则鼠标指针经过的单元格均被选中
多个不连续单元格	选择第一个单元格后，按住“Ctrl”键的同时依次选择其他单元格

图 3－50　选择表格、行、列或单元格的方法

（2）添加和删除行、列或单元格。

①在表格中添加行或列。将鼠标指针移至表格上方，单击表格右侧的 + 按钮，可在表格右侧添加 1 列；单击表格底部的 + 按钮，可在表格下方添加 1 行。此外，将插入点置于要添加行或列位置临近的单元格中，然后在“表格工具”选项卡中单击相应按钮（见图 3－51），可在插入点所在行的上方或下方添加空白行，或在插入点所在列的左侧或右侧添加空白列。

②在表格中添加单元格。首先确定插入点，然后在"表格工具"中单击"插入选项卡"按钮 ，打开"插入单元格"对话框，选择一种插入方式并单击"确定"按钮即可，如图3-52所示。

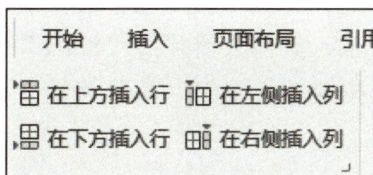

图3-51 "表格工具"选项卡

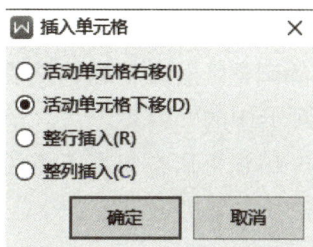

图3-52 "插入单元格"对话框

要添加多行、多列或多个单元格，可同时选择多行、多列或多个单元格，然后再执行添加操作，添加的行、列或单元格的数量与所选择的数量相同。

③删除单元格、列、行或表格。将插入点定位在相应的单元格中（或选中单元格区域、列或行），然后在"表格工具"选项卡中单击"删除"按钮（见图3-53），在展开的下拉列表中选择相应选项，即可删除插入点所在单元格或选中的单元格区域、列、行或整个表格，如图3-54所示。

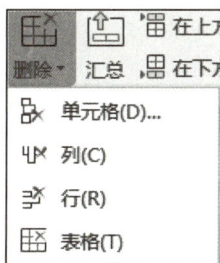

图3-53 "删除"下拉列表

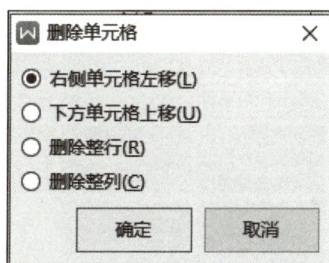

图3-54 "删除单元"格对话框

2. 合并和拆分单元格或表格

（1）合并单元格。选中要合并的两个或多个单元格，然后在"表格工具"选项卡中单击"合并单元格"按钮。

（2）拆分单元格。选中要拆分的多个单元格，或将插入点置于要拆分的单元格中，然后在"表格工具"选项卡中单击"拆分单元格"按钮，在打开的"拆分单元格"对话框（见图3-55）中设置要拆分成的列数和行数，最后单击"确定"按钮。

（3）拆分表格。要将一个表格拆分成两个表格，可将插入点置于要拆分成第2个表格的首行或首列的任意单元格中，然后在"表格工具"选项卡中单击"拆分表格"按钮，在展开的下拉列表中选择"按行拆分"或"按列拆分"选项。

（4）合并表格。要将拆分的两个表格合并，可选中两个表格之间的空行段落标记，然后按"Delete"键。

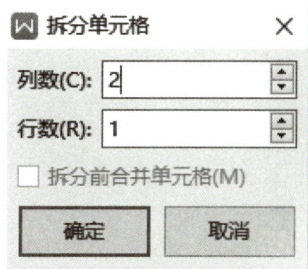

图3-55 "拆分单元格"对话框

3. 调整行高和列宽

（1）粗略调整。当表格的行高、列宽不够时，可将鼠标指针移至要调整的行的下边框或列的边框上，待鼠标指针变为 ⬆ 或 ⬌ 形状时按住鼠标左键，随即产生一条水平或垂直的位置虚线，此时拖动鼠标，即可快速调整表格的行高和列宽。

（2）精确调整。若要精确调整表格的行高或列宽，可选中希望调整的行或列，在"表格工具"选项卡中的"高度"或"宽度"编辑框中输入具体数值并按"Enter"键确认，或单击"高度"编辑框所在组右下角的对话框启动器按钮 ⌐ ，打开"表格属性"对话框，然后在相应的选项卡中进行设置。

4. 应用表格样式

（1）将插入点置于表格中的任意位置，单击"表格样式"选项卡中的"其他"按钮 ，在展开的下拉列表中选择所需样式即可，如图 3-56 所示。

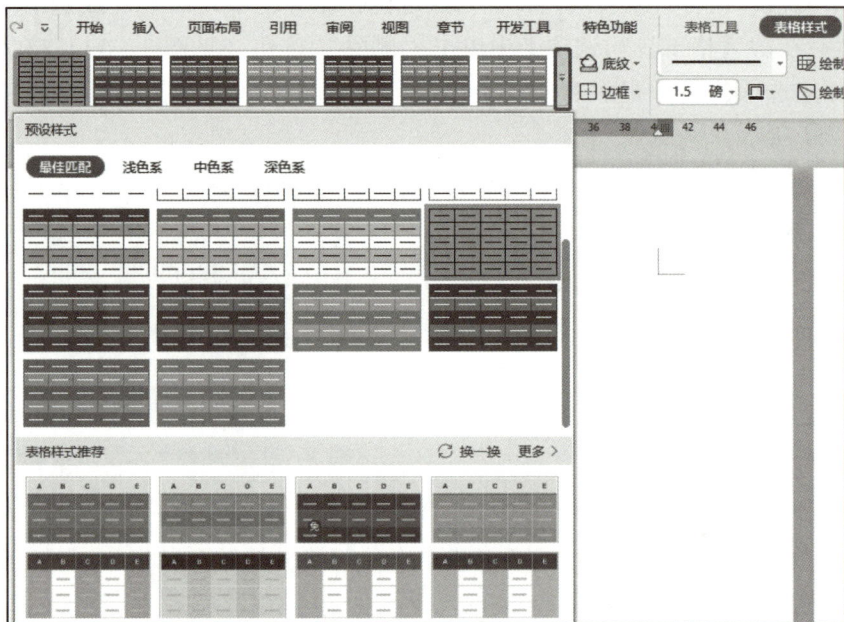

图 3-56　应用表格样式

（2）在应用表格样式前，用户可在"表格样式"选项卡中选中或取消相应的复选框，以决定是否在表格样式中将表格的标题行、第一列等设置为与其他行或列不同，如图 3-57所示。

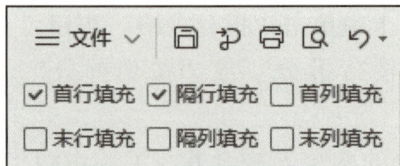

图 3-57　表格样式填充选项

5. 处理表格数据

表格中的数据可以通过输入带有加减乘除等运算符的公式进行简单运算，也可以使用 WPS 文字提供的函数进行较为复杂的运算。表格中的运算都是以单元格或者单元格区域为单位进行的。为了方便在单元格之间进行运算，在 WPS 文字中用英文字母"A、B、C…"从左至右表示列，用正整数"1、2、3…"自上而下表示行，每一个单元格的名字由它所在的列和行的编号组合而成，如图 3-58 所示。

A1	B1	C1	D1
A2	B2	C2	D2
A3	B3	C3	D3
A4	B4	C4	D4

图 3-58　单元格名称示意图

◆ A1：表示位于第一列第一行的单元格。

◆ A1:B3：表示由 A1、A2、A3、B1、B2、B3 六个单元格组成的单元格区域。

◆ A1,B3：表示 A1 和 B3 两个单元格。

◆ SUM(A1:A4)：表示求 A1、A2、A3、A4 单元格的和。

由于表格中的运算结果是以域的形式插入的，所以当参与运算的单元格数据发生变化时，应及时更新运算结果。为此，用户可单击要更新的运算结果，然后按"F9"键或在右键快捷菜单中选择"更新域"选项。

6. 文本与表格互换

在 WPS 文字中，表格中的文本可以转换为由段落标记、制表符、逗号或其他指定字符分隔的普通文字。为此，只需在表格的任意单元格中单击，然后在"表格工具"选项卡中单击"转换成文本"按钮，打开"表格转换成文本"对话框，在其中选择一种文字分隔符，然后单击"确定"按钮，如图 3-59 所示。

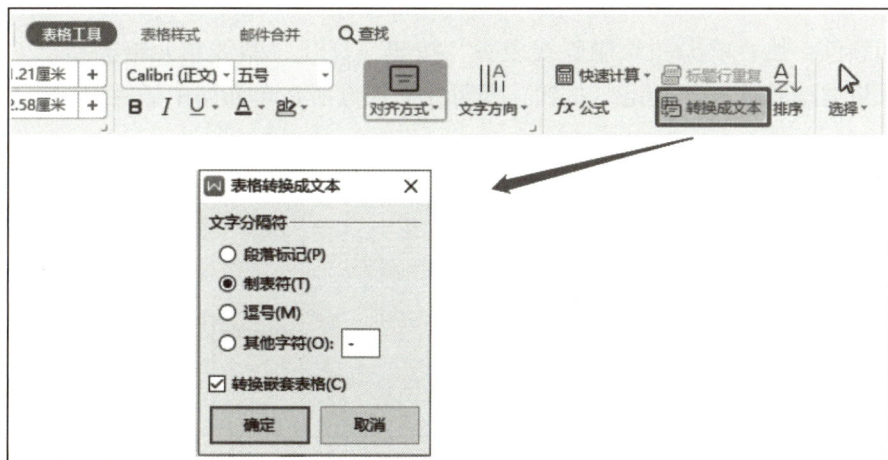

图 3-59　表格转换成文本

◆ 选择"段落标记"单选钮，表示将每个单元格的内容转换为一个文本段落。

◆ 选择"制表符"或"逗号"单选钮，表示将每个单元格的内容转换后用制表符或逗号分隔，每行单元格的内容成为一个文本段落。

◆ 选择"其他字符"单选钮，可在其右侧的编辑框中输入作为分隔符的半角字符。

在 WPS 文字中也可以将用段落标记、逗号、制表符或其他特定字符隔开的文本转换成表格。为此，选中要转换成表格的文本，然后在"插入"选项卡中单击"表格"下拉按钮，在展开的下拉列表中选择"文本转换成表格"选项，在打开的"将文字转换成表格"对话框中选择分隔符，然后单击"确定"按钮，如图 3 – 60 所示。

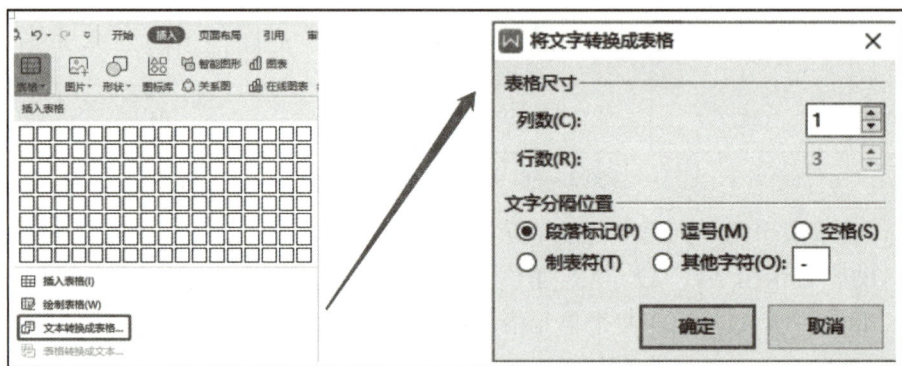

图 3 – 60　文本转换成表格

将文本转换成表格时，最关键的一点是转换前在文本中设置好分隔符并划分好段落，它们决定了表格的列数和行数，以及各文本在表格中的位置（即在哪个单元格中）。通常使用英文逗号、制表符或空格作为分隔符。若要在某个单元格前加一个空单元格，只需在该单元格文本前多加一个分隔符即可。

7. 绘制斜线表头

将插入点置于要绘制斜线表头的单元格中，分别单击"表格样式"选项卡中的"线型"　、"线型粗细" 0.5 磅 和"边框颜色" 右侧的下拉按钮，设置笔画样式、粗细和颜色，然后单击"绘制斜线表头"按钮，打开"斜线单元格类型"对话框，选择斜线单元格类型后单击"确定"按钮，即可在插入点所在单元格中插入斜线，如图 3 – 61 所示。

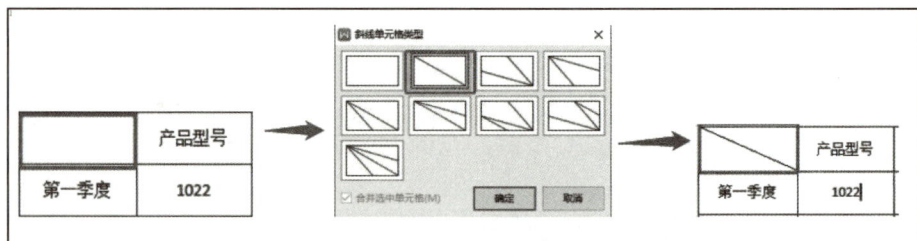

图 3 – 61　绘制斜线表头

8. 自动重复标题行

当表格过长时，表格内容会跨页显示，而从第 2 页开始表格便没有标题行了。如果要在每一页的表格中显示标题行，可在表格标题行中的任意单元格中单击，然后在“表格工具”选项卡中单击“标题行重复”按钮，如图 3－62 所示。再次单击“标题行重复”按钮，可取消重复标题行。

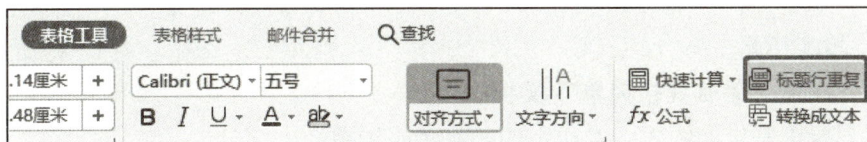

图 3－62　标题行重复按钮

3.2.4　技能应用

操作题：制作“应聘登记表”文档

新建一个空白文档，并将其保存名称设置为“应聘登记表.docx”，按要求完成下列操作并保存，效果如图 3－63 所示。

应聘登记表

姓名		性别		出生日期		
户口所在地		婚否		身高		照片
身份证号码		籍贯		民族		
毕业院校		学历		毕业时间		
专业		所获证书				
计算机水平		英语水平		人员类型	□失业 □在职 □下岗	
特长		健康状况		应聘职位		
家庭住址				希望待遇		
工作经历	时间	单位名称及主要工作	职务	薪金	离职原因	
学历培训经历	时间	学校或培训机构	培训内容	证件名称		
填表时间:		年	月	日		

图 3－63　“应聘登记表”效果

（1）在新建的文档中，利用"插入表格"对话框，插入一个 17 行 ×7 列的表格，然后参照图 3－63 在"表格工具"选项卡中对单元格进行合并和拆分操作。

（2）输入表头"应聘登记表"，设为黑体、字号为一号，输入表格内容，设为微软雅黑，字号为五号，并调整文字方向和对齐方式。

（3）拖动鼠标调整表格的列宽，然后对表格应用"浅色样式 1－强调 5"内容的表格样式。

3.2.5　技能拓展

操作题：制作"差旅费报销单"文档

按照下列要求制作如图 3－64 所示的差旅费报销单。

差旅费报销单											
销售部门	销售部				填报日期		2021 年 12 月 27 日				
姓名	李星途	职务		销售经理	出差事由		市场调研				
出发			到达			交通工具	交通费		出差补贴		其他费用
月	日	地点	月	日	地点		单据张数	金额	出差补助	住宿节约补助	项目	单据张数	金额
11	3	北京	11	3	济南	火车	1	300	50	100	市内经费		
12	5	上海	12	5	杭州	汽车	1	450	80	100	不买卧铺补贴		
合计	1080							750	130	200			
总计金额（大写）：壹仟零捌拾元整											
申领人：							领导签字：				

图 3－64　"差旅费报销单"效果

（1）插入一个 10 行 ×8 列的表格。

（2）参照图 3－64 在"表格工具"选项卡中对单元格进行合并和拆分操作。

（3）输入表头"差旅费报销单"，设为微软雅黑、字号为三号，输入表格内容，设为宋体，字号为五号，并调整文字方向和对齐方式。

（4）拖动鼠标调整表格的行高和列宽。

（5）设置表格首行和倒数第二行单元格的底纹为"白色、背景、1 深色 5%"。

（6）设置表格边框为"双横线""0.5"磅。

（7）分别计算出"交通费金额""出差补助""住宿节约补助"的金额。

（8）计算"交通费金额""出差补助""住宿节约补助"的合计金额。

（9）使用"数字格式"设置总计金额的大写效果。

3.3　制作"宣传页"文档

3.3.1　任务分析

通过制作如图 3 – 65 所示的宣传页，学习在文档中插入艺术字、文本框、图片并进行编辑、美化，以及学习页面布局功能的使用，增加文档的美观性。

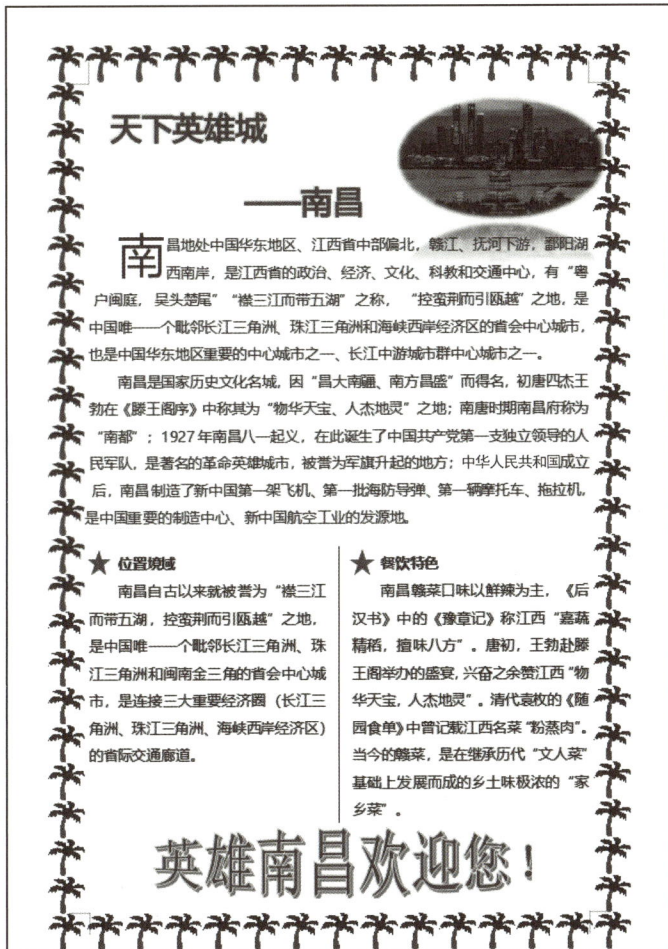

图 3 – 65　"宣传页"效果

（1）插入文本框并编辑文字"天下英雄城—南昌"；

（2）插入并编辑图片"滕王阁"；

（3）设置文字首字下沉；

（4）设置段落分栏；

（5）插入并编辑形状"五角星"；

（6）插入艺术字并编辑文字"英雄城南昌欢迎您!"；

（7）设置页面边框。

3.3.2　任务实施

步骤1：新建"天下英雄城——南昌"宣传页文档。将插入点定位至第一行空白文档处，在"插入"选项卡中单击"文本框"按钮，在展开的下拉列表中选择"横向"选项，在文档的适当位置按住鼠标左键并拖动，绘制一个文本框（见图3－66）。将插入点定位到所绘文本框中，输入文本"天下英雄城——南昌"，并设置文本字体为"微软雅黑"，字号为"一号"。

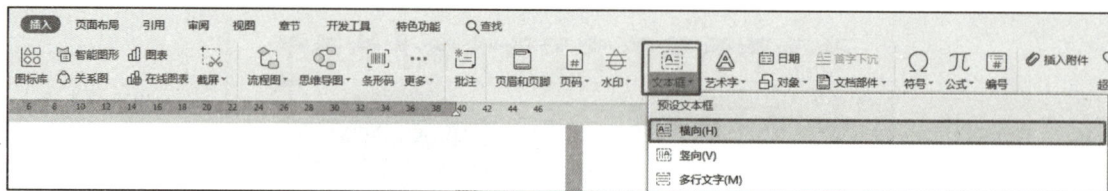

图3－66　插入横向文本框

步骤2：选中文本框，在"绘图工具"选项卡中单击"填充"下拉按钮，在展开的下拉列表中选择"无填充颜色"选项，单击"轮廓"下拉按钮，在展开的下拉列表中选择"无边框颜色"选项，去除文本框的底纹和边框，如图3－67所示。

步骤3：选中文字"天下英雄城——南昌"，在"文本工具"选项卡中单击"文本填充"下拉按钮，在展开的下拉列表中选择"深红"（见图3－68）；在"文本效果"下拉按钮中单击"发光"选项，选择"橙色，5 pt 发光，着色4"选项，如图3－69所示。

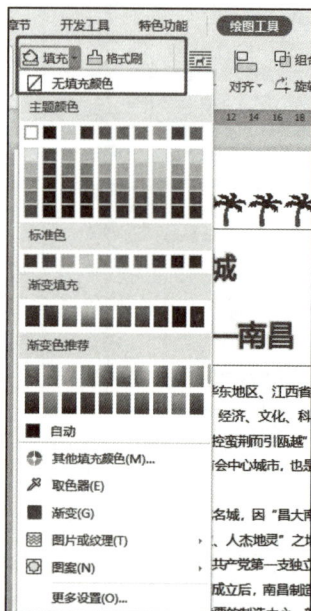

图3－67　绘图工具选项卡的填充下拉列表

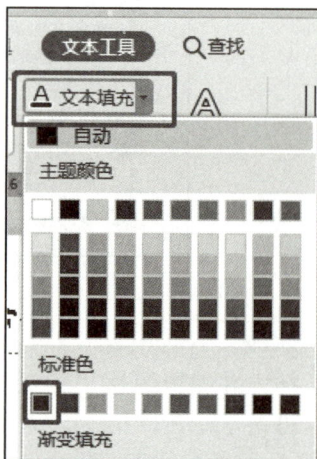

图3－68　文本填充

步骤4：选中文本框，在"绘图工具"选项卡中单击"对齐"下拉按钮，在展开的下拉列表中选择"左对齐"（见图3－70），按住鼠标左键向右拖至效果位置。

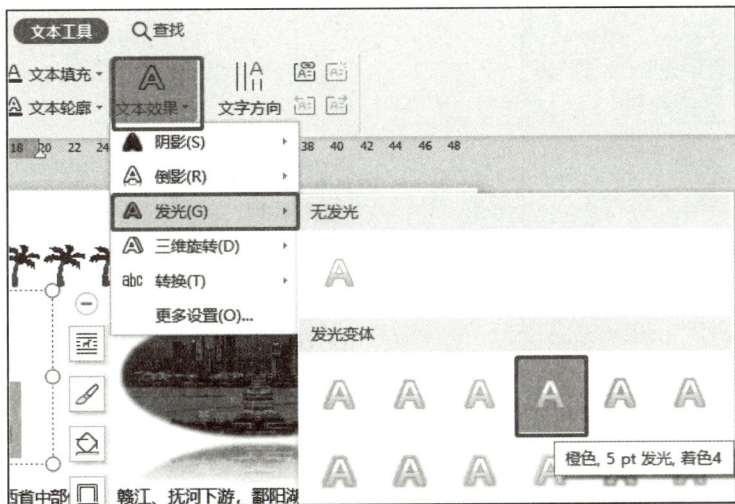

图 3-69　文本效果

步骤 5：在"插入"选项卡中单击"图片"按钮。

步骤 6：打开"插入图片"对话框，选择"滕王阁"图片，单击"打开"按钮，将所选图片插入文档，如图 3-71 所示。

步骤 7：在"图片工具"选项卡中单击"环绕"按钮，在展开的下拉列表中选择"浮于文字上方"选项，设置图片的环绕方式，如图 3-72 所示。

步骤 8：将图片移动至文档右上角，单击"图片工具"选项卡中的"裁剪"按钮，在"按形状裁剪"列表中选择"椭圆"选项（见图 3-73），调整图片裁剪位置后，按"Enter"键确认裁剪操作。

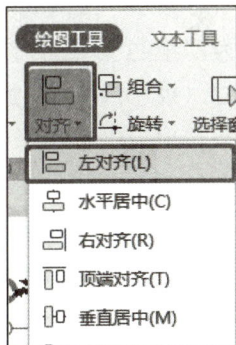

图 3-70　对齐设置

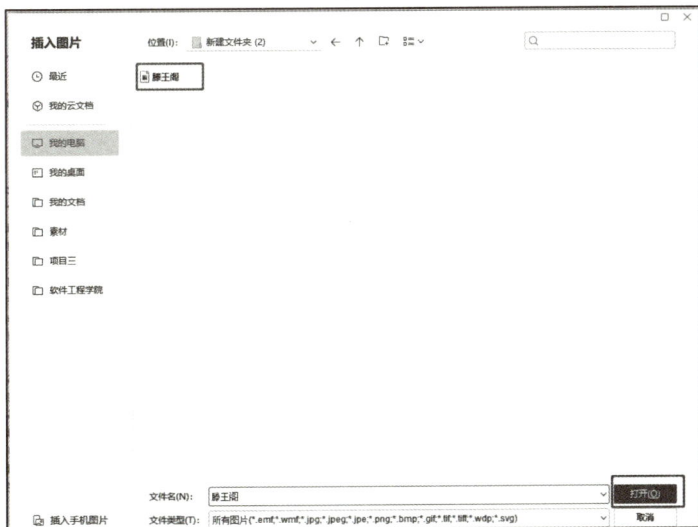

图 3-71　插入图片

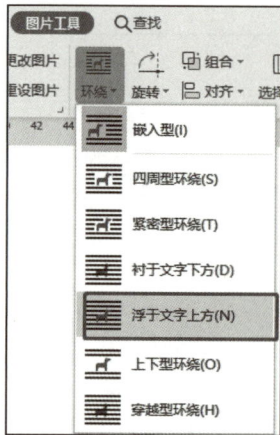

图 3-72　图片环绕方式

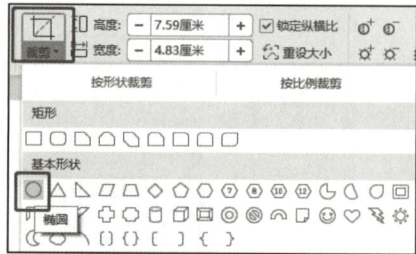

图 3-73　裁剪设置

步骤9：选中图片，单击"图片工具"选项卡，单击"图片效果"按钮，在打开的任务窗格中选择"倒影"效果中的"紧密倒影，接触"选项，如图 3-74 所示。

步骤10：选中正文文本，将字体设置为"微软雅黑"，字号为"小四"，设置首行缩进为"2"字符，选择"行距"栏中的"最小值"，设置值为"23"。选择正文第一段，在"插入"选项卡中单击"首字下沉"，在弹出框内"位置"选择"下沉"，"下沉行数"设置"2"。

步骤11：将正文第二段的"段后"数值设置为"0.5"。

步骤12：选中正文第 3~6 段内容，在"页面布局"选项卡中单击"分栏"下拉按钮，在弹出的列表中选择"更多分栏"选项，打开"分栏"对话框，在"预设"栏中选择"两栏"，或在"栏数"框中输入需要设置的分栏数值，勾选"分隔线"，在"应用于"选框中选择"所选节"，如图 3-75 所示。

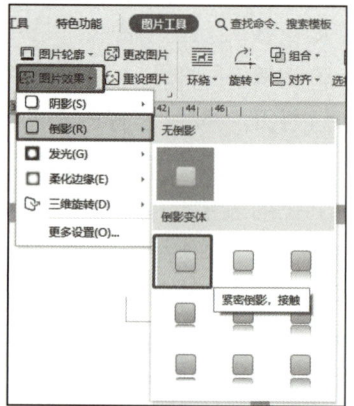

图 3-74　图片效果设置

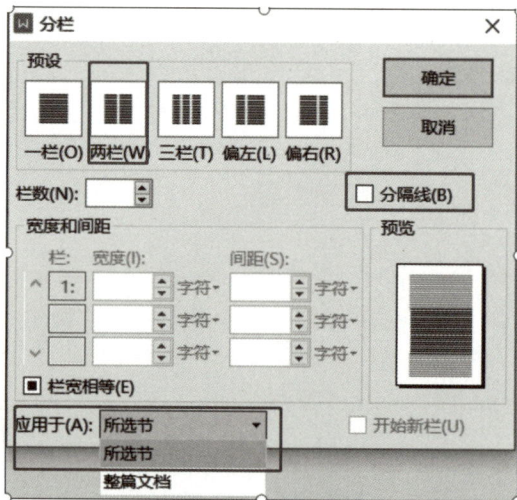

图 3-75　分栏设置

步骤 13：按住"Ctrl"键，同时选中"位置境域"和"餐饮特色"文本内容，在"开始"选项卡中单击"加粗"按钮，将所选文本设置为加粗效果。

步骤 14：在"位置境域"和"餐饮特色"文本内容前添加形状。单击"插入"选项卡中的"形状"按钮，在打开的列表中选择"星与旗帜"栏中的"五角星"选项。在目标位置按住鼠标左键不放，拖动鼠标，至合适大小后释放鼠标，即可绘制五角星形状，如图 3－76 所示。

步骤 15：选择插入的五角星，将鼠标指针定位至右下角的控制点，按住鼠标左键不放，向右下角拖动，直至目标位置后释放鼠标。

步骤 16：保持形状的选择状态，将鼠标指针移至形状中，按住鼠标左键不放，直至放到目标位置后释放鼠标。

步骤 17：编辑形状样式。单击"绘图工具"选项卡，选择"填充"下拉按钮，在展开的下拉列表中选择"深红"选项，

图 3－76　插入形状

单击"轮廓"下拉按钮，在展开的下拉列表中选择"无线条颜色"选项，如图 3－77 所示。

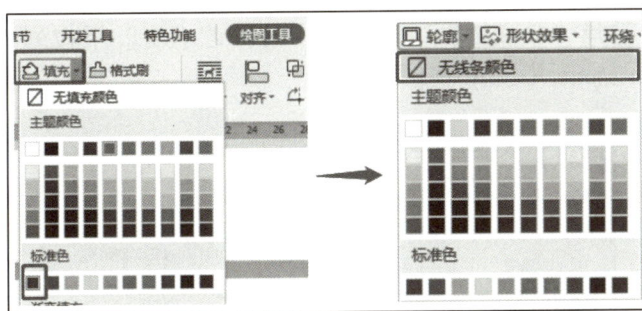

图 3－77　绘图工具

步骤 18：复制形状。保持形状的选择状态，按住"Ctrl"键，同时按住鼠标左键拖动，即可复制相同形状样式，拖至目标位置即可。

步骤 19：在文档底部空白处添加艺术字。在插入选项卡中单击艺术字按钮，在展开的下拉列表中选择"填充－白色，轮廓－着色 2，清晰阴影－着色 2"艺术字样式，然后输入艺术字文本"英雄南昌欢迎您!"，对齐方式为居中对齐，如图 3－78 所示。

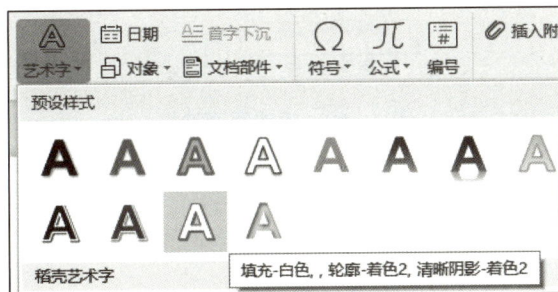

图 3－78　艺术字样式

步骤20：保持艺术字的选中状态，在"文本工具"选项卡中单击"文本填充"下拉按钮，在展开的下拉列表中选择"深红"选项，单击"文本轮廓"下拉按钮，在展开的下拉列表中选择"黄色"选项。单击"文本效果"下拉按钮，在展开的下拉列表中选择"转换"选项中的"腰鼓"效果，如图3-79所示。

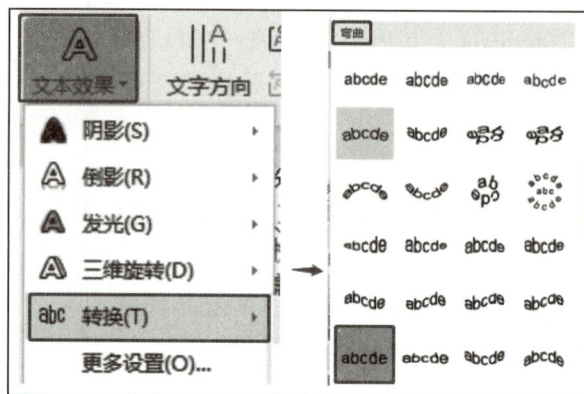

图3-79　文字效果

步骤21：设置页面边框。单击"页面布局"选项卡中的"页面边框"按钮，打开"边框和底纹"对话框，选择"页面边框"选项卡中的"艺术型"下拉列表，在展开的列表中选择　样式，如图3-80所示。

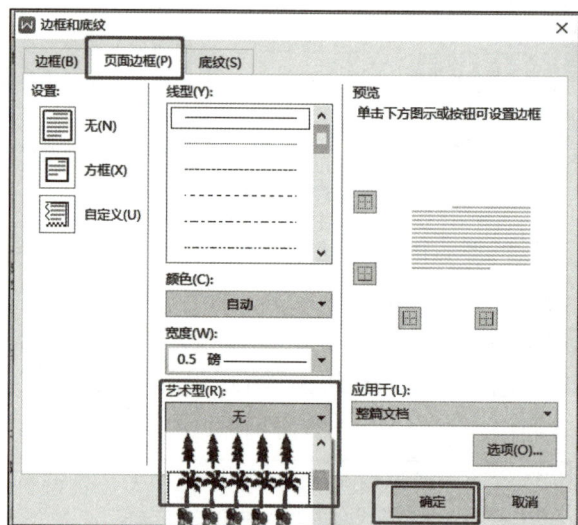

图3-80　设置页面边框

步骤22：单击保存按钮，保存文档。

3.3.3　知识储备

1. 插入与编辑智能图形

智能图形是通过图形结构和文字说明来有效地传达信息和观点的图示，主要用来表达层次结构或关系，可根据需要进行编辑。插入智能图形后，还可利用"设计"和"格式"选项卡对图形进行编辑和美化操作。

（1）插入智能图形。在插入选项卡中单击"智能图形"按钮，在展开的下拉列表中选择"智能图形"选项，打开"选择智能图形"对话框，选择一种智能图形，如组织结构图，单击"确定"按钮（见图 3 - 81），即可在选定的位置插入组织结构图框架，如图 3 - 82 所示。

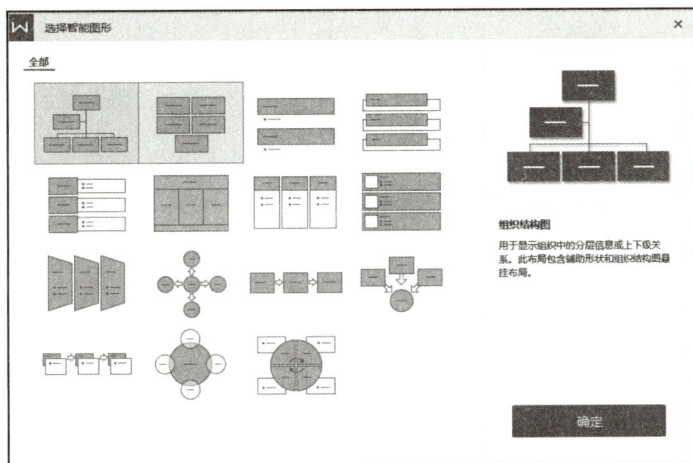

图 3 - 81　选择智能图形

（2）输入文本。在第一个形状内单击文本占位符中的示意文字"文本"，可输入所需文本，如股东大会。

（3）删除形状。在"股东大会"下方的文本占位符中依次输入"董事会"和"总裁"，再将另 2 个形状删除（单击形状边缘将其选中，然后按 Delete 键），此时的形状效果如图 3 -83 所示。

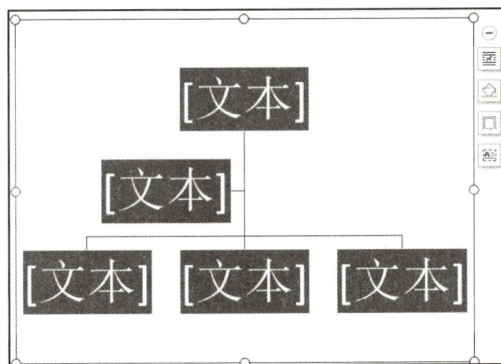

图 3 -82　组织结构图框架

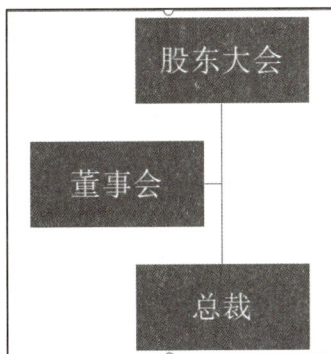

图 3 - 83　删除形状后的效果

（4）添加形状。选中"总裁"形状，在"设计"选项卡中单击"添加项目"按钮，在展开的下拉列表中选择"在下方添加项目"选项（见图 3 -84），为"总裁"添加一个下级单位，并在其中输入文本"职能部门"，如图 3 -85 所示。

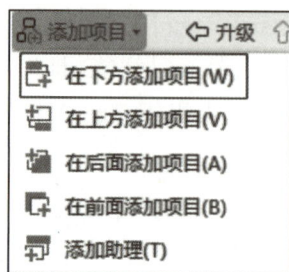

图 3-84　删除形状后的效果

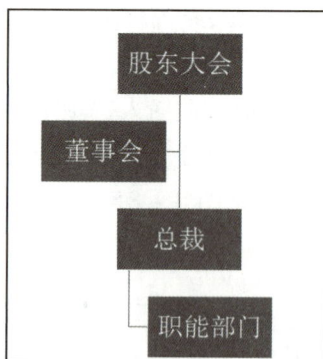

图3-85　添加下级单位后的效果

（5）更改智能图形颜色。在"设计"选项卡中单击"更改颜色"按钮，在展开的下拉列表中选择一种颜色，如图 3-86 所示。

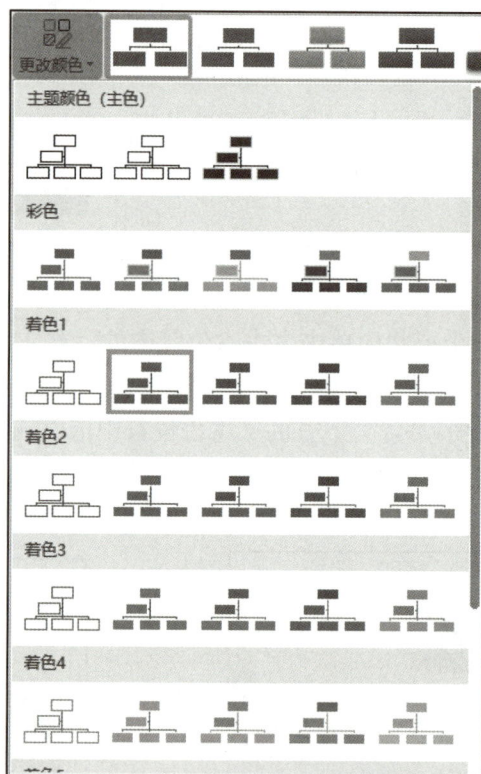

图 3-86　更改智能图形颜色

（6）更改智能图形样式。在"设计"选项卡的"样式"列表中选择一种样式，如图 3-87 所示。

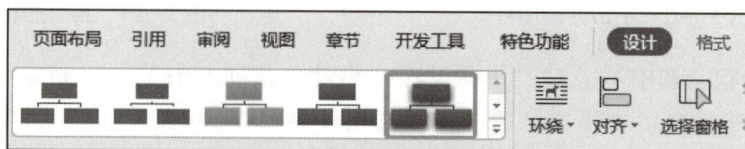

图 3-87　更改智能图形样式

2. 邮件合并

邮件合并可以将内容有变化的部分，如姓名或地址等制作成数据源，将文档内容相同的部分制作成一个主文档，然后将数据源中的信息合并到主文档。

（1）创建数据源。创建数据源是指直接使用现成的数据源在合并操作中进行。将光标点定位到目标编辑处，单击"引用"选项卡中的"邮件"按钮，打开"邮件合并"选项卡，单击其中的"打开数据源"按钮下方的下拉按钮，在打开的列表中选择"打开数据源"选项；打开"选取数据源"对话框，在"查找范围"下拉列表中选择数据源的保存位置，在文件列表中选择"嘉宾名单"选项，单击"打开"按钮，此时，数据源已成功链接，如图 3 – 88 所示。

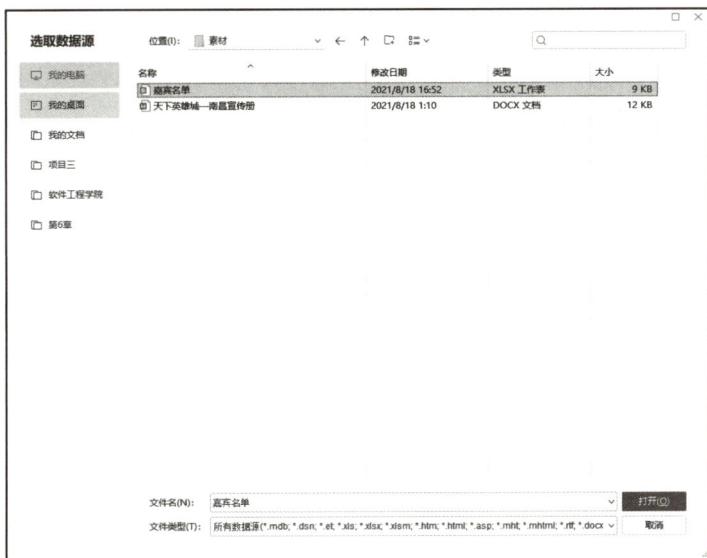

图 3 – 88　打开数据源

（2）将数据源合并到主文档。将鼠标置于插入点"尊敬的____"下画线中，单击"邮件合并"选项卡中的"插入合并域"按钮。打开"插入域"对话框，在"域"列表中选择"嘉宾名单"选项，单击"插入"按钮，单击"关闭"按钮，如图 3 – 89 所示。

①在"邮件合并"选项卡中，单击"查看合并数据"，选择"下一条"按钮。会在"姓名栏"中显示数据源中的嘉宾姓名，查看下一条嘉宾的邀请信息如图 3 – 90 所示。

②批量生成。单击"邮件合并"选项卡中的"合并到新文档"按钮。打开"合并到新文档"对话框，单击选中"全部"选项，单击"确定"按钮，如图 3 – 91 所示。合并的内容会在一个新文档中显示出来，如图 3 – 92 所示。

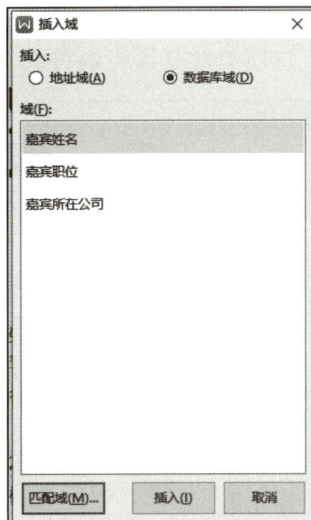

图 3 – 89　插入合并域

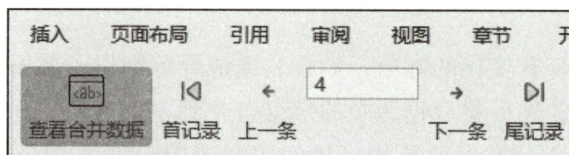

图 3-90 查看合并数据

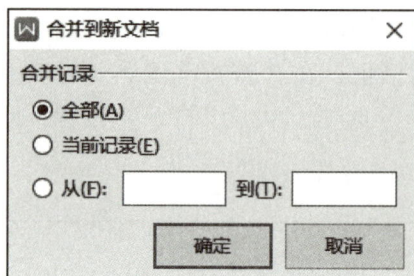

图 3-91 合并到新文档

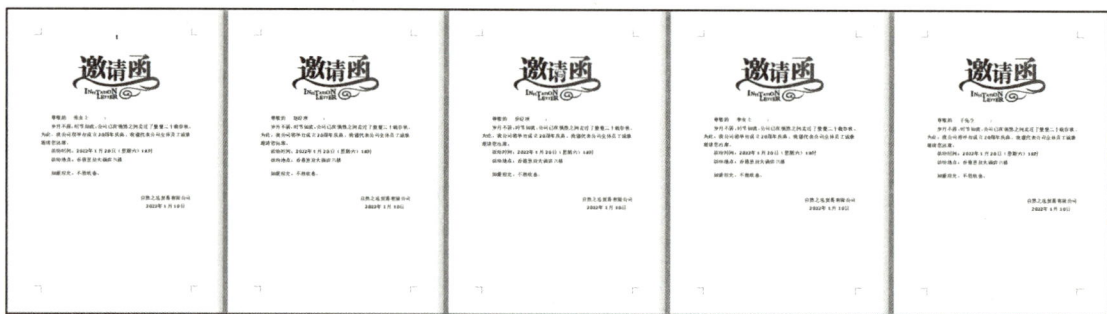

图 3-92 合并后的新文档内容

3. 插入与编辑形状和图片

（1）插入与编辑形状。

利用"插入"选项卡中的"形状"按钮，可在文档中轻松绘制各种形状，如线条、正方形、椭圆和星形等，以丰富文档的内容，绘制好形状后，还可利用自动出现的"绘图工具"选项卡对其进行各种编辑和美化操作，如图 3-93 所示。

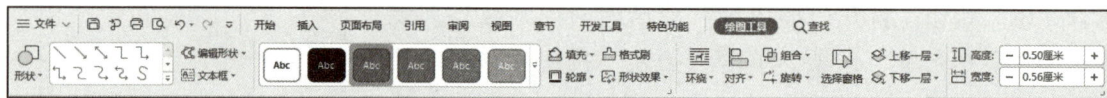

图 3-93 绘图工具选项卡

① "插入形状"组：在该组的形状列表中选择某个形状，然后在编辑区按住鼠标左键拖动鼠标即可绘制该形状。如果单击"编辑形状"按钮，在展开的下拉列表中选择相应选项，可改变当前所选形状的外观。

② "形状样式"组：在其中的形状样式列表中选择某个系统内置的样式，可快速美化所选形状；也可利用"填充""轮廓""形状效果"按钮自行设置所选形状的填充、轮廓和三维等效果。

③ "形状编辑"组：设置所选形状中文本的对齐方式和方向，以及所选形状的叠放次

序、文字环绕方式、旋转及对齐方式等。

④"大小"组：设置所选形状的大小。

（2）插入与编辑图片。

利用"插入"选项卡中的"图片"按钮，可插入来自当前设备、扫描仪、手机或网络的图片。插入图片后，在 WPS 文字的功能区将自动出现"图片工具"选项卡，利用该选项卡可对插入的图片进行各种编辑和美化操作，如图 3－94 所示。

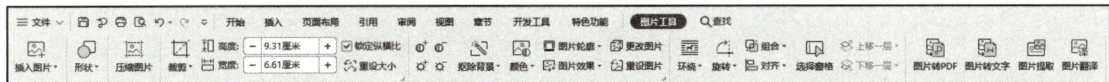

图 3－94　图片工具选项卡

①裁剪图片：在"图片工具"选项卡中单击"裁剪"按钮，此时，图片四周出现八个裁剪控制点，拖动控制点即可更改图片大小。

②移动图片：将鼠标指针移至图片上，按住鼠标左键并拖动，移动图片至合适的位置释放鼠标左键即可。

③设置图片的环绕方式：选中图片，然后在"图片工具"选项卡中单击"环绕"按钮，在展开的下拉列表中选择一种文字环绕方式即可。

4. 双行合一

双行合一效果能使所选的位于同一文本行的内容平均地分为两部分，前一部分排列在后一部分的上方，达到美化文本的作用。设置双行合一的具体操作步骤如下。

（1）在文档中选择要设置的同一行文本。

（2）单击"开始"选项卡中的"中文版式"按钮，在打开的列表中选择"双行合一"选项，如图 3－95 所示。

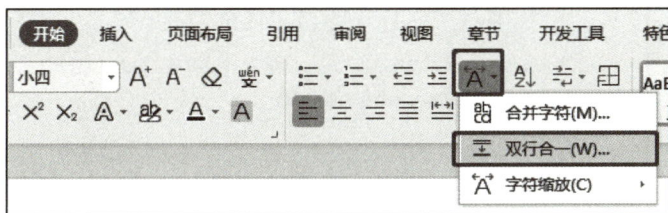

图 3－95　"中文版式"按钮

（3）打开"双行合一"对话框，在其中可以为合并后的文字添加括号，这里选择方括号样式，然后单击"确定"按钮，即可查看"双行合一"的效果，如图 3－96 所示。

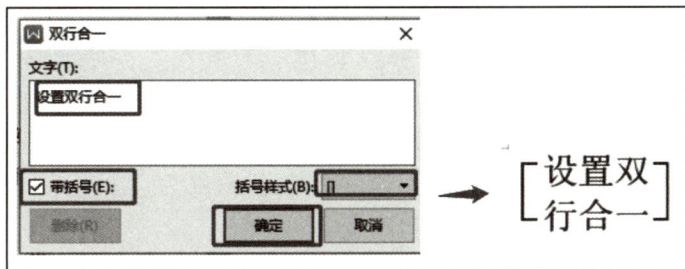

图 3－96　"双行合一"对话框

3.3.4 技能应用

操作题：编辑"公司新闻"文档

打开提供的素材文件"公司新闻"，制作如图 3-97 所示的文档，具体要求如下。

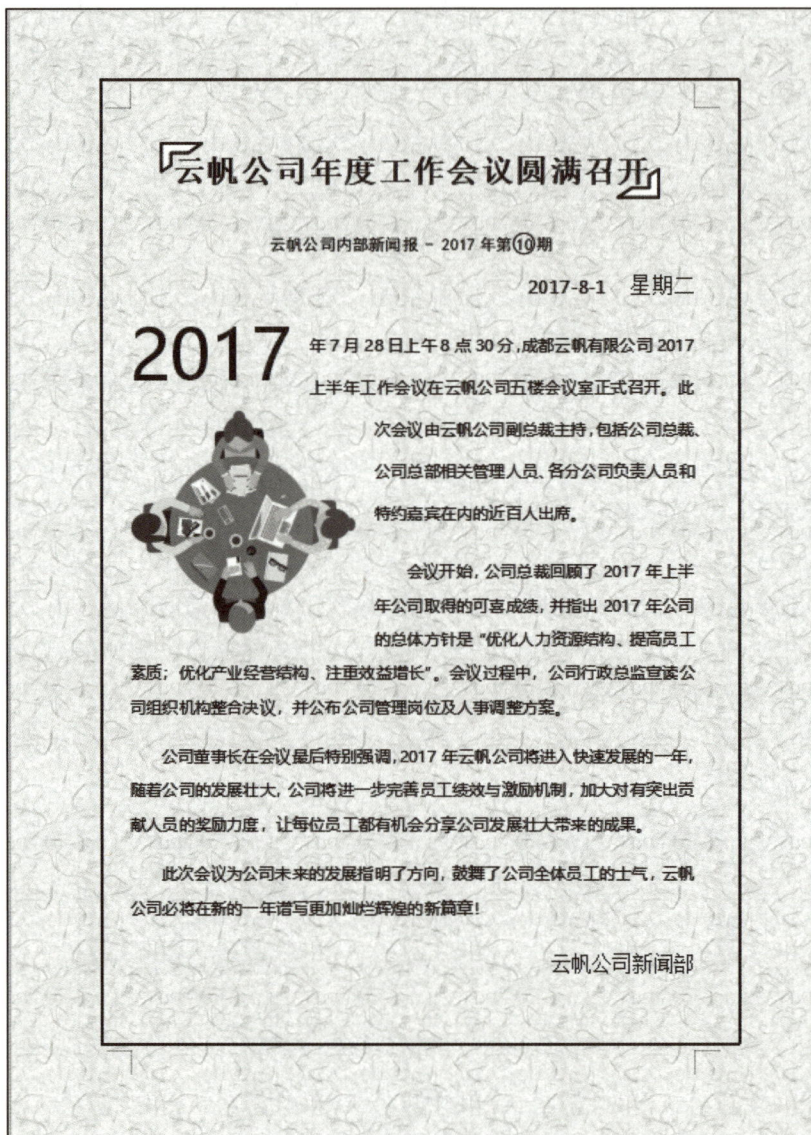

图 3-97 "公司新闻"文档效果

（1）通过"插入"选项卡中的"形状"按钮，绘制两个"基本形状"栏中的"半闭框"形状，然后调整"半闭框"大小，最终将其移动到标题栏中左上角和右上角。

（2）为第二段文本中的数字 10 添加带圈样式。

（3）插入提供的"会议"图片，然后将图片颜色设置为"灰色"，然后利用"图片工具"选项卡中的"设置透明色"按钮，将图片透明化。

（4）将插入图片的环绕方式设置为"四周型环绕"，并适当调整图片的大小和位置。

（5）添加页面边框为单横线、1.5 磅。

3.3.5　技能拓展

操作题：制作"企业组织结构图"文档

制作如图 3 - 98 所示的"企业组织结构图"文档。

（1）新建"企业组织结构图"文档，在智能图形中选择"组织结构图"，参照图 3 - 98 在图形中添加形状并输入相应文本。

（2）设置组织结构图的排列方式为"浮于文字上方"。

（3）设置组织结构图中的文本样式为微软雅黑、10 磅，并调整形状，显示完整文本。

（4）设置组织结构图的颜色为"彩色"组中的第 3 个方案，样式为第 5 个方案"强烈效果"。

（5）调整整个智能图形的大小，使其占满整个文档编辑区。

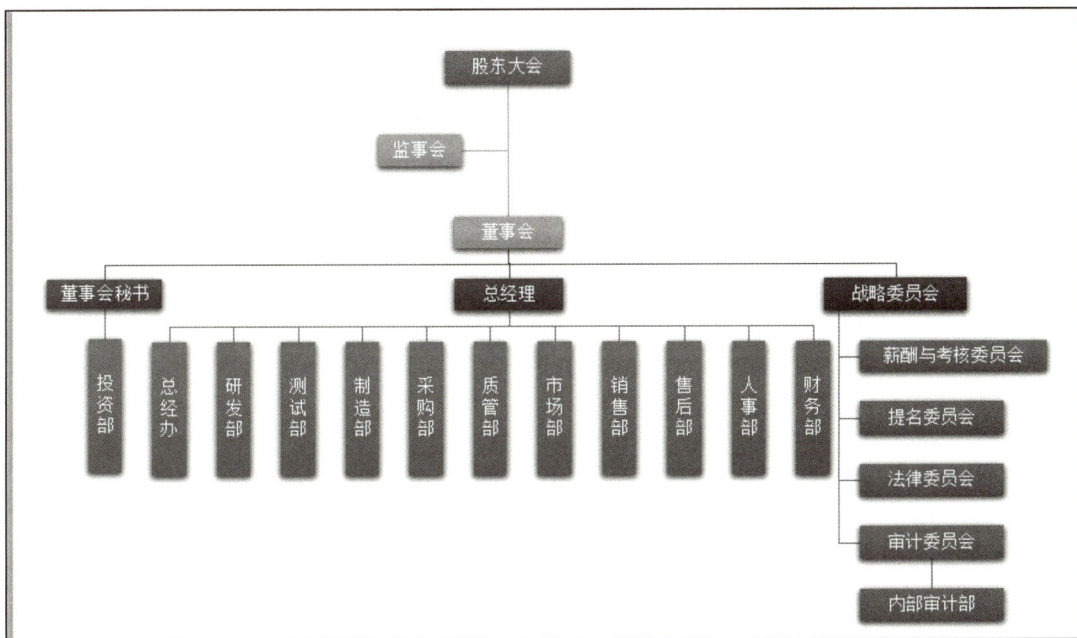

图 3 - 98　"企业组织结构图"效果

3.4 制作"员工培训管理规定"文档

3.4.1 任务分析

通过制作如图3-99所示的员工培训管理规定，对文档进行高级排版，主要包括设置页面样式、分节、添加页眉、页脚等。

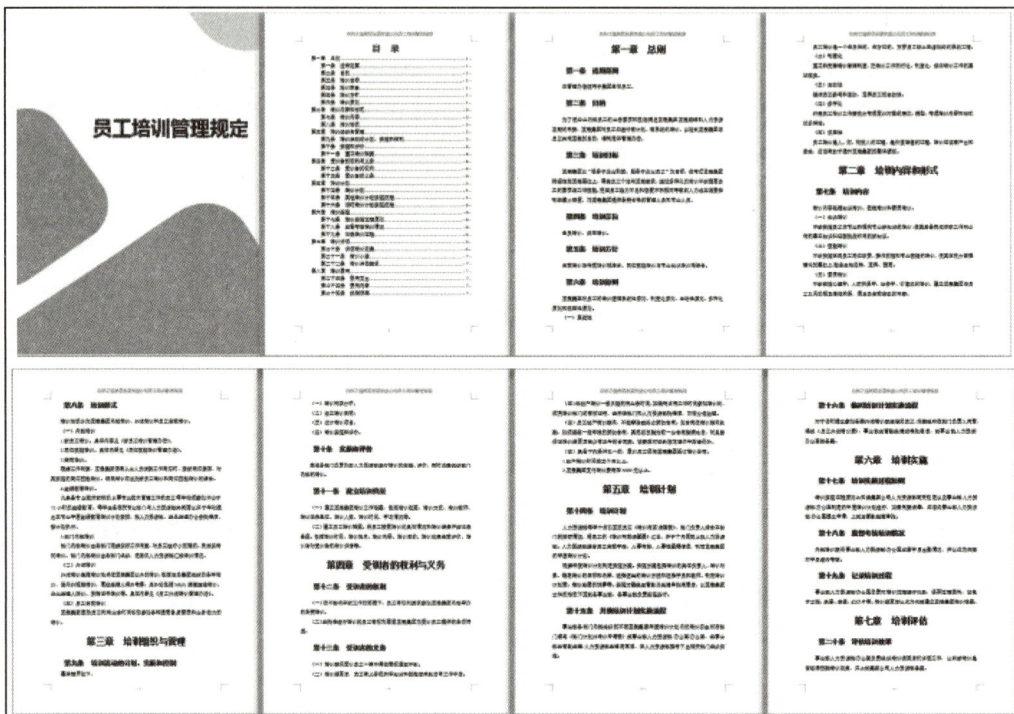

图3-99 "员工培训管理规定"效果图（部分）

（1）设置文档样式；

（2）设置分隔符；

（3）设置文档的页眉和页脚；

（4）插入并编辑目录；

（5）添加并编辑文档封面。

3.4.2 任务实施

步骤1：打开源素材"员工培训管理规定"文档。

步骤2：在文本"第一章"所在段落中单击，然后在"开始"选项卡中单击"标题1"样式，为当前段落应用"标题1"样式，如图3-100所示。

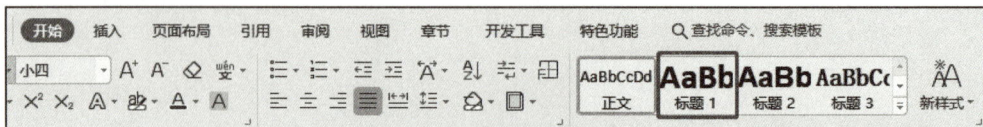

图3-100 设置标题1样式

步骤 3：使用与上一步相同的方法，对文档中的各章标题所在段落应用"标题 1"样式，对包含"第一条""第二条"……的段落应用"标题 2"样式。

步骤 4：在"视图"选项卡中单击"导航窗格"按钮，在打开的导航窗格的"目录"选项卡中可看到应用样式后的标题，如图 3 – 101 所示。

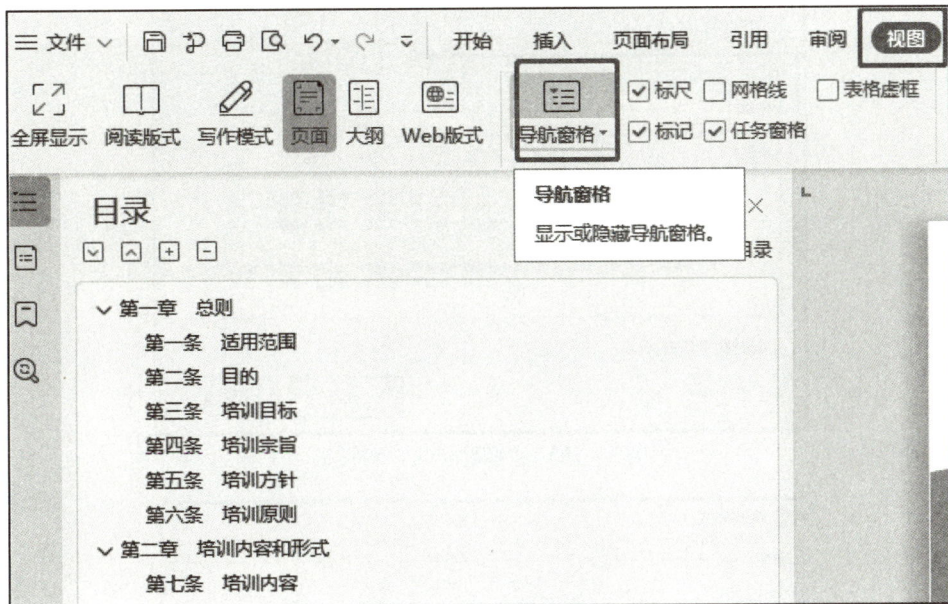

图 3 – 101　导航窗格

步骤 5：右击"开始"选项卡中的"正文"样式，在弹出的快捷菜单中选择"修改样式"选项（见图 3 – 102），打开"修改样式"对话框（见图 3 – 103）。在"格式"设置区设置样式的字体为宋体，字号为小四号，然后单击"格式"按钮，在展开的列表中选择"段落"选项（见图 3 – 104）；在打开的"段落"对话框（见图 3 – 105）中设置首行缩进 2 个字符，行距为 1.5 倍行距，然后单击"确定"按钮应用设置；再次单击"格式"按钮，在展开的下拉列表中选择"字体"选项，在打开的"字体"对话框中设置西文字体为"Times New Roman"，最后单击"确定"按钮，返回"修改样式"对话框。

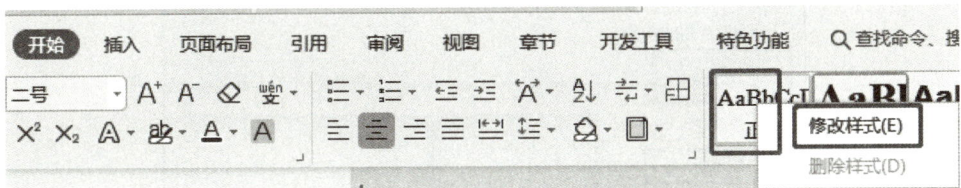

图 3 – 102　修改正文样式

步骤 6：插入分节符。将插入点定位到"第一章"文本左侧，然后在"页面布局"选项卡中单击"分隔符"下拉按钮，在展开的下拉列表中选择"下一页分节符"选项（见图 3 – 106）。此时，在文档首页末尾插入一个分节符，将文档分为目录和正文两节，且正文从新的一节开始。

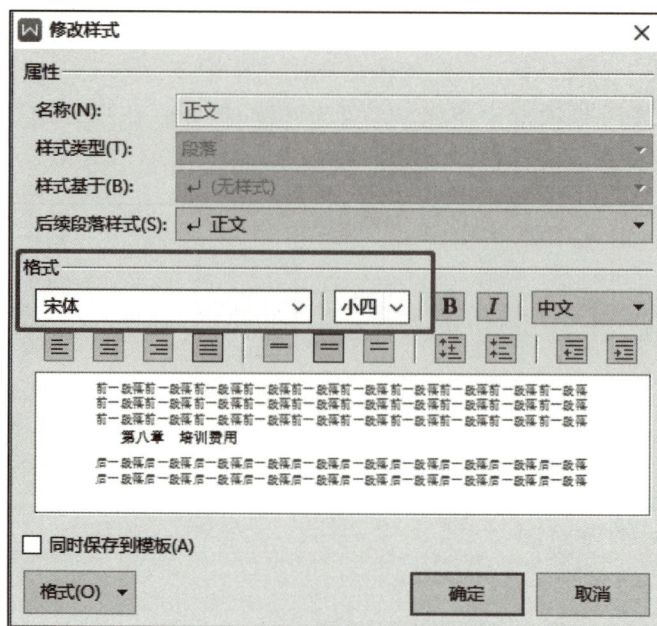

图 3–103　"修改样式"对话框

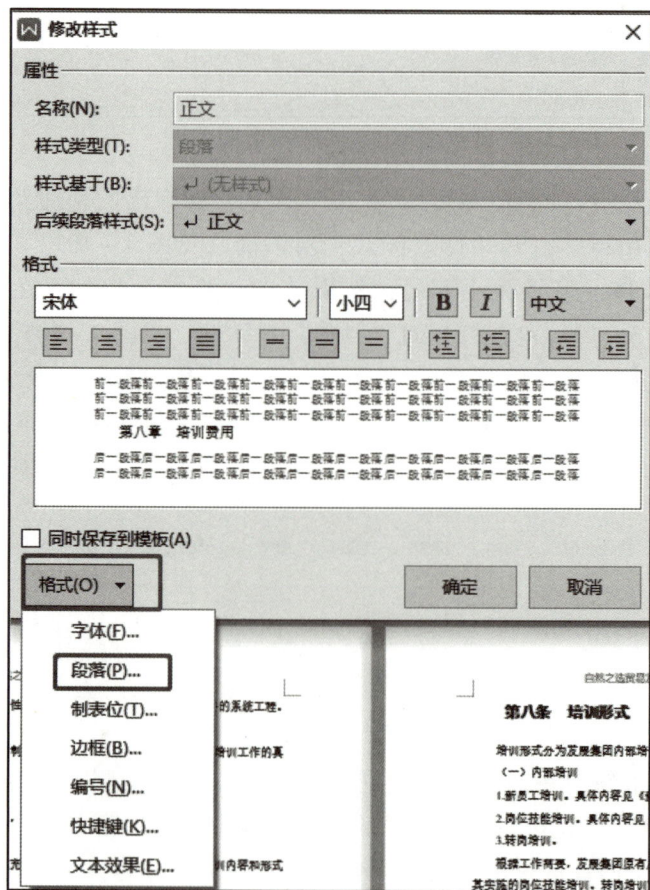

图 3–104　"修改样式'格式'"按钮

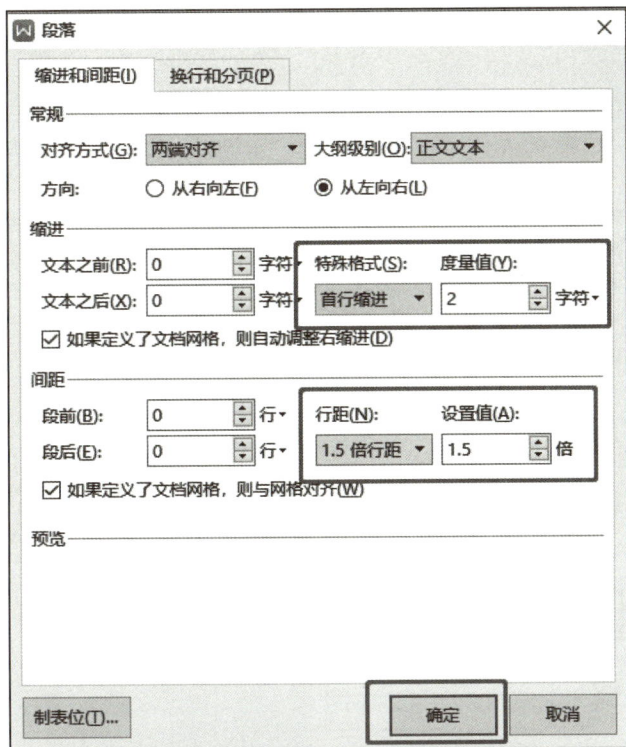

图 3－105　"修改样式'段落'"对话框

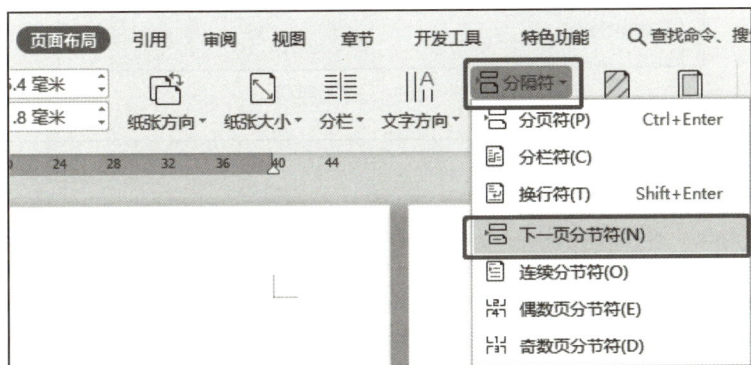

图 3－106　设置分隔符

步骤 7：插入目录。在文档第 1 节的开始位置单击，然后在"引用"选项卡中单击"目录"下拉按钮，在展开的下拉列表中选择"自动目录"样式，在文档中插入目录，如图 3－107 所示。

步骤 8：修改"目录"文本的字体为黑体，字号为小二，对齐方式为居中对齐，并在文本间添加两个空格；修改目录内容的字体为仿宋，字号为小四，行距为固定值 18。

步骤 9：设置页眉和页脚。在"插入"选项卡中单击"页眉页脚"按钮（见图 3－108），也可在页眉位置双击，进入页眉和页脚编辑状态，然后输入页眉文本"自然之选贸易发展集团公司员工培训管理规定"，并设置其字符格式为微软雅黑、五号、居中对齐，如图3－109 所示。

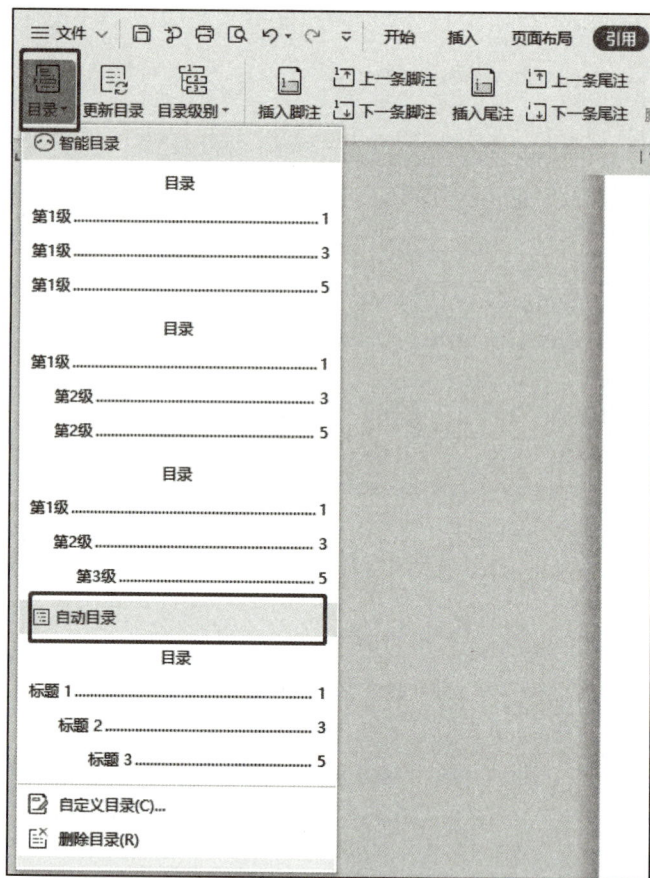

图 3 − 107　插入目录

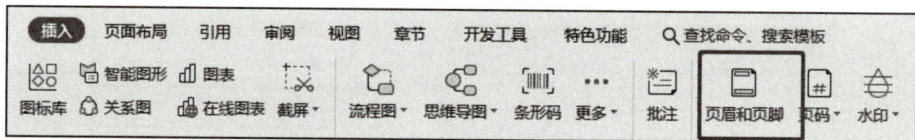

图 3 − 108　打开"页眉和页脚"按钮

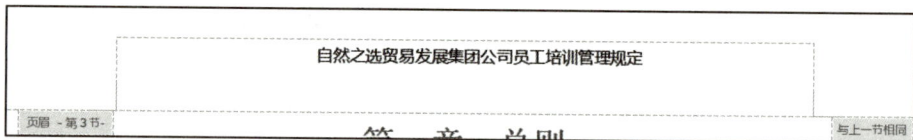

图 3 − 109　输入页眉内容

　　步骤 10：在"页眉页脚"选项卡中单击"页眉页脚选项"按钮，打开"页眉/页脚设置"对话框，取消"奇偶页不同"和"显示奇数页页眉横线"复选框，单击"确定"按钮，如图 3 − 110 所示。

　　步骤 11：在"页眉页脚"选项卡中单击"页眉页脚切换"按钮（见图 3 − 111），跳转到页脚编辑框，在其中编辑文档的页脚。一般页脚的编辑操作就是插入页码，在页脚编辑框上方单击"插入页码"按钮，在展开的列表"样式"下拉列表中选择第二个样式，在"位置"组中选择"居中"选项，然后单击"确定"按钮，如图 3 − 112 所示。

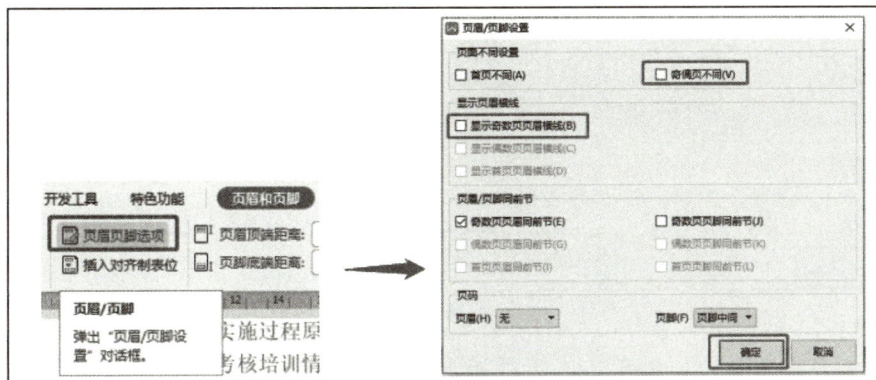

图 3-110　设置"页眉页脚选项"

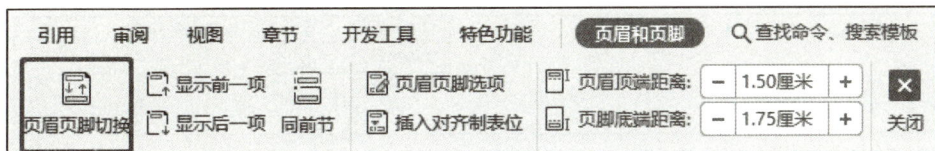

图 3-111　"页眉页脚切换"按钮

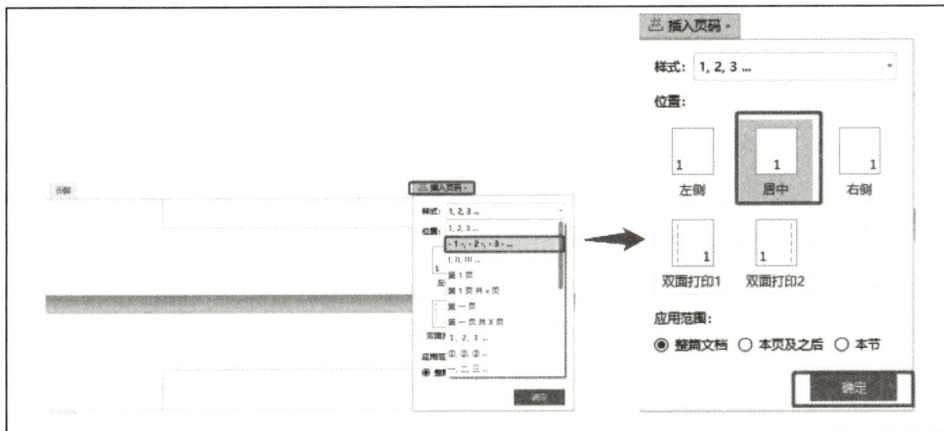

图 3-112　设置页脚页码样式

步骤 12：可以看到文档中已经插入了页码，此时在页脚编辑框上方会出现"重新编号""页码设置""删除页码"3 个按钮，利用这 3 个按钮可对页码进行相应编辑。插入的页码默认字号为小五，如需调整，可在选中任意一页的页码文本后，在"开始"选项卡中进行设置。

步骤 13：在文档第 2 节页眉中单击，然后在"页眉页脚"选项卡中单击"同前节"按钮，取消其与前一节页眉的链接，如图 3-113 所示。

步骤 14：在文档第 2 节页脚中单击，然后在"页眉页脚"选项卡中单击"同前节"按钮，取消其与前一节页脚的链接。

步骤 15：在第 1 节页码处单击，然后单击"页码设置"按钮，在展开的列表中的"样式"下拉列表中选择"Ⅰ，Ⅱ，Ⅲ，…"选项，然后选中"本节"单选钮，最后单击"确定"按钮。

图 3 – 113 取消 "同前节" 按钮

步骤16：在第2节页码处单击，然后单击 "重新编号" 按钮，在展开的下拉列表中设置第2节页码的起始页码为1，如图3 – 114 所示。

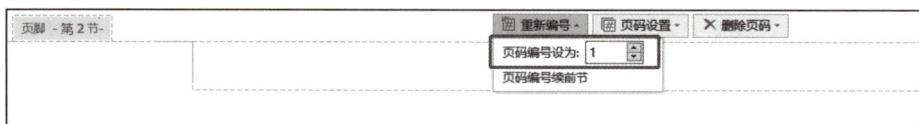

图 3 – 114 页脚 "重新编号" 按钮

步骤17：在 "页眉页脚" 选项卡中单击 "关闭" 按钮，退出页眉和页脚的编辑状态，可看到设置的页眉和页脚效果。

步骤18：在 "插入" 选项卡功能区下单击 "封面页" 按钮，在下拉列表中选择 "预设封面页" 或者 "推荐封面页"，如图3 – 115 所示。选择所需的封面样式即可在文档首页插入封面，然后根据实际需求进行修改。

图 3 –115 封面页选项

步骤 19：双击目录页的页脚位置，进入页眉和页脚编辑状态，在文档第 2 节页脚中单击，然后在"页眉页脚"选项卡中单击"同前节"按钮，取消其与前一节页脚的链接。

步骤 20：在第 2 节页码处单击，然后单击"重新编号"按钮，在展开的下拉列表中设置第 2 节页码的起始页码为 1。退出页眉和页脚的编辑状态即可。

步骤 21：单击"保存"按钮，保存文档。

3.4.3　知识储备

1. 打印预览及打印

WPS 打印文档时，首先应对 WPS 文字内容进行打印预览，通过预览效果对文档中不妥之处进行调整，直到预览效果满足需求后，再按需设置打印参数，最终执行打印操作。

（1）打开打印预览。

打印预览是指在打印文件前查看打印效果，避免打印出不符合要求的文档。打印预览操作方法如下：

在 WPS 文字"快速访问工具栏"中单击"打印预览"按钮，或单击"文件"菜单，在下拉列表中选择"打印"右侧的小箭头，在弹出的选项中单击"打印预览"，如图 3 - 116 所示。

图 3 - 116　打开打印预览

（2）设置打印预览参数，如图 3 - 117 所示。

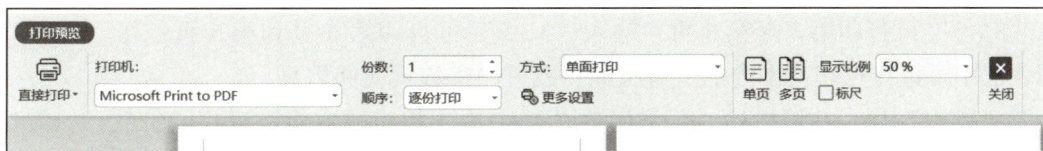

图 3 - 117　设置打印预览参数

① "单页"设置：单击该按钮，可以单页的方式预览文档的打印效果。

② "多页"设置：单击该按钮，可以双页显示打印预览效果。

③ "显示比例"下拉列表：在该下拉列表中可快速设置需要显示的预览比例。

（3）设置打印文档参数。

单击"快速访问工具栏"中的"打印"按钮 🖨，或单击"文件"菜单，在下拉列表中选择"打印"命令，在弹出的"打印"对话框中设置打印参数，如图 3 – 118 所示。"打印"对话框主要由"打印机""页码范围""副本""并打和缩放" 4 个部分组成。

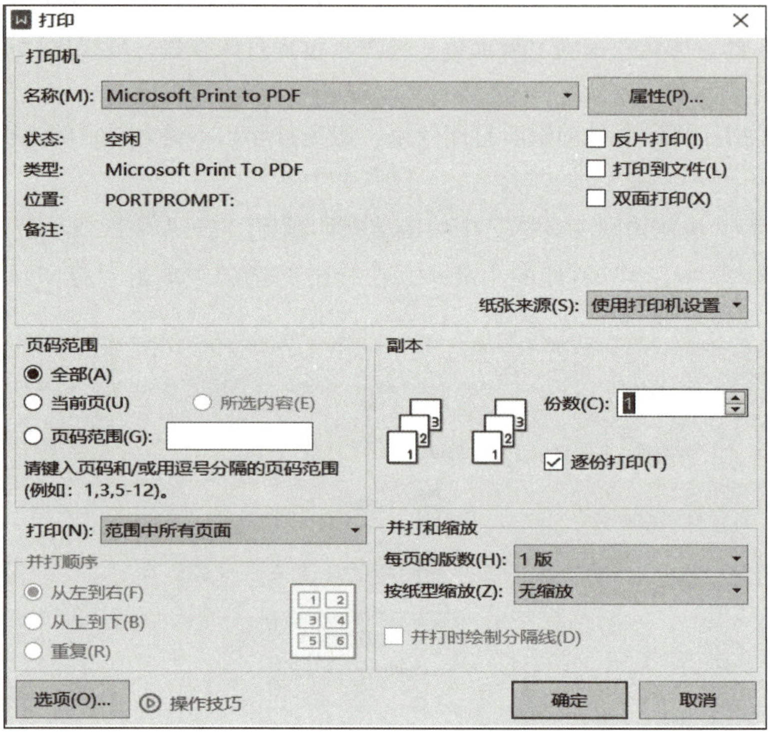

图 3 – 118 "打印"对话框

① "打印机"栏：在"名称"下拉列表中与选择计算机连接的打印机，在下方状态栏可查看打印机的状态、类型、位置等。单击"属性"按钮，在打开的对话框中可设置打印机的属性；勾选"双面打印"复选框可将文档双面打印，勾选"反片打印"打印稿以"镜像"显示电子文档，可满足一些用户的特殊排版印刷需求，在印刷行业中广泛使用，但这种打印功能通常需要专业的 PS（postscript）打印机才可以实现。

② "页码范围"栏：在页面范围栏勾选"全部"复选框，可打印文档的所有页面；勾选"当前页"复选框，即打印当前页面；勾选"页码范围"复选框可自定义打印范围，如输入"3 – 5"可打印第 3 至第 5 页，输入"3, 5"可打印第 3 页和第 5 页；在"打印"下拉列表框中可选择打印范围内的所有页面，或打印奇数页或偶数页。

③ "副本"栏：在该栏的"份数"数值框中输入相应的数值设置打印份数，如需打印多份文档时，勾选"逐份打印"复选框，可以使文档按份输出，保证文档的连续性。

④ "并打和缩放"栏：在 WPS 文字中系统默认每页版数是 1 版，在 "每页的版数" 下拉列表中可以根据需要进行修改，如选定 "2 版"，即为每一页显示 2 页的内容，在左侧的 "并打顺序" 处可以对版面顺序进行调整。

2. 插入水印

制作办公文档时，可以为文档添加水印背景，如 "保密" "严禁复制" 等水印，如对预设的水印样式不满意，可自定义制作水印。

（1）预设水印。在 "插入" 选项卡中单击 "水印" 按钮⎯，在下拉列表中的 "预设水印" 中选择相应的水印样式，如图 3-119 所示。

（2）自定义水印。在 "水印" 按钮下拉列表中选择 "插入水印" 命令，或者在 "自定义水印" 栏单击 "单击添加" 命令，即可弹出 "水印" 对话框，如图 3-120 所示。"水印设置" 栏分为 "图片水印" 和 "文字水印"，用户可根据需求勾选相应复选框完成自定义水印制作。

图 3-119   水印样式下拉列表

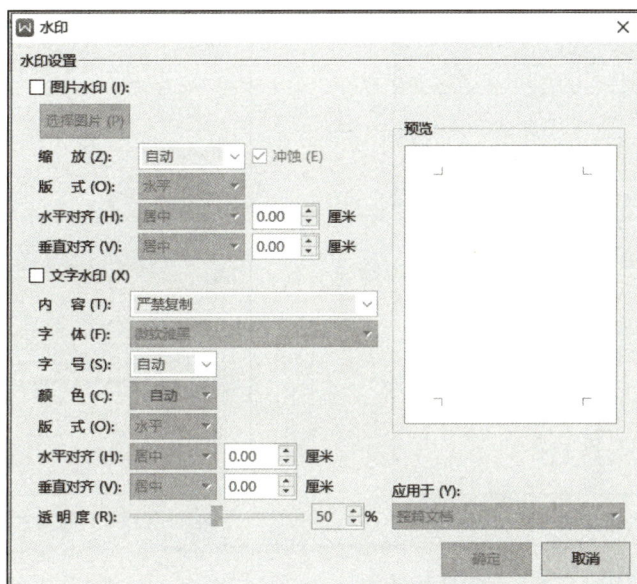

图 3-120   "水印" 对话框

3. 文档样式

样式是一系列格式的集合，使用它可快速统一或更新文档的格式。

◆ 字符样式：只包含字符格式，如字体、字号、字形等，用来控制字符的外观。

◆ 段落样式：既可包含字符格式，又可包含段落格式，用来控制段落的外观。

（1）应用样式。要应用系统内置样式，可先选中要应用样式的文本或段落，然后在 "开始" 选项卡中单击希望应用的样式即可。

（2）创建样式。要创建样式，可将插入点定位到要应用所创建样式的任一段落中，然后单击"样式"列表框右侧"新样式"按钮，在展开的列表中选择"新样式"选项，如图3－121所示。

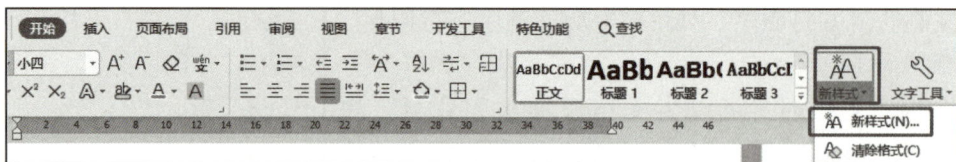

图3－121 "新样式"按钮

此时打开"新建样式"对话框，如图3－122所示，首先设置新样式的名称、样式类型、样式基于（若对基准样式进行修改，基于该基准样式创建的样式也将被修改）、后续段落样式，然后单击"格式"按钮，在展开的列表中选择要为样式设置的格式，如字体、段落、边框等。设置好格式后，单击"确定"按钮，即可在"样式"列表框中看到新创建的样式。

（3）修改样式。要修改样式，可右击该样式，在弹出的快捷菜单中选择"修改样式"选项，然后在打开的"修改样式"对话框中对该样式进行相应修改，最后单击"确定"按钮，如图3－123所示。此时，应用该样式的所有段落的格式均会自动更新。

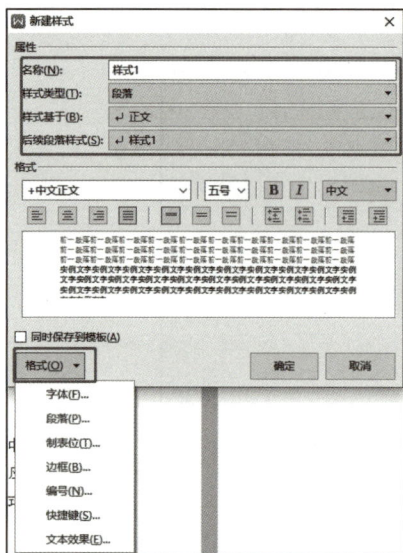

图3－122 "新建样式"对话框

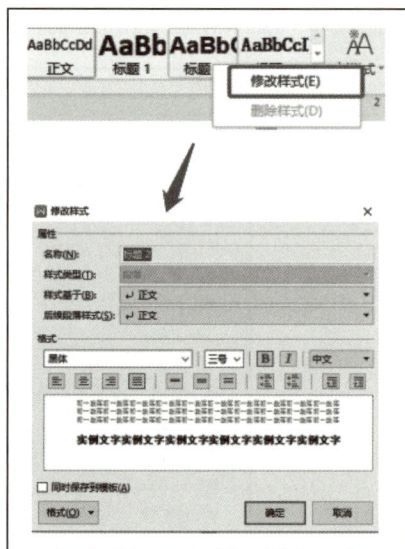

图3－123 "修改样式"对话框

4. 在页眉中提取章（节）标题

在对文档进行排版时，有时需要在页眉中动态显示当前的章（节）标题。为此，可执行如下操作。

步骤1：双击页眉区，进入页眉的编辑状态。

步骤2：在"插入"选项卡中单击"文档部件"下拉按钮，在展开的下拉列表中选择"域"选项，打开"域"对话框，在"域名"列表框中选择"样式引用"选项，在"样式名"列表框中选择章（节）使用的样式，此处选择标题1（章标题），单击"确定"按钮，章名显示在页眉区，如图3－124所示。

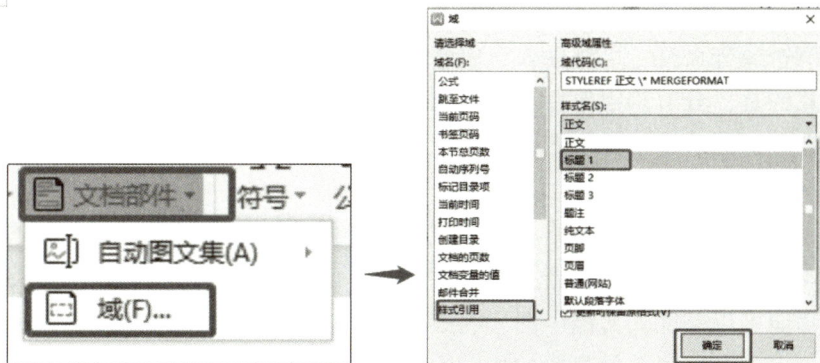

图 3 – 124　打开"域"对话框

步骤 3：在"页眉页脚"选项卡中单击"关闭"按钮，退出页眉和页脚的编辑状态。

5. 制作目录

目录的作用是列出文档中的各级标题及其所在的页码，方便读者查阅。WPS 文字具有自动创建目录的功能，但在创建目录之前，需要先为准备提取到目录的标题设置标题级别（不能设置为正文级别），并为文档添加页码。

要创建目录，可将插入点定位到要插入目录的位置，然后在"引用"选项卡中单击"目录"按钮，在展开的下拉列表中选择一种目录样式，WPS 文字将搜索整个文档中符合目录样式要求的标题及其所在页码，并把它们创建为目录。

如果内置的目录样式不能满足需要，还可在"目录"下拉列表中选择"自定义目录"选项，打开"目录"对话框，对目录进行更多的格式设置，如设置标题显示级别、标题格式、页码右对齐等，如图 3 – 125 所示。

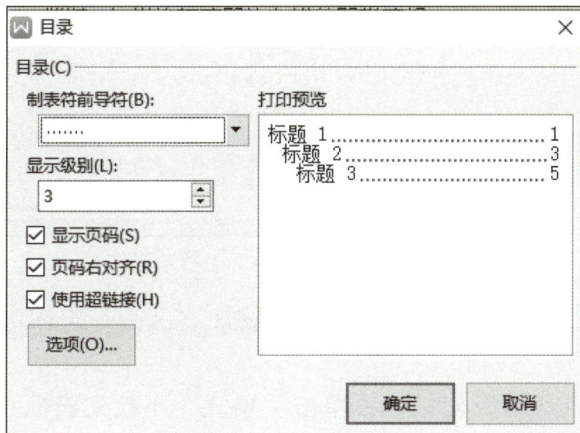

图 3 – 125　设置目录格式

创建目录后，当标题内容、标题级别或页码发生变化时，都需要及时更新目录，以保证目录与文档的内容一致。若要更新目录，可单击目录的任意位置，然后在"引用"选项卡中单击"更新目录"按钮，或在右键快捷菜单中选择"更新目录"选项，打开"更新目录"对话框，选择要执行的操作，然后单击"确定"按钮即可。

6. 删除分节符或分页符

要删除分节符或分页符，可将插入点置于分节符或分页符的左侧，然后按"Delete"键即可。需要注意的是，分节符中保存着该分节符前一节的某些格式，如页眉、页脚和页面边框的格式等，在删除分节符时，也将同时删除这些格式，此时该节将使用下一节的格式。

7. 插入题注

题注是一种可添加到图表、表格、公式或其他对象中的编号标签，如在文档中的图片下面输入图编号和图题，可以方便读者查找和阅读。

使用题注功能可以保证长文档中图片、表格或图表等项目能够按顺序自动编号，而且还可在不同的地方引用文档中其他位置的相同内容。插入题注的操作方法如下。

步骤1：在编辑的文档中将鼠标指针定位到目标图片，单击"引用"选项卡中的"题注"按钮。

步骤2：打开"题注"对话框，单击"新建标签"按钮，打开"新建标签"对话框（见图3-126），在"标签"文本框中输入题注文本，然后单击"确定"按钮，如图3-127所示。

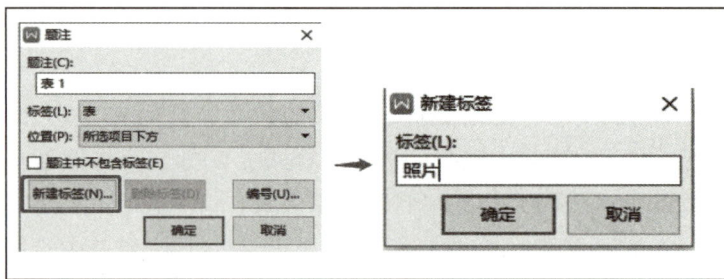

图 3-126 "题注"对话框

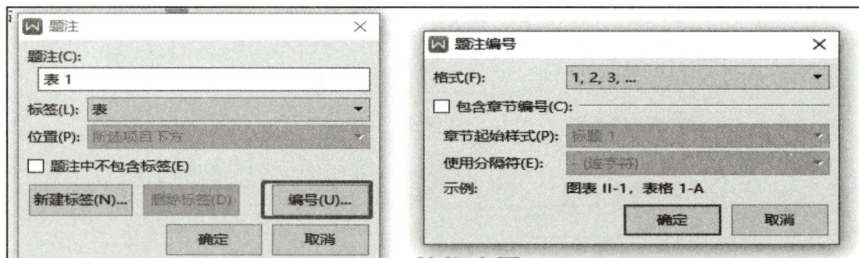

图 3-127 "题注编号"对话框

步骤3：返回"题注"对话框，可查看到"题注"文本框中的内容已经自动显示了标签名称，然后单击"编号"按钮。

步骤4：打开"题注编号"对话框，单击"格式"下拉列表框右侧的下拉按钮，在打开的下拉列表中选择编号样式，单击"确定"按钮。

步骤5：返回"题注"对话框，在"题注"文本框中输入文本，然后单击"确定"按钮即可插入题注。

8. 添加批注

在审阅文档的过程中，若针对某些内容需要提出意见和建议，可在文档中添加批注，方法如下：

将文本插入点定位至需要添加批注的位置，或者选择需要添加批注的内容，在"审阅"功能选项卡中单击"插入批注"按钮，插入批注文本框，然后在其中输入批注内容即可，如图 3 – 128 所示。

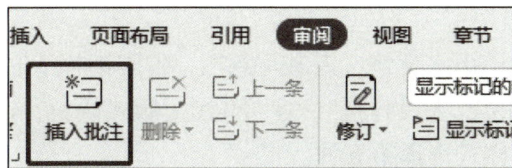

图 3 – 128　"插入批注"按钮

3.4.4　技能应用

操作题：编辑"让山水人文不止于观（新语）"文档

打开素材"让山水人文不止于观（新语）"文档，按照要求完成下列操作并保存，文字效果如图 3 – 129 所示。

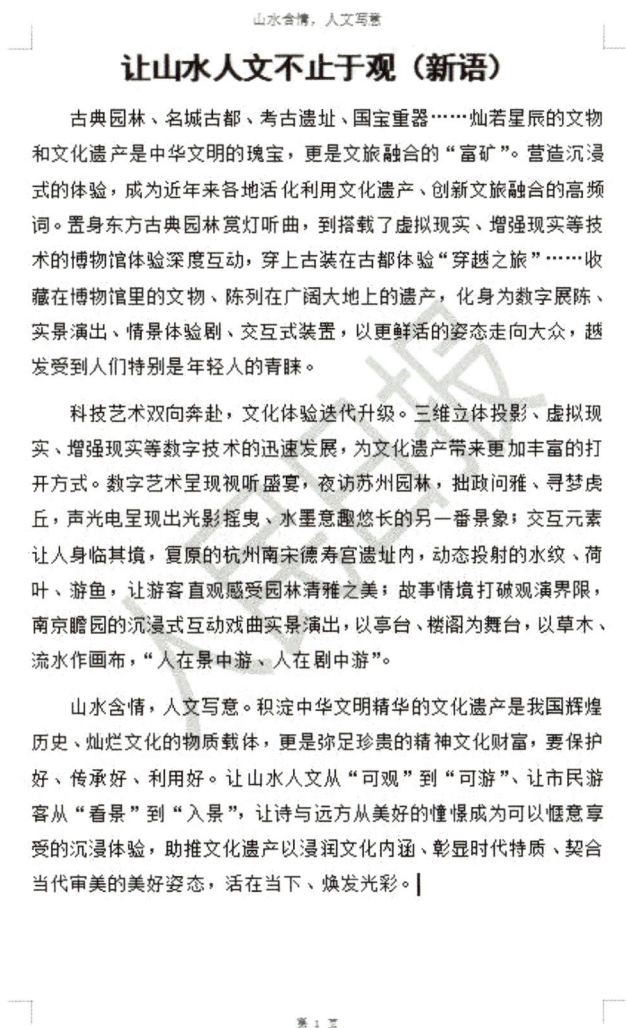

山水含情，人文写意

让山水人文不止于观（新语）

古典园林、名城古都、考古遗址、国宝重器……灿若星辰的文物和文化遗产是中华文明的瑰宝，更是文旅融合的"富矿"。营造沉浸式的体验，成为近年来各地活化利用文化遗产、创新文旅融合的高频词。置身东方古典园林赏灯听曲，到搭载了虚拟现实、增强现实等技术的博物馆体验深度互动，穿上古装在古都体验"穿越之旅"……收藏在博物馆里的文物、陈列在广阔大地上的遗产，化身为数字展陈、实景演出、情景体验剧、交互式装置，以更鲜活的姿态走向大众，越发受到人们特别是年轻人的青睐。

科技艺术双向奔赴，文化体验迭代升级。三维立体投影、虚拟现实、增强现实等数字技术的迅速发展，为文化遗产带来更加丰富的打开方式。数字艺术呈现视听盛宴，夜访苏州园林，拙政问雅、寻梦虎丘，声光电呈现出光影摇曳、水墨意趣悠长的另一番景象；交互元素让人身临其境，复原的杭州南宋德寿宫遗址内，动态投射的水纹、荷叶、游鱼，让游客直观感受园林清雅之美；故事情境打破观演界限，南京瞻园的沉浸式互动戏曲实景演出，以亭台、楼阁为舞台，以草木、流水作画布，"人在景中游、人在剧中游"。

山水含情，人文写意。积淀中华文明精华的文化遗产是我国辉煌历史、灿烂文化的物质载体，更是弥足珍贵的精神文化财富，要保护好、传承好、利用好。让山水人文从"可观"到"可游"、让市民游客从"看景"到"入景"，让诗与远方从美好的憧憬成为可以惬意享受的沉浸体验，助推文化遗产以浸润文化内涵、彰显时代特质、契合当代审美的美好姿态，活在当下、焕发光彩。

第 1 页

图 3 – 129　"让山水人文不止于观（新语）"文档效果

（1）创建标题样式为黑体、二号、加粗、居中、段落行距为固定值 28 磅。

（2）插入图片。要求与"亭、台、楼、阁"相关的图片插入文档中，自行排版。

（3）创建正文样式为宋体，四号，段落设置首行缩进 2 字符，段前间距 0.5，行距为固定值 26 磅。

（4）设置页眉内容为"山水含情，人文写意"，要求宋体、五号、居中。

（5）添加水印，内容为"人民日报"，字号 120，版式倾斜，透明度 60%。

（6）设置页码。页码样式选择第五种。

3.4.5 技能拓展

操作题：编辑"考勤管理制度"文档

打开素材"考勤管理制度"文档，按照如下要求进行编辑并保存，最终效果如图 3 - 130 所示。

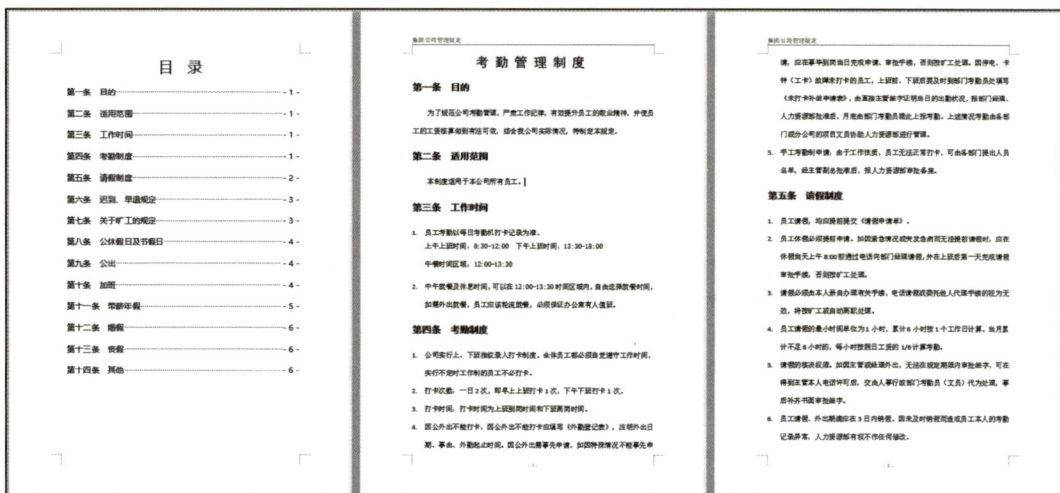

图 3 - 130 "考勤管理制度"效果

（1）设置页眉内容为"集团公司管理规定"，要求黑体、五号、左对齐，并插入"单横线"。

（2）插入页码，样式设为第 2 种页码样式，位置居中，应用范围为"本节及之后"。

（3）选择"第一条"至"第十四条"标题文本，设置为"标题 2"文本样式。

（4）在标题文本"考勤管理制度"前设置"下一页分节符"。

（5）在空白页面添加"自动目录"。

（6）将"目录"字样设为微软雅黑、一号字。

（7）将目录内容设置为微软雅黑、四号字、1.5 倍行距。

（8）将目录页的页码重新编号，页码样式选择第三种。

项目 4

WPS Office——电子表格

WPS 表格是 WPS Office 的三个重要组件之一，它是一个灵活、高效的电子表格制作工具，可以广泛地应用于财务、行政、金融、统计等众多领域。可以高效地完成各种表格和图表的设计，进行复杂的公式和函数运用、数据统计和分析。

本项目主要通过 4 个任务的实际操作详细地对 WPS 表格进行讲解，让读者了解 WPS 表格的基本知识与综合操作。

❖ 学习目标

1. 了解 WPS 表格的基础知识。
2. 掌握工作簿和工作表的管理。
3. 掌握表格数据的输入、编辑和排版。
4. 掌握表格数据的处理，包括数据的排序、筛选、查找等。
5. 掌握表格函数的运用。
6. 掌握 WPS 表格图表的制作。
7. 掌握 WPS 表格数据统计分析，包括分类汇总、合并计算、数据透视等。

❖ 学习重点

1. 如何快捷地、批量地在表格内进行数据的输入、编辑和排版。
2. 如何有效地输入公式和函数，能看懂数据异常反馈。
3. 如何高效率地使用数据分析工具，获取需要的分析结果，并图形化呈现出来。

4.1 制作"学生课程表"

4.1.1 任务分析

我们将通过制作如图 4-1 所示的课程表，学习 WPS 表格的启动与退出，工作簿和工作表的基本概念及基本操作，工作表的创建、智能输入，单元格格式化操作，工作表的页面设置、工作视图的控制、打印预览和打印，工作簿和工作表数据安全保护及隐藏操作。

时间\课程		星期一	星期二	星期三	星期四	星期五
上午	1—2	计算机应用基础 宋晓 A10-213	市场营销 方维 A10-213	思想道德修养与 法律基础 黄田 A10-103	电子商务概论 唐谦 A10-213	市场营销 方维 A10-213
	3—4	大学英语 李笑 A10-213	思想道德修养与 法律基础 黄田 A10-103	图像处理 章琳 A10-213	大学英语 李笑 A10-213	计算机应用基础 宋晓 A10-213
下午	5—6	经济数学 万悦 A10-213		电子商务概论 唐谦 A10-213		经济数学 万悦 A10-213
	7—8				大学体育 范鑫 运动场	
晚上	9—10	晚自习	晚自习	晚自习	晚自习	晚自习

表格标题：2021—2022学年第1学期电子商务专业1班课程表

图 4-1 "学生课程表"效果

4.1.2 任务实施

步骤 1：启动 WPS 表格

在本地电脑的"开始"菜单下单击"WPS Office"文件夹下的"WPS Office"图标，或者双击电脑桌面上的"WPS Office"图标启动 WPS Office 2019。在该界面下 WPS Office 2019 提供了"新建空白文档""新建在线文档"以及各类表格模板供用户选择使用。

步骤 2：创建 WPS 表格

在 WPS Office 2019 的工作界面上方选择"S 表格"选项，切换到 WPS 表格工作界面上，如图 4-2 所示。在"推荐模板"中选择单击"新建空白文档"选项，软件界面将切换到 WPS 表格编辑界面，并自动新建名字为"工作簿1"的空白表格。

步骤 3：重命名 WPS 表格

在 WPS 表格中单击表格左下方的"Sheet1"，即可弹出的快捷菜单。在快捷菜单中单击"重命名"命令，当工作表"Sheet1"呈现为""状态时，输入文字"课程表"，即可完成对工作表的重命名。

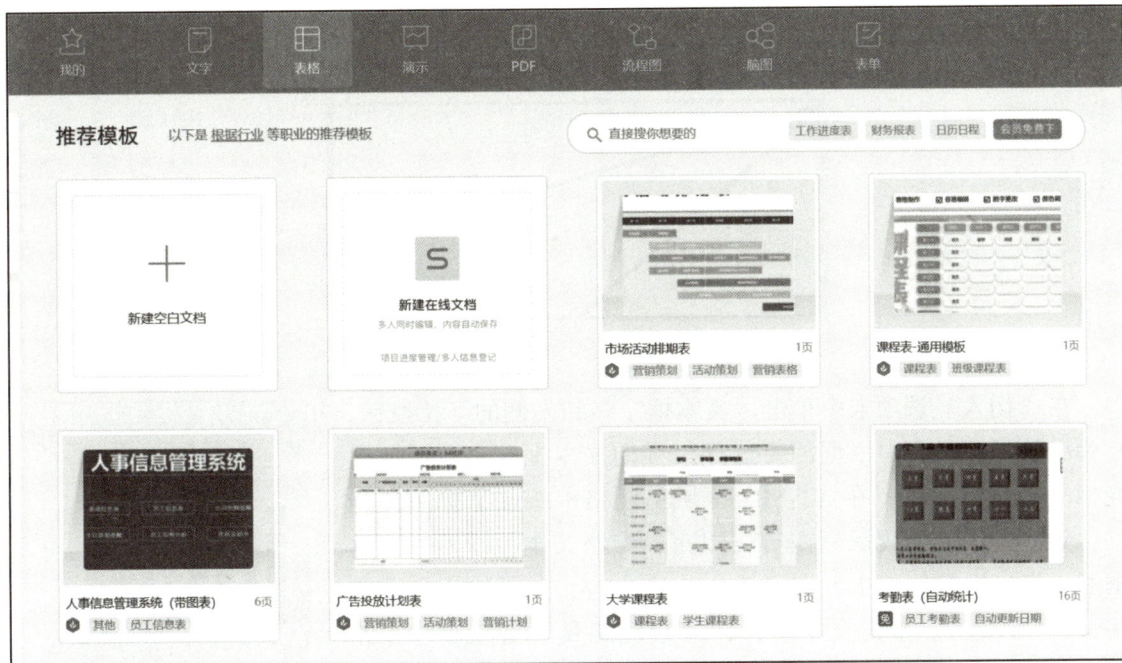

图 4 – 2　WPS 表格初始界面

步骤 4：行高和列宽设置

表格行的行高设置为 64，单击选择第 1～6 行的行号，单击鼠标右键，打开快捷菜单，选择"行高"命令，打开"行高"对话框，在对话框中输入"64"，如图 4 – 3 所示。单击"确定"按钮完成行高的设置。

表格行的列宽设置为 21，选择 A～E 列，单击鼠标右键，打开快捷菜单，选择"列宽"命令，打开"列宽"对话框，在对话框中输入"21"。单击"确定"按钮完成表格列宽的设置。

步骤 5：插入行和列设置

鼠标左键单击行编号 2，选中第二行，然后右键单击所选

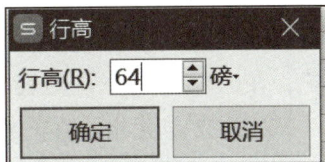

图 4 – 3　"行高"对话框

行，弹出快捷菜单。在弹出的快捷菜单中选择"插入"命令，在"行数"框中输入数值"1"，单击左键即可在第二行之前插入 1 行新的单元格。同理，如果选中第一列单元格，单击右键弹出快捷菜单，选择"插入"命令，在"行数"框中输入数值"2"，即可插入 2 列新的单元格。

步骤 6：合并单元格

将光标定位到 A1 单元格，按住鼠标左键往右拖拽至 G1 单元格，将选中 A1：G1 的单元格区域，选定区域后，在"开始"选项卡功能区下单击"合并居中"按钮 ，将 A1：G1 区域的单元格合并。

按照上述同样的方法，将 A2：B2、A3：A4、A5：A6 将 3 个单元格区域进行合并操作。

步骤 7：WPS 表格斜线表头的设置

单击 A2：B2 区域单元格，在"插入"选项卡中单击"形状"按钮，在展开的下拉列表

中选择"直线"选项,然后按住鼠标左键在相应单元格中绘制 2 条斜线即可,如图 4 - 4 所示。

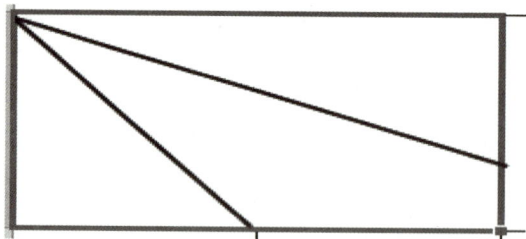

图 4 - 4   斜线表头

在"插入"选项卡中单击"文本框"按钮右侧的下拉按钮,在弹出的下拉列表中根据需要选择"横向文本框"命令,此时光标呈"+"形状,在 A2:B2 区域单元格中按住鼠标左键拖动,到适当位置释放鼠标左键,即完成绘制文本框。插入文本框后,将光标定位其中,即可输入文字内容,正常输入所需文字,字号设置 9。单击文本框,在"绘图工具"选项卡中单击"轮廓"按钮,选择"无轮廓",如图 4 - 5 所示。按照上述同样的方法,将斜线表头其余两空设置完成。

步骤 8:WPS 表格输入数据

双击 A1 单元格,在光标提示符下输入"2021—2022 学年第 1 学期电子商务专业 1 班课程表",字体为"方正小标宋简体"、字号为 24、加粗。设置方法:单击选择 A1 单元格,在"开始"选项卡功能区中的"字体"下拉列表中选择"方正小标宋简体",在"字号"下拉列表中选择"24",在"字体"下方单击"加粗"按钮 **B**。

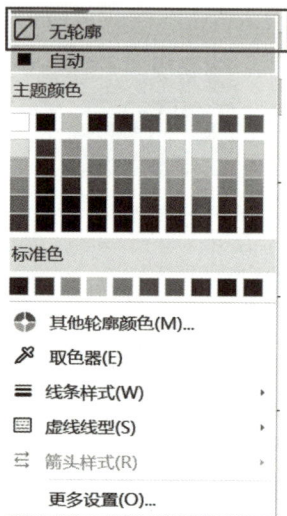

图 4 - 5   文本框边框设置

双击 C2 单元格,在光标提示符下输入"星期一",单击 C2 单元格,在单元格右下角有个小方点为"填充柄",将鼠标的光标靠近其右下角,它就会自动变成"+"字形,这即是"填充柄",此时按住鼠标左键往后拖动至 G2,松开鼠标。

其余单元格按效果图正常输入。

步骤 9:美化 WPS 表格

①文本对齐方式的设置:按住鼠标左键拖动选定 C2:G7 单元格,同时按住 Ctrl 键,再按住鼠标左键拖动选定 A3:B7 单元格,选定 2 个非连续区域,接着右键打开快捷菜单,单击"设置单元格格式"命令,打开"单元格格式"对话框,在对话框中选择"对齐"选项卡,在"文本对齐方式"栏中设置"水平对齐"和"垂直对齐"均选择"居中",如图4 - 6 所示。

②文字的手动换行:单击选定 C3,双击鼠标光标定位于"基础"两字后面,按"Alt + Enter"组合键,完成手动换行。按照上述同样的方法,将其余需要手动换行的单元格手动换行。

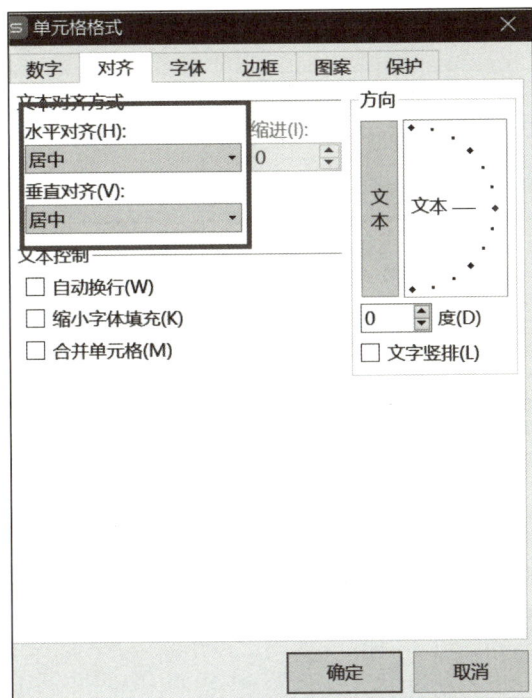

图 4 - 6　文本对齐方式的设置

　　③为表格添加边框线：单击选定 A2：G2 单元格区域后单击右键，在打开的快捷菜单中单击"设置单元格格式"，弹出"单元格格式"对话框，在样式栏选择"双直线"，颜色选择"黑色"，然后在"预置"栏选择"外边框"，单击"确定"按钮即可完成外边框的框线设置；按照相同的方法，将内边框设为细单实线、黑色，然后在"预置"栏选择"内部"，单击"确定"即可设置内部框线。按照上述同样的方法，将其余边框线设置完成。

　　④为表格添加底纹。单击选定 A2：G2 单元格区域，再单击右键，在打开的快捷菜单中选择"设置单元格格式"，打开"单元格格式"对话框，在对话框中的"图案"选项下设置选定区域的背景色为"黄色"。

　　步骤 10：工作视图的控制

　　①分页预览：在"视图"选项卡功能区下单击"分页预览"按钮，将看到表格的分页情况，如图 4 - 7 所示。

　　②冻结窗格：将光标定位至 C3 单元格内，在"视图"选项卡功能区下单击"冻结窗格"按钮的下拉按钮，弹出下拉列表选择"冻结至第 2 行 B 列"，则第 2 行 B 列之前单元格固定不动，总显示在最上面，表格其他部分随鼠标滚轮移动，被冻结的标题行大大增强了表格编辑的直观性。

　　步骤 11：工作表的页面设置

　　在"页面布局"选项卡功能区中的"纸张大小"下拉列表中选择"A4"，"纸张方向"下拉列表中选择"横向"，"页边距"在下拉菜单中选择"自定义页边距"，然后按如图 4 - 8 所示设置页边距数值。

图 4-7 分页预览

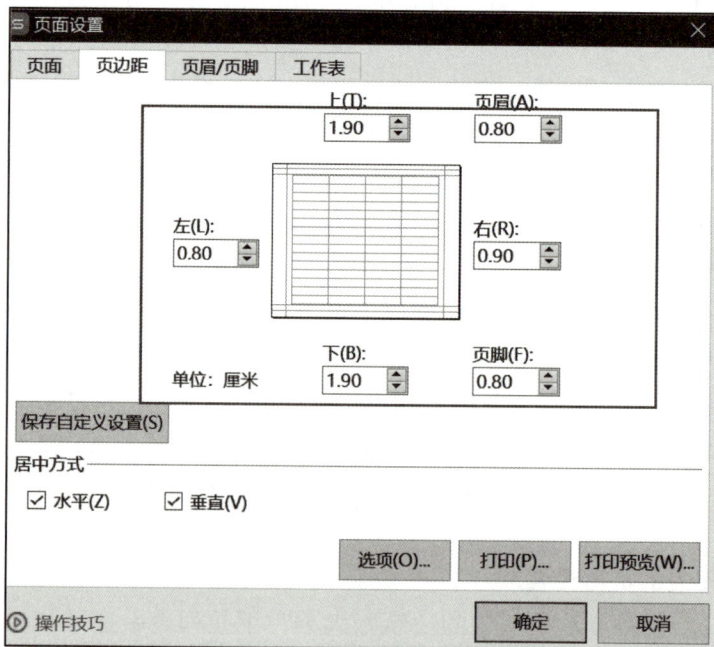

图 4-8 "页边距"的设置

步骤 12：打印预览和打印

①在"快速访问栏"单击"打印预览"按钮 🔍，进入打印预览界面，如图 4 – 9 所示。

2021—2022学年第1学期电子商务专业1班课程表

时间 / 课程		星期一	星期二	星期三	星期四	星期五
上午	1—2	计算机应用基础 宋晓 A10-213	市场营销 方维 A10-213	思想道德修养与 法律基础 黄田 A10-103	电子商务概论 唐谦 A10-213	市场营销 方维 A10-213
	3—4	大学英语 李笑 A10-213	思想道德修养与 法律基础 黄田 A10-103	图像处理 章琳 A10-213	大学英语 李笑 A10-213	计算机应用基础 宋晓 A10-213
下午	5—6	经济数学 万悦 A10-213		电子商务概论 唐谦 A10-213		经济数学 万悦 A10-213
	7—8				大学体育 范鑫 运动场	
晚上	9—10	晚自习	晚自习	晚自习	晚自习	晚自习

课表　Sheet2　Sheet3　+

图 4 – 9 打印预览

②在打印预览界面下，单击"打印"按钮，弹出"打印"对话框，设置打印"页码范围"从"1"到"1"，"份数"为"2"份。

步骤 13：工作簿和工作表数据安全保护及隐藏

①数据安全保护：单击选定 A1:G7 单元格，单击"审阅"选项卡功能区中的"锁定单元格"按钮，然后单击"保护工作表"设置相应密码，则选定区域不可更改，否则弹出相应警告框，如图 4 – 10 所示。

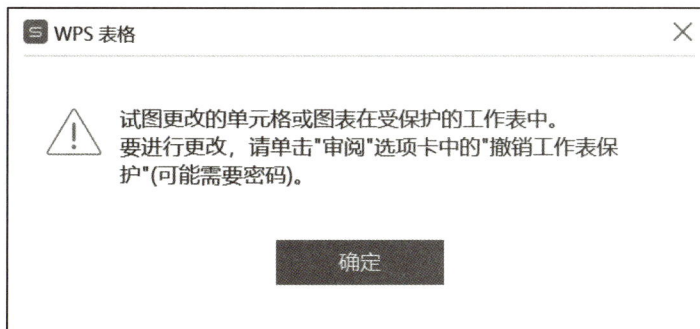

WPS 表格　　　　　　　　　　　　　　　×

⚠ 试图更改的单元格或图表在受保护的工作表中。
要进行更改，请单击"审阅"选项卡中的"撤销工作表保护"(可能需要密码)。

确定

图 4 – 10 数据安全保护警告

②工作表安全保护：单击"审阅"选项卡功能区中的"保护工作簿"设置相应密码，则工作簿内工作表不可更改，如图 4 – 11 所示。

③工作表的隐藏：单击"Sheet2"工作表标签，单击右键，弹出快捷菜单，选择"隐藏"，则此工作表被隐藏，此工作表标签不显示。

步骤14：WPS表格加密保存和关闭WPS表格

①加密保存：单击"文件"菜单的"保存"按钮，在弹出的对话框的右下角单击"加密"按钮，设置密码，如图4－12所示。

②关闭WPS表格：单击标签栏的"关闭"按钮 ×，可关闭工作簿但不退出WPS Office 2019；单击WPS表格工作界面右上角的"关闭"按钮，或按"Alt + F4"组合键，可关闭工作簿并退出WPS Office 2019。

4.1.3　知识储备

1. WPS表格的界面介绍及工作簿和工作表的基本概念

WPS表格的框架是由工作簿、工作表和单元格构成，这三者之间的关系存在包含与被包含的关系。了解它们的概念和相互之间的关系，有助于在WPS表格中执行相应的操作。

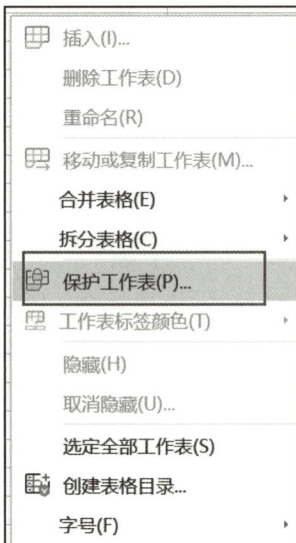

图4－11　"保护工作簿"设置后的工作表操作界面

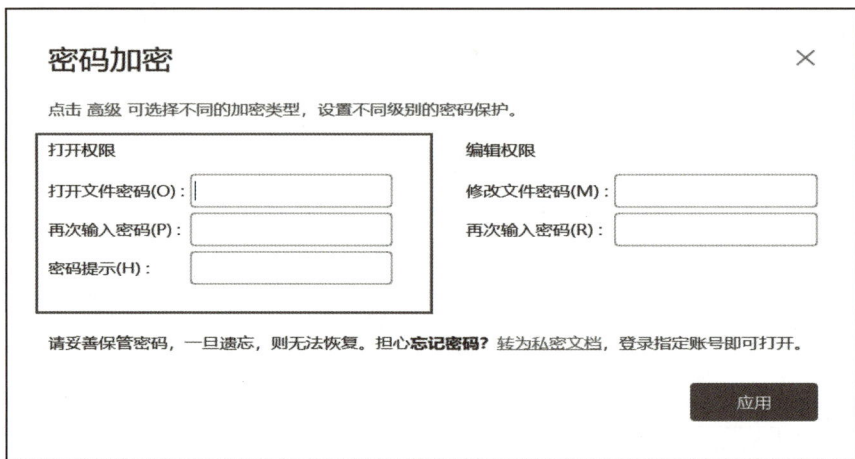

图4－12　加密保存设置界面

◆ 工作簿：WPS表格文件，它是用来存储和处理数据的主要文档，被人们称为"电子表格"。默认情况下，新建的工作簿以"工作簿1"命名，如继续新增工作簿，名字将以"工作簿2""工作簿3"命名，工作簿的名称通常显示在"标题栏处"，如图4－13所示。

◆ 工作表：工作表是用来显示和分析数据的工作场所，它存储在工作簿中。默认情况下一张工作簿中只有1个名称为"Sheet1"的工作表，如需新建工作表，可以单击"Sheet1"右侧的"加号"按钮＋，新工作表在"工作表标签"中将以"Sheet2""Sheet3"命名。

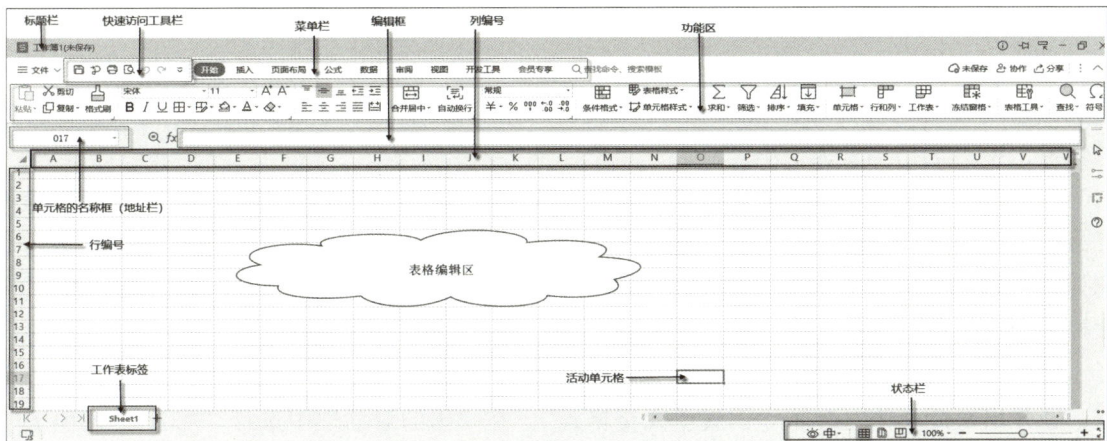

图 4-13　WPS 表格的工作界面

◆ 单元格：单元格是 WPS 表格中最基本的存储数据单元，它通过对应的"列编号"和"行编号"进行命名和引用。单个单元格的地址可表示为"列编号 + 行编号"，若单元格的列编号为"B"，行编号为"8"，则该单元格的地址表示是"B8"。而多个连续的单元格称为单元格区域，其地址可表示为"单元格：单元格"，如 C6 单元格与 H16 单元格之间连续的单元格可表示为"C6：H16"单元格区域。

2. 工作表常用操作

（1）选择工作表。

要选择单个工作表，直接单击相应的工作表标签即可；要选择多个连续的工作表，可在按住"Shift"键的同时单击要选择的第一个工作表和最后一个工作表的工作表标签；要选择不相邻的多个工作表，可在按住"Ctrl"键的同时依次单击要选择的工作表标签。

（2）移动和复制工作表。

要在同一工作簿中移动工作表，可单击要移动的工作表标签，然后按住鼠标左键将其拖放到所需位置即可。若在拖动的过程中按住"Ctrl"键，则为复制工作表操作，源工作表依然保留。

若要在不同的工作簿之间移动工作表，可选中要移动的工作表，然后在"开始"选项卡中单击"工作表"按钮，在展开的下拉列表中选择"移动工作表"选项，打开"移动或复制工作表"对话框，在其中选择目标工作簿和目标位置后单击"确定"按钮。

（3）删除工作表。

对于不再需要的工作表可以将其删除。单击要删除的工作表标签，然后在"开始"选项卡中单击"工作表"按钮，在展开的下拉列表中选择"删除工作表"选项，如果工作表中有数据，将打开一个提示对话框，单击"确定"按钮即可。

对工作表进行的大部分操作，如插入、重命名、移动、复制和删除等，都可通过右击要操作的工作表标签，在弹出的快捷菜单中选择相应选项实现。

3. 数据输入

在 WPS 表格中数据一般分为两大类：一类是文本型（如纯中文字符、文字或字母与数字组合等）；另一类就是数值型，均由数字组成（如序号、分值等）。

（1）文本输入。

在 WPS 表格的单元格中输入文本，默认情况下只要系统不解释成数字、公式、日期或逻辑值，WPS 表格均视为文本。

在日常工作中，我们经常会遇到在表格中输入电话号码、身份证号码、学号等具有特殊意义的数值型文本，这类文本无须参与数值计算，对其进行加减乘除等运算也毫无意义。又比如编号 0100，如果不将单元格的"数据格式"设置为"文本型"则前面占位符"0"在表格中无法显示，因为从数值的角度来讲，0100 与 100 是完全相等的。

对于"0100"此类数值型文本数据的输入，在输入时，选定该列或该单元格，单击右键，在弹出快捷菜单内选择"设置单元格格式"，在弹出的对话框中选择"数字"选项卡中的"文本"即可完成数据格式的定义。对此类数值型文本，拖动"填充柄"就可以进行序列填充，按住"Ctrl"键再拖曳"填充柄"则可以进行复制操作。

（2）数字输入。

数字由阿拉伯数字 0～9 以及特殊字符（如 +、－、*、/、%、¥、& 等）构成。在 WPS 表格中的数字输入有以下几点需要注意：

◆ 输入正数时，不用在数字前面加"+"号，即便加了，也会被忽略；

◆ 输入负数前需将单元格的个数据格式改为"数值"型，然后输入"－1"，此时单元格显示的是（1.00），因为 WPS 表格的单元格"数值"型数字小数点后默认是"2"位，如需减少小数点的位数，可以单击"开始"选项下的"减少小数位数"按钮 ，反之想增加小数点位数，则单击"增加小数位数"按钮 ，即可增加小数点的位数。

◆ 在 WPS 表格中输入的分数为了避免被表格自动当作日期处理，需要在分数前面加"0"。例如要输入 1/3，准确的输入是 0 1/3，要注意的是 0 与 1/3 之间要用"空格"隔开。如果分数前不加 0 的话，则作为日期处理，输入的 1/3，在单元格显示的是"1 月 3 日"。

◆ 当输入的数值长度超过单元格的宽度或超过 11 位时，自动以科学计数法显示。

（3）日期和时间的输入。

在 WPS 表格中输入日期时，要用反斜杠"/"或"－"隔开年、月、日。例如：输入年月日："2021/6/25"或"2021－6－25"。输入时、分、秒，则需要用"："号隔开。例如：输入"22：30"。

日期和时间在 WPS 表格中按数字处理，因此可以进行各种运算。另外，输入时间加空格并输入"AM"或"PM"，此时的时间是 12 小时制，例如："10：45 AM"为 12 小时制的早上 10 点 45 分。反之，将以 24 小时制来处理时间。

如果要同时输入日期和时间，则日期和时间要用空格隔开，例如："2021/6/25 10：45"。

4. 快速填充数据

在 WPS 表格中，有时候需要输入一些相同或有规律的数据，如序号、连续的编号等，手动输入费时费力。为此，WPS 表格专门提供了快速填充数据的功能，可以提高输入数据的准确性和工作效率。WPS 表格的自动填充方式分为 2 种：使用"填充柄"填充数据和通过"序列"对话框填充数据。"填充柄"方法已在项目实施时使用，而通过"序列"对话框填充数据方法如下：

（1）在需要输入值的起始单元格中输入起始数据，然后选择需要填充规律数据的单元格区域。

（2）在"开始"选项卡功能区中单击"填充"按钮下方的下拉按钮，在打开的下拉列表中选择"序列"选项，打开"序列"对话框，如图4-14所示。

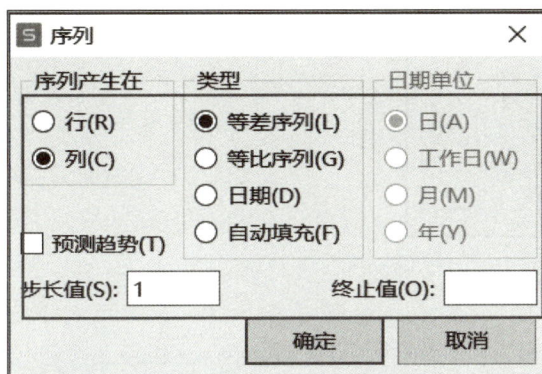

图4-14　"序列"对话框

（3）在"序列"对话框中的"序列产生在"栏中选择序列填充的位置，根据需要单击选择"列"或"行"，在"类型""步长值""终止值"栏中根据需要选择，单击"序列"对话框中的"确定"按钮，即可完成序列数据的填充。

5. 设置数据格式——设置数字格式

在表格数据录入的过程中需要注意的是，对不同的数据设置不同的"数字格式"，例如：日期、时间、货币、百分比等。

在 WPS 表格中设置数字格式的方法有2种：

（1）通过"开始"选项卡设置：

选定需要设置"数据格式"的单元格或者单元格区域，在"开始"选项卡功能区下单击"数字格式"按钮 常规，在下拉列表中选择相应的"数据格式"，如图4-15所示。

（2）使用单元格格式对话框设置：

选中单元格数据，鼠标单击右键，在快捷菜单中选择"设置单元格格式"命令或者是"开始"选项卡功能区中"数据格式"栏右下角的"↘"按钮，打开"单元格格式"对话框，如图4-16所示。

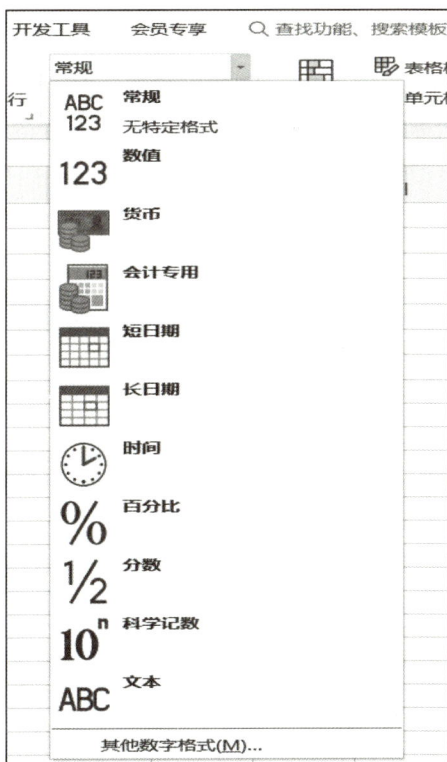

图4-15　"数字格式"下拉列表

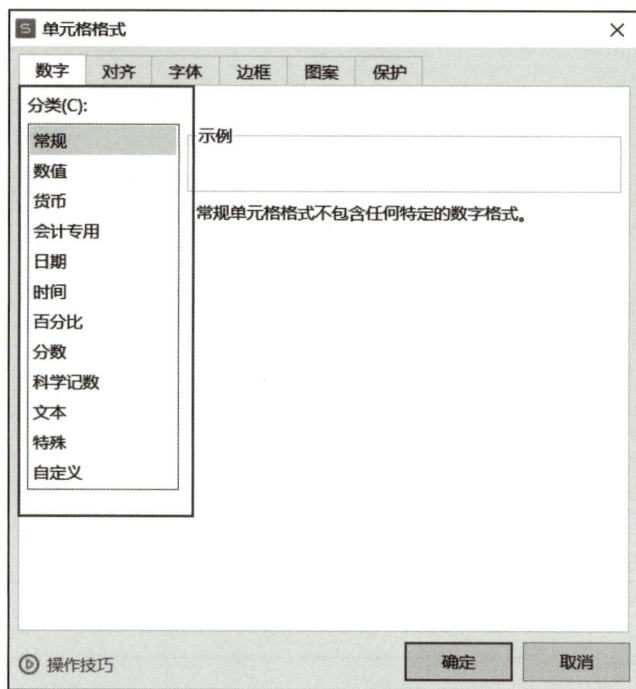

图 4 –16 "单元格格式"对话框

6. 查找与替换

查找与替换是 WPS 办公软件中通用的操作，在 WPS 表格中的"查找与替换"操作与 WPS 文字中的"查找与替换"类似，均是通过关键字提高查找的效率，注意在"查找"对话框中的"查找"选项卡中单击右下角的"选项"按钮，可以打开"高级搜索"项，在高级搜索选项卡下，"范围"不仅限于工作表，还可以设置为"工作簿"，此时单击"查找全部"可以将整个 WPS 表的所有工作簿中含有"晚自习"内容的单元格全部查找出来，如图 4 –17 所示。替换操作也有此选项。

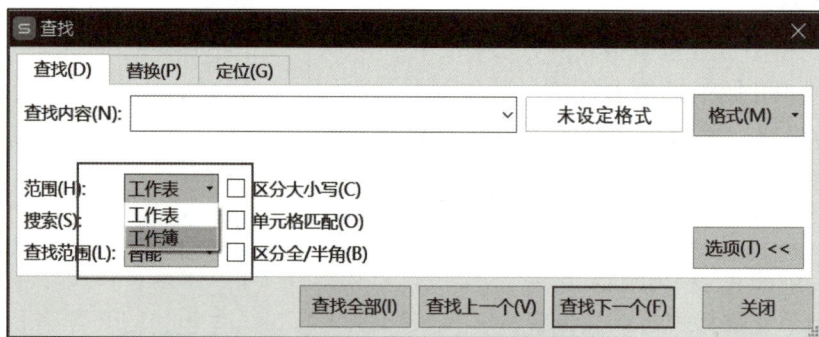

图 4 –17 "查找"选项卡高级搜索

7. 设置最合适的行高及列宽

选中需要的列，单击右键，在打开的快捷菜单中单击"最适合的列宽"按钮，或者在"开始"选项卡功能区中单击"行和列"按钮的下拉箭头，在下拉列表中单击"最适合的列宽"按钮，即可根据该列的文字内容自动调整列宽。

选中需要的行，单击右键，在打开的快捷菜单中单击"最适合的行高"按钮，或者在"开始"选项卡功能区中单击"行和列"按钮 的下拉箭头，在下拉列表中单击"最适合的行高"按钮，即可根据该列的文字内容自动调整列宽。

8. 套用表格样式

在 WPS 表格中制作表格时，可以使用 WPS 提供的"预设样式"快速设置单元格和表格的格式，为表格应用预设样式后，也可使用设置单元格格式的方法对表格样式进行局部调整。套用表格样式的步骤如下：选定所需要单元格区域，在"开始"功能选项卡中单击"表格样式"按钮，在下拉列表中的"预设样式"下的"浅色系""中色系"或"深色系"中选择相应的表格样式，如图 4－18 所示。

图 4－18　表格样式下拉列表

9. 添加批注

在表格中添加所选内容的批注，可以对某个单元格进行文字说明和注释，在表格中批注的主要操作有：新建批注、编辑批注和删除批注。

选定单元格，在"审阅"选项功能区单击"新建批注"按钮 ，弹出批注设置文本框，即可完成批注的设置。批注添加完成后，单元格右上角将出现一个红色的三角形图标，将光标移至已设置批注的单元格，就可以从弹出的提示窗口中查看批注的内容。批注设置完成后，如需修改，可以通过"编辑批注"进行修改。如需删除批注，可以先选中需要删除批注的单元格，在"审阅"选项卡下单击"删除批注"按钮 ，即可直接删除该单元的批注。

10. 多个工作表的联动操作

可在按住"Ctrl"键的同时依次单击要联动的工作表标签，针对一张工作表进行格式化等操作，所选定的所有表将进行相同操作。

11. 页面设置——打印标题或表头

在长表格中，数据较多，需要每页标题或表头重复，则单击"页面布局"选项卡功能区中的"打印标题或表头"按钮，在弹出的"页面设置"对话框中，在"工作表"标签里的"顶端标题行"栏输入标题或表头的区域名称即可完成设置，如图 4 – 19 设置所示。

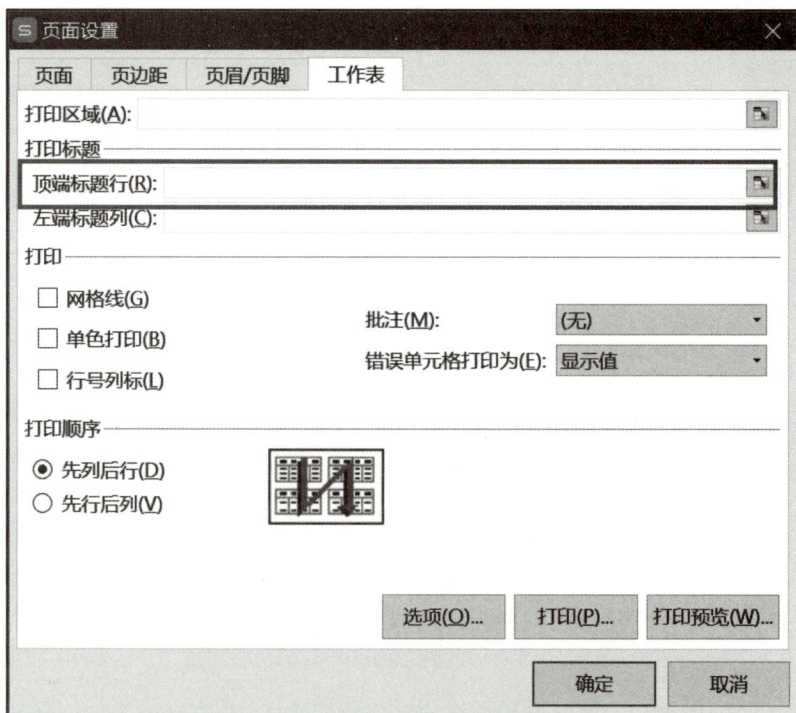

图 4 – 19 打印标题或表头设置界面

4.1.4 技能应用

操作题：制作"办公用品采购申请表"

制作如图 4 – 20 所示《办公用品采购申请表》，要求如下：

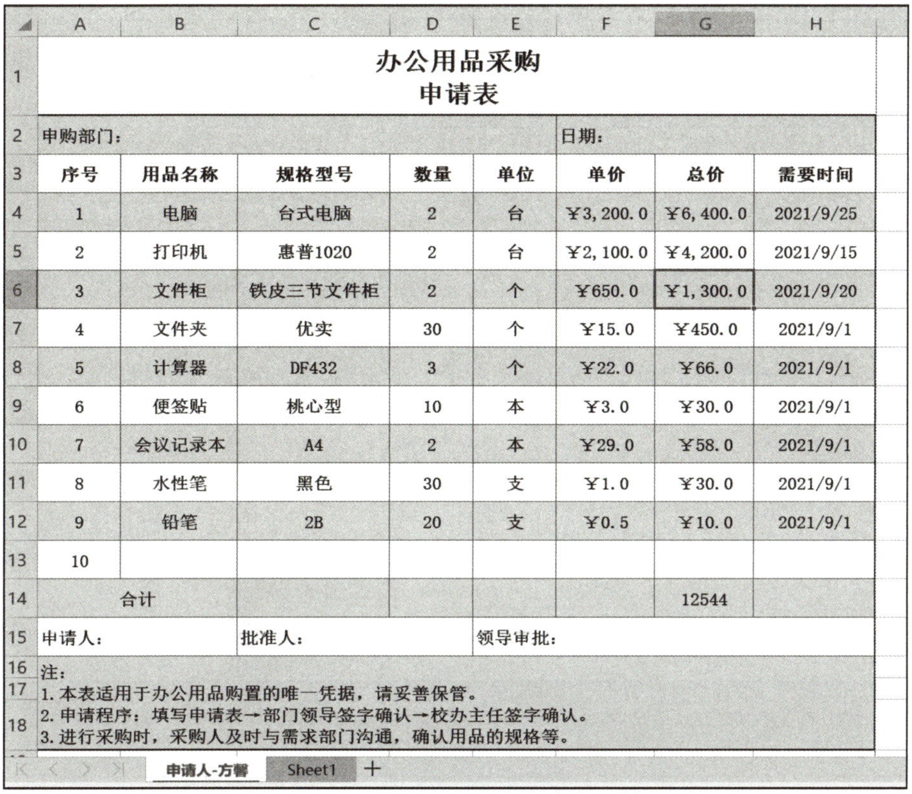

	A	B	C	D	E	F	G	H
1	办公用品采购申请表							
2	申购部门：					日期：		
3	序号	用品名称	规格型号	数量	单位	单价	总价	需要时间
4	1	电脑	台式电脑	2	台	￥3, 200. 0	￥6, 400. 0	2021/9/25
5	2	打印机	惠普1020	2	台	￥2, 100. 0	￥4, 200. 0	2021/9/15
6	3	文件柜	铁皮三节文件柜	2	个	￥650. 0	￥1, 300. 0	2021/9/20
7	4	文件夹	优实	30	个	￥15. 0	￥450. 0	2021/9/1
8	5	计算器	DF432	3	个	￥22. 0	￥66. 0	2021/9/1
9	6	便签贴	桃心型	10	本	￥3. 0	￥30. 0	2021/9/1
10	7	会议记录本	A4	2	本	￥29. 0	￥58. 0	2021/9/1
11	8	水性笔	黑色	30	支	￥1. 0	￥30. 0	2021/9/1
12	9	铅笔	2B	20	支	￥0. 5	￥10. 0	2021/9/1
13	10							
14	合计						12544	
15	申请人：		批准人：		领导审批：			
16–18	注： 1. 本表适用于办公用品购置的唯一凭据，请妥善保管。 2. 申请程序：填写申请表→部门领导签字确认→校办主任签字确认。 3. 进行采购时，采购人及时与需求部门沟通，确认用品的规格等。							

图 4－20　“办公用品采购申请表”效果

（1）表格标题跨列左右居中，上下居中，宋体、黑色、加粗、字号 16 磅，行高为 51 磅。

（2）表格表头左右居中，上下居中，宋体、加粗、黑色、字号 11 磅。

（3）表格内数据值（A4：H14）左右居中，上下居中，宋体、黑色、字号 11 磅。

（4）表格内容（2～15 行）行高设置为 25 磅，表格 A～H（除 C 列外）列宽度设置为 10 单位，C 列宽度设置为最合适列宽，行（16～18 行）高度设置为最合适行高。

（5）表格使用表样式浅色 16，外框线为黑色粗匣框线。

（6）冻结表格第 1～3 行，便于查看数据。

（7）锁定数据表中所有数据，不允许在后期使用中修改数据，密码设置为“123”。

4. 1. 5　技能拓展

操作题：制作“员工信息表”

在配套素材包内打开文件“员工信息表（素材）. xlsx”，按要求完成以下操作，效果如图 4－21 所示：

（1）在标题行下方插入一行为“填表日期”，显示当前日期；

（2）在工作表最后插入一行为“合计”，计算基本工资的总和；

（3）在林小玉之前插入下列新记录并按步长为 2 的等差数列进行重新编号：

004	张小天	男	2018/7/8	7890	2435464	2435464@ qq. com

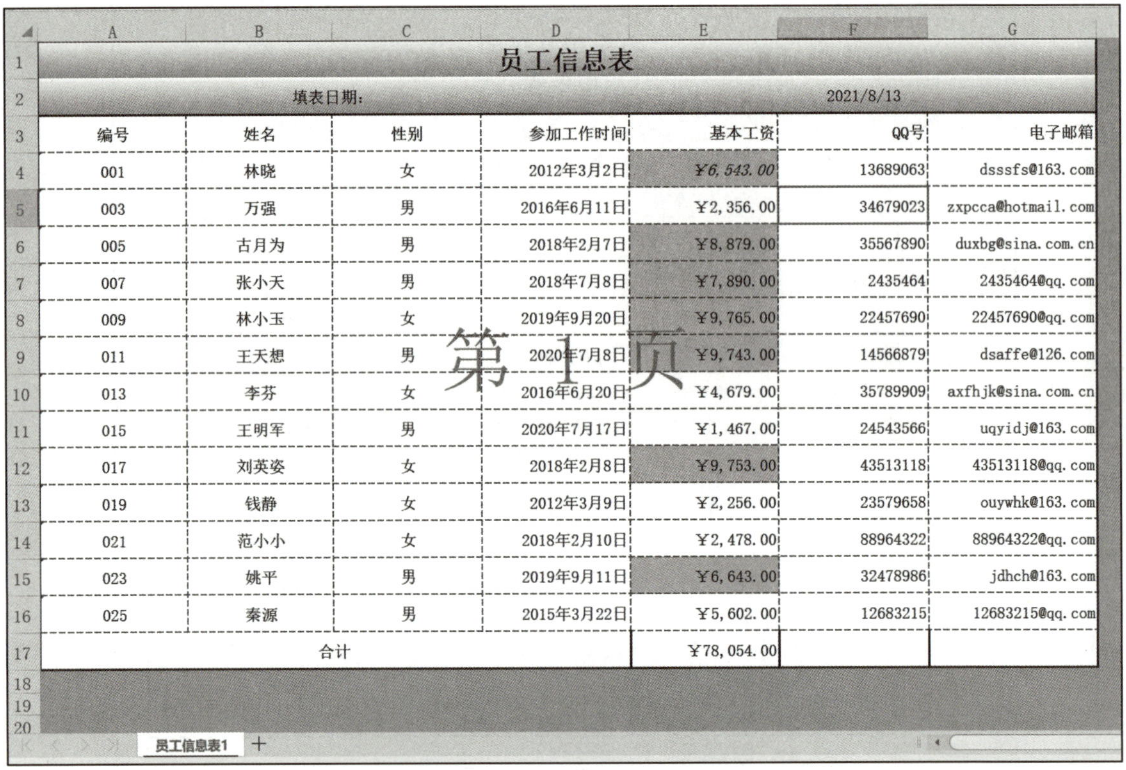

	A	B	C	D	E	F	G
1				员工信息表			
2			填表日期:		2021/8/13		
3	编号	姓名	性别	参加工作时间	基本工资	QQ号	电子邮箱
4	001	林晓	女	2012年3月2日	¥6,543.00	13689063	dsssfs@163.com
5	003	万强	男	2016年6月11日	¥2,356.00	34679023	zxpcca@hotmail.com
6	005	古月为	男	2018年2月7日	¥8,879.00	35567890	duxbg@sina.com.cn
7	007	张小天	男	2018年7月8日	¥7,890.00	2435464	2435464@qq.com
8	009	林小玉	女	2019年9月20日	¥9,765.00	22457690	22457690@qq.com
9	011	王天想	男	2020年7月8日	¥9,743.00	14566879	dsaffe@126.com
10	013	李芬	女	2016年6月20日	¥4,679.00	35789909	axfhjk@sina.com.cn
11	015	王明军	男	2020年7月17日	¥1,467.00	24543566	uqyidj@163.com
12	017	刘英姿	女	2018年2月8日	¥9,753.00	43513118	43513118@qq.com
13	019	钱静	女	2012年3月9日	¥2,256.00	23579658	ouywhk@163.com
14	021	范小小	女	2018年2月10日	¥2,478.00	88964322	88964322@qq.com
15	023	姚平	男	2019年9月11日	¥6,643.00	32478986	jdhch@163.com
16	025	秦源	男	2015年3月22日	¥5,602.00	12683215	12683215@qq.com
17			合计		¥78,054.00		

员工信息表1 +

图 4 – 21 "员工信息表"效果

（4）将所有行的高度设置为 25 磅，A ~ F 列宽设置为 16 字符，G 列的宽度根据需要调整。

（5）将单元格 A1：G1 合并居中，并将单元格内字体改为宋体，字号改为 18 磅，单元格填充效果设置为白色和浅绿色。

（6）将单元格 A2：G2 合并居中，单元格填充效果设置为白色和浅绿色。

（7）将除标题行以外的所有单元格内字体改为宋体，字号改为 11 磅。

（8）设置表格线：内边框红色虚线，外边框黑色粗实线。

（9）工作表内文本居中，数字、货币、日期、邮箱右对齐。

（10）将"基本工资"的工资额用货币格式显示，将"参加工作时间"用"××××年××月××日"格式显示。

（11）将"性别"列设置为可从下拉列表里选择性别。

（12）利用"条件格式"命令将基本工资高于 6 000 元的工资额单元格用浅红色填充显示。

（13）纸张大小更改为 A4，纸张方向更改为横向，页脚设置为"第 1 页"。

（14）将工作表标签表重命名为"员工信息表 1"，标签颜色设置为紫色，复制此份工作表并隐藏。

（15）工作表视图设置为"分页预览"。

（16）将该工作簿命名为"班级 + 姓名"。

4.2　制作"学生成绩表"

4.2.1　任务分析

我们将通过打开配套素材中"学生成绩表（素材）.xlsx"文件，完成以下操作：

（1）使用函数计算出"学生档案"工作表内每个人的年龄。

（2）使用"分列"的方法分出"学生档案"工作表内每个人的班级。

（3）使用"有效性"的方法检查"计算机基础成绩表"中"平时成绩""期中成绩""期末成绩"列成绩是否在 0～100 之间的小数，否则统一修改为"90.00"。

（4）使用公式计算出"计算机基础成绩表"中每个人的"学期成绩"。

（5）使用函数查找出"计算机基础成绩表"中每个人的"姓名"、计算出每个人的"班级名次"、每项成绩的平均分、最高分、不及格人数。

（6）使用条件格式，将"计算机基础成绩表"中"学期成绩"列成绩前 20% 单元格用浅红色填充。

（7）使用选择性粘贴的方法计算出每个人的"素质分"。

（8）将"学生档案"表按籍贯升序排序，籍贯相同时按班级升序。

（9）复制"计算机基础成绩表"工作表，统一放置在本工作簿的最后，重命名为"筛选"。

（10）在"筛选"工作表中筛选出姓"张"且"学期成绩"大于 90 或小于 60 的学生记录。

学习 WPS 表格中分列、条件格式、数据有效性、单元格的引用、公式、函数、排序、自动筛选、多个工作表的联动操作等知识。

4.2.2　任务实施

打开配套素材中"学生成绩表（素材）.xlsx"文件。

步骤 1：将光标定位到"学生档案"工作表的 E2 单元格，直接输入"=YEAR(TODAY())-MID(C2,7,4)"，表示是提取当前日期的年份减去出生年份（即从 C2 单元格中的字符的第 7 位开始提取 4 位字符）即得年龄。完成后将光标移至 E2 单元格的右下角，当出现"+"时，双击鼠标完成其他单元格数据的提取。

步骤 2：单击 A2 单元格，按住鼠标左键，拖动至 A56，从而选中从 A2 到 A56 之间的单元格。键盘输入 Ctrl + C，单击 G2，键盘输入 Ctrl + V，鼠标单击行号 G 选定 G 行，单击"数据"选项卡里的"分列"选项，选择固定宽度，设置每列数据的宽度单击"5"，单击"完成"即可。删除"H"列，如图 4-22 所示。

步骤 3：①选定"计算机基础成绩表"工作表的 C2：E45 单元格区域，单击"数据"选项卡，在其功能区下单击"有效性"按钮 ，在下拉列表中单击"有效性"命令，打开"数据有效性"对话框，在"设置"选项卡中的"有效性条件"栏的"允许"下拉列表中选择"小数"，设置最小值"0"、最大值"100"，单击"确定"，如图 4-23 所示。

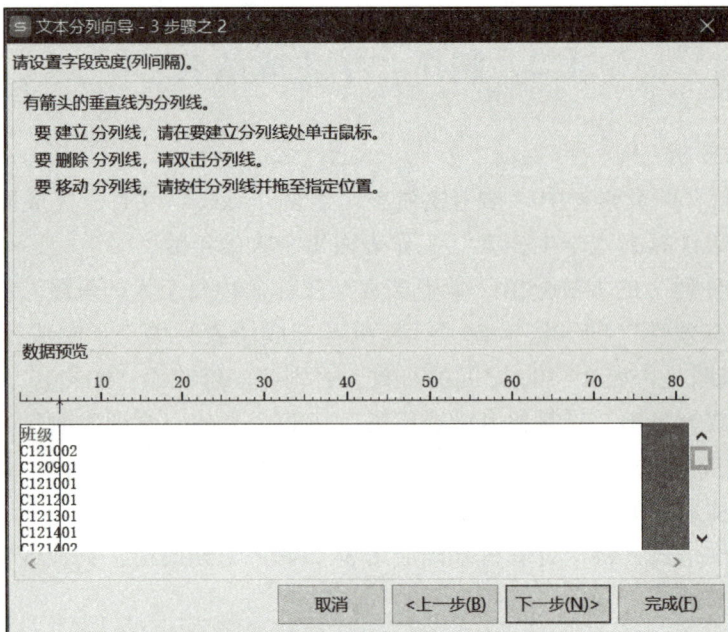

图4-22 分列

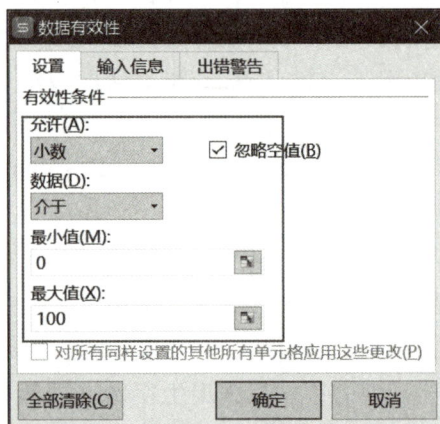

图4-23 "数据有效性"对话框

②在"数据"选项卡功能区下单击"圈释无效数据",不符合有效条件的数据用红色圆圈圈出来,一一修改为"90"。

步骤4:单击F2单元格,在单元格或编辑栏中输入"=C2*30%+D2*30%+E2*40%",完成后按"Enter"键或单击编辑栏上的"输入"按钮即可。然后将光标移至F2单元格的右下角,当出现"+"时,双击鼠标完成其他单元格数据计算。

步骤5:①单击B2单元格,在单元格或编辑栏中输入"=VLOOKUP(A2,学生档案! $A$2:$B$56,2,0)",完成后按"Enter"键或单击编辑栏上的"输入"按钮即可。然后将光标移至B2单元格的右下角,当出现"+"时,双击鼠标完成其他单元格数据计算。

②单击G2单元格,在单元格或编辑栏中输入"="第"&RANK.EQ(F2,$F$2:$F$45)&"名"",完成后按"Enter"键或单击编辑栏上的"输入"按钮即可。然后将光标移至G2

单元格的右下角，当出现"＋"时，双击鼠标完成其他单元格数据计算。

③选定 C2：C46 单元格区域，在"开始"选项卡中单击"求和"按钮上黑色倒三角，在下拉菜单中选择"平均值"函数，完成后按"Enter"键。将光标移至 C46 单元格的右下角，当出现"＋"时，按住鼠标左键拖动至 F46，完成其他单元格数据计算。

④选定 C2：C45 单元格区域，在"开始"选项卡中单击"求和"按钮上黑色倒三角，在下拉菜单中选择"最大值"函数，完成后按"Enter"键。将光标移至 C47 单元格的右下角，当出现"＋"时，按住鼠标左键拖动至 F47，完成其他单元格数据计算。

⑤单击 C48 单元格，在单元格或编辑栏中输入"＝COUNTIF（C2：C45，"＜60"）"，完成后按"Enter"键或单击编辑栏上的"输入"按钮即可。然后将光标移至 C48 单元格的右下角，当出现"＋"时，按住鼠标左键拖动至 F48，完成其他单元格数据计算。

步骤 6：选定 F2：F45 单元格区域，单击"开始"选项卡，在"样式"组中单击"条件格式"按钮，在弹出快捷菜单中选择"项目选取规则"，然后选择"前 10%"，在弹出的对话框中输入"20"，在设置格式中设置"浅红色填充"，如图 4-24 所示。

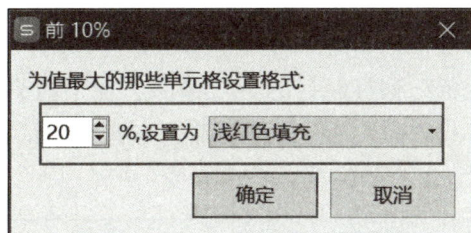

图 4-24　条件格式对话框

步骤 7：①选定 F2：F45 单元格区域，键盘输入 Ctrl＋C，单击 I2，鼠标单击右键，弹出快捷菜单上选择"选择性粘贴"，在"选择性粘贴"对话框内选择"数值"，单击"确定"按钮，如图 4-25 所示。

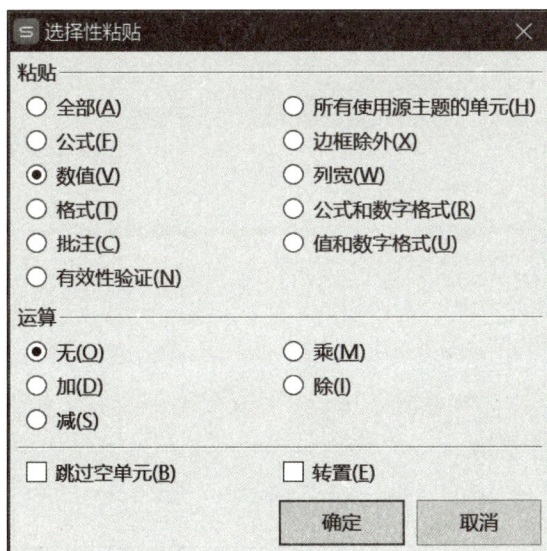

图 4-25　"选择性粘贴"对话框

②选定 H2：H45 单元格区域，键盘输入 Ctrl + C，单击 I2，鼠标单击右键，弹出快捷菜单上选择"选择性粘贴"，在"选择性粘贴"对话框内选择"乘"，单击"确定"按钮。

步骤 8：单击"学生档案"工作表 A1，在"开始"或者"数据"选项卡中的"排序"按钮，在下拉列表中选择"自定义排序"按钮，在弹出的对话框处按图 4 – 26 所示设置。

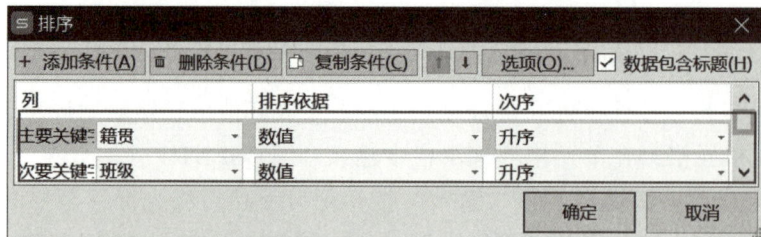

图 4 – 26 "排序"对话框

步骤 9：单击"计算机基础成绩表"工作表标签，按住 Ctrl 键，左键拖动至最后工作表标签后，松开，双击新生成工作表标签，重命名为"筛选"。

步骤 10：①单击"筛选"工作表单元格，在"数据"选项卡下单击"自动筛选"按钮，进入数据字段筛选状态，这时数据列表中的表头行的所有单元格右下角均出现下拉按钮。单击数据列表中的"姓名"列标题行的下拉箭头，在下拉列表框中选择"文本筛选"，在快捷菜单上选择"开头是"，在"自定义自动筛选方式"对话框处输入"张"，单击"确定"按钮，如图 4 – 27 所示。

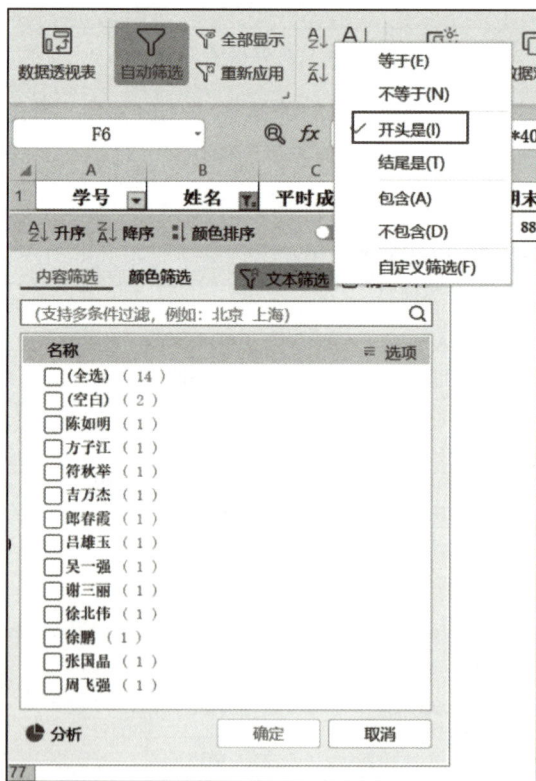

图 4 – 27 文本筛选界面

②接着单击数据列表中的"学期成绩"列标题行的下拉箭头，在下拉列表框中选择"数字筛选"，在快捷菜单上选择"自定义筛选"，在"自定义自动筛选方式"对话框处输入大于"90"、"或"、小于"60"，单击"确定"按钮，如图 4 – 28 所示。

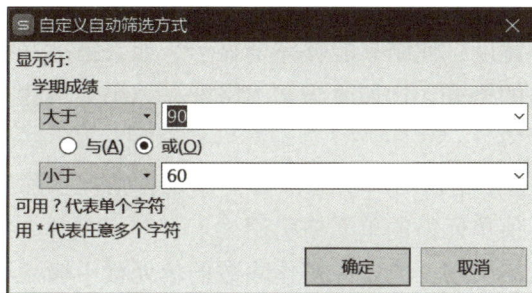

图 4 – 28　"自定义自动筛选方式"对话框

4.2.3　知识储备

1. Excel 公式与函数

（1）公式的概念。

Excel 中的公式即对工作表中的数据进行计算的等式，以"＝（等号）"开始，通过各种运算符号，将值或常量和单元格引用、函数返回值等组合起来，形成公式表达式。

（2）公式的使用。

①输入公式。

选择要输入公式的单元格，在单元格或编辑栏中输入"＝"，接着输入公式内容，如"＝B3 + C3 + D3 + E3"，完成后按"Enter"键或单击编辑栏上的"输入"按钮即可。

②编辑公式。

选择含有公式的单元格，将文本插入点定位在编辑栏或单元格中需要修改的位置，按"Backspace"键删除多余或错误的内容，再输入正确的内容，完成后按"Enter"键确认即可完成公式的编辑，编辑完成后，Excel 将自动对新公式进行计算。

③填充公式。

选择已添加公式的单元格，将鼠标指针移至该单元格右下角的控制柄上，当其变为 **+** 形状时，按住鼠标左键不放并拖动至所需位置，释放鼠标，即可在选择的单元格区域中填充相同的公式并计算出结果。

④复制和移动公式。

在复制公式的过程中，Excel 会自动调整引用单元格的地址，避免手动输入公式的麻烦，提高工作效率。

移动公式即将原始单元格的公式移动到目标单元格中，公式在移动过程中不会根据单元格的位移情况发生改变。

⑤公式错误信息。

在 Excel 中输入公式后，有时不能正确地计算出结果，并在单元格内显示一个错误信息，这些错误的产生，有的是因公式本身产生的，有的不是。下面就介绍以下几种常见的错误信息，并提出避免出错的办法。

◆ 错误值：####

含义：输入单元格中的数据太长或单元格公式所产生的结果太大，使结果在单元格中显示不下。或是日期和时间格式的单元格做减法，出现了负值。

解决办法：增加列的宽度，使结果能够完全显示。如果是由日期或时间相减产生了负值引起的，可以改变单元格的格式，比如改为文本格式，结果为负的时间量。

◆ 错误值：#DIV/0！

含义：试图除以 0。这个错误的产生通常有下面几种情况：除数为 0、在公式中除数使用了空单元格或是包含零值单元格的单元格引用。

解决办法：修改单元格引用，或者在用作除数的单元格中输入不为零的值。

◆ 错误值：#VALUE！

含义：输入引用文本项的数学公式。如果使用了不正确的参数或运算符，或者当执行自动更正公式功能时不能更正公式，都将产生错误信息#VALUE！。

解决办法：这时应确认公式或函数所需的运算符或参数正确，并且公式引用的单元格中包含有效的数值。例如，单元格 C4 中有一个数字或逻辑值，而单元格 D4 包含文本，则在计算公式 = C4 + D4 时，系统不能将文本转换为正确的数据类型，因而返回错误值#VALUE！。

◆ 错误值：#REF！

含义：删除了被公式引用的单元格范围。

解决办法：恢复被引用的单元格范围，或是重新设定引用范围。

◆ 错误值：#N/A

含义：无信息可用于所要执行的计算。在查找数据时，数据库源没有需求的数据则显示#N/A，以表明正在等待在数据源内添加相应数据。

解决办法：在等待数据的单元格内填充上数据。

◆ 错误值：#NAME？

含义：在公式中使用了 Excel 所不能识别的文本，比如可能是输错了名称，或是输入了一个已删除的名称，如果没有将文字串括在双引号中，也会产生此错误值。

解决办法：如果是使用了不存在的名称而产生这类错误，应确认使用的名称确实存在；如果是名称，函数名拼写错误应改正过来；将文字串括在双引号中；确认公式中使用的所有区域引用都使用了冒号（：）。例如：SUM(C1：C10)。注意将公式中的文本括在双引号中。

◆ 错误值：#NUM！

含义：提供了无效的参数给工作表函数，或是公式的结果太大或太小而无法在工作表中表示。

解决办法：确认函数中使用的参数类型正确。如果是公式结果太大或太小，就要修改公式，使其结果在 -1×10307 和 1×10307 之间。

◆ 错误值：#NULL！

含义：在公式中的两个范围之间插入一个空格以表示交叉点，但这两个范围没有公共单元格。比如输入：" = SUM(A1：A10 C1：C10)"，就会产生这种情况。

解决办法：取消两个范围之间的空格。上式可改为"＝SUM（A1：A10，C1：C10）"。

（3）单元格的引用。

①单元格引用类型。

相对引用：输入公式时直接通过单元格地址来引用单元格。相对引用单元格后，如果复制或剪切公式到其他单元格，那么公式中引用的单元格地址会根据复制或剪切的位置而发生相应改变。

绝对引用：无论引用单元格的公式位置如何改变，所引用的单元格均不会发生变化。绝对引用的形式是在单元格的行列号前加上符号"＄"。

混合引用：包含相对引用和绝对引用。有两种形式，一种是行绝对、列相对，如"B＄2"，表示行不发生变化，但是列会随着新的位置发生变化；另一种是行相对、列绝对，如"＄B2"，表示列保持不变，但是行会随着新的位置而发生变化。

②同一工作簿不同工作表的单元格引用。

在同一工作簿中引用不同工作表中的内容，需要在单元格或单元格区域前标注工作表名称，表示引用该工作表中该单元格或单元格区域的值。同一工作簿不同工作表单元格引用格式为：

工作表名称！单元格或单元格区域地址

③不同工作簿不同工作表的单元格引用。

在 Excel 中不仅可以引用同一工作簿中的内容，还可以引用不同工作簿中的内容，为了操作方便，可将引用工作簿和被引用工作簿同时打开。跨工作簿单元格引用格式为：

［工作簿名称］工作表名称！单元格或单元格区域地址

（4）函数的使用。

◆ 选择要插入函数的单元格后，在"开始"选项卡中单击"求和"按钮上黑色倒三角，在下拉菜单中选择相应函数。

◆ 选择要插入函数的单元格后，单击编辑栏中的"插入函数"按钮，在打开的"插入函数"对话框中选择函数类型后，单击"确定"按钮即可插入。

◆ 选择要插入函数的单元格后，在"公式"选项卡中单击"插入函数"按钮，在打开的"插入函数"对话框中选择函数类型后，单击"确定"按钮即可插入。

◆ 选择要插入函数的单元格后，在单元格内直接输入"＝"函数名称及参数。

（5）常用函数。

常用函数如表 4-1 所示。

表 4-1　常用函数

函数名称	功能
IF	判断一个条件是否满足
EXACT	比较两个文本是否完全相同（区分大小写）
LEFT	从一个文本字符串的第一个字符开始返回指定个数的字符
LEN	获取文本中的字符个数

函数名称	功能
MID	从文本指定位置开始提取字符
RIGHT	从一个文本字符串的最后一个字符开始返回指定个数的字符
TEXT	将数值转换为按指定数字格式表示的文本
TRIM	除了单词之间的单个空格外，清除文本中所有的空格
VALUE	将代表数字的文本字符串转换成数字
RAND	获取 0 和 1 之间的一个随机数
SUM	对指定单元格求和
SUMIF	按给定条件对指定单元格求和
AVERAGE	计算参数的平均值（算术平均值）
COUNT	计算参数列表中数字的个数
COUNTA	计算参数列表中非空单元格的个数
COUNTIF	计算满足给定条件的单元格的数量
MAX	获取参数列表中的最大值，忽略文本和逻辑值
MIN	获取参数列表中的最小值，忽略文本和逻辑值
RANK	获取一个数字在数字列表中的排位
ROW	获取单元格或单元格区域首行的行号
ROWS	获取数据区域的行数
VLOOKUP	在数据区域的列中查找数据
DATE	获取指定日期的数值序号
DATEDIF	计算开始和结束日期之间的时间间隔
DAY	获取日期中具体的某一天
DAYS	计算两个日期之间的天数
HOUR	获取小时数
MINUTE	获取分钟数
MONTH	获取月份
NOW	获取当前日期和时间
SECOND	获取秒数
TODAY	获取当前日期
WEEKDAY	获取当前日期是星期几
YEAR	获取年份

（6）快速查找函数。

首先，要根据函数的用途判断它的所属类别，然后在"查找函数"文本框中输入用途，这样可以缩小查找范围。如要查找平均值的函数，就可以单击编辑栏上的"插入函数"按钮，然后在弹出的"插入函数"对话框的"查找函数"文本框中输入"算术"两字，然后在"选择函数"列表框中会列出关于"算术"的函数。

（7）隐藏公式。

如果不想让其他用户看到一些重要的计算公式出现在编辑栏中，可将这些公式隐藏。步骤如下：

①选中要隐藏公式的单元格或单元格区域，然后右击所选单元格或单元格区域，在弹出的对话框中选择"设置单元格格式"选项，打开"单元格格式"对话框，切换到"保护"选项卡，选中"隐藏"复选框，单击"确定"按钮。

②对工作表进行保护。在"审阅"选项卡中单击"保作表"，打开"保护作表"对话框，在"密码"编辑栏中设置密码，单击"确定"按钮，在打开的"确认密码"对话框中再次输入密码，单击"确定"按钮应用设置。只有保护工作表后，锁定单元格或隐藏公式的操作才有效。

要撤销对工作表的保护，可在"审阅"选项卡中单击"撤销工作表保护"按钮，在打开的"撤销工作表保护"对话框的"密码"编辑框中输入密码，单击"确定"按钮即可。

（8）快速计算。

选择需要计算单元格之和或单元格平均值的区域，在 Excel 操作界面的状态栏中将可以直接查看计算结果，包括平均值、单元格个数、总和等。

2. 数据有效性

WPS 表格中数据有效性的主要作用是规范单元格数据内容，通过数据有效性的设置可以对单元格或单元格区域内输入的数据起到纠错和限制的作用，尤其是多人协作共同完成一份表格时，数据有效性的应用效果更明显。数据有效性设置后，对于符合条件的数据会允许其输入。具体操作步骤如下：

（1）有效条件设置及其他相关设置。

①有效条件设置：单击单元格区域，在"数据"选项卡功能区下单击"有效性"按钮，在下拉列表中单击"有效性"命令，打开"数据有效性"对话框，在"设置"选项卡中的"有效性条件"栏的"允许"下拉列表中选择相应要求，"数据"下拉列表设置要求。

②单元格提示信息设置：在"数据有效性"对话框中单击"输入信息"选项卡，在该选项卡下勾选"选定单元格时显示输入信息"，在"标题"下方的文本框中输入需要显示字样，"输入信息"下方的文本框内输入需要提示内容。

③出错警告信息设置：在"数据有效性"对话框下单击"出错警告"选项卡，即可切换到"出错警告"选项卡页面，在该页面下的"样式"下拉列表可以设置"停止""警告""信息"3 个级别的执行操作。3 种不同的执行级别的区别如下：

◆ "样式"选择"停止"，单元格不允许错误数据值的输入。

◆ "样式"选择"警告"，在单元格中输入错误数值时弹出"警告"框，按"Enter"键可以强行输入错误值至单元格中。

◆ "样式"选择"信息"，单元格数据错误时仅弹出提示信息，不影响错误数据的输入。

在"数据有效性"对话框下单击"出错警告"选项卡中的"样式"下拉列表，选择完成后在"标题"下方的文本框内输入相应标题，在"错误信息"文本框内输入相应文字，设置完成后，单击"确定"按钮即可。

（2）圈释无效数据：有效条件已设置好后，在"数据"选项卡功能区下单击"圈释无效数据"，可以将不符合所设置有效条件的数据用红色圆圈圈出来。

（3）清除验证标识圈：圈释无效数据后，如不需要显示红色验证圈，则在"数据"选项卡功能区下单击"清除验证标识圈"即可。

3. 条件格式

对于 WPS 表格中重要的数据或特定的数据需要突出显示，我们可以使用条件格式功能，为表格中的数据设置不同的条件格式，方便读者查阅。

WPS 表格为用户提供了多种条件格式的设置，在"开始"选项卡功能区下单击"条件格式"下拉按钮 ▦，在下拉列表中有以下几种不同的条件格式：突出显示单元格规则，项目选取规则，数据条、色阶、图标集，以及规则管理，如图 4-29 所示。下面就各种不同的"条件格式"设置方式进行逐一介绍说明。

图 4-29 "条件格式"下拉列表

（1）突出显示单元格规则。

在"条件格式"的下拉列表中选择"突出显示单元格规则"，在弹出的子列表中提供了"大于""小于""介于""等于""文本包含""发生日期""重复值"及"其他规则"等条件筛选的突出显示，如图 4-30 所示。

（2）项目选取规则。

在"条件格式"的下拉列表中选择"项目选取规则"，在弹出的子列表中提供了：前10 项、前 10%、最后 10 项、最后 10%、高于平均值、低于平均值及其他规则，为不同的项目需求提供了不同的条件，如图 4-31 所示。

（3）数据条、色阶及图标集。

WPS 表格的条件格式功能除了提供按照条件突出显示外，还为不同的数据值提供了更直观的图形显示方案，诸如数据条、色阶以及图标集等不同的设置方案。具体的操作步骤如下：

◆ 数据条：选中需要设置的单元格区域，在"条件格式"下拉列表中选择"数据条"，在右侧弹出的子列表中选择相应的填充颜色，即可完成数据条颜色显示的设置。

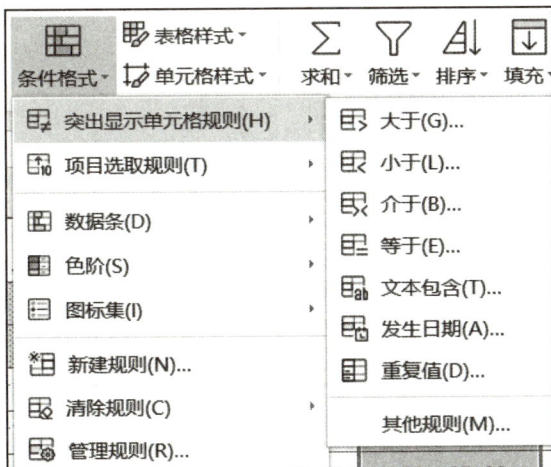

图 4-30　"突出显示单元格规则"子列表

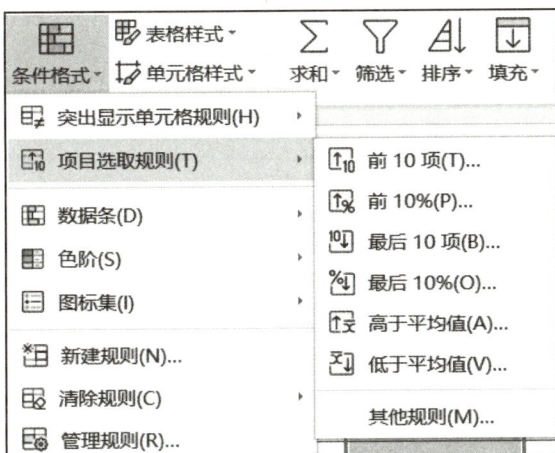

图 4-31　"项目选择规则"子列表

◆ 色阶：选中需要设置的单元格区域，在"条件格式"下拉列表中选择"色阶"，在右侧弹出的子列表中选择相应的填充颜色，即可完成色阶显示的设置。如需自定义规则，可以单击"其他规则"进行设置。

◆ 图标集：选中需要设置的单元格区域，在"条件格式"下拉列表中选择"图标集"，在右侧弹出的子列表中选择不同的图标，即可完成图标集显示的设置。如需自定义设置，可以选择其他规则，完成自定义的设置。

（4）规则管理：如果针对条件格式有自己个性化的要求，可以自行新建规则、管理规则、清除规则。单击需要设置条件格式的单元格区域，在"开始"选项卡功能区单击"条件格式"按钮，在下拉列表中单击相应按钮即可。

4. 选择性粘贴

在 WPS 表格中将工作表中的内容复制粘贴到其他位置时，可以在"开始"选项卡中单击"粘贴"下拉按钮，在展开的下拉列表中选择相应选项，自定义粘贴方式，如图 4-32 所示。

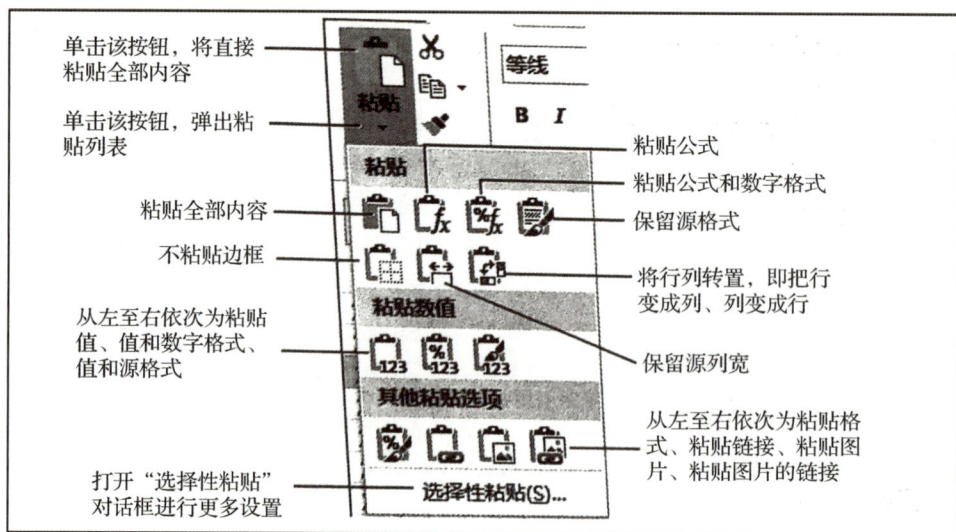

单击该按钮，将直接粘贴全部内容

单击该按钮，弹出粘贴列表

粘贴公式

粘贴公式和数字格式

保留源格式

粘贴全部内容

不粘贴边框

将行列转置，即把行变成列、列变成行

从左至右依次为粘贴值、值和数字格式、值和源格式

保留源列宽

从左至右依次为粘贴格式、粘贴链接、粘贴图片、粘贴图片的链接

打开"选择性粘贴"对话框进行更多设置

选择性粘贴(S)...

图 4 - 32　选择性粘贴界面

常用自定义粘贴选项如表 4 - 2 所示。

表 4 - 2　常用自定义粘贴选项

基础功能	全部——粘贴所有单元格内容和格式
	公式——仅粘贴在编辑栏中键入的公式
	数值——仅粘贴在单元格中显示的值
	格式——仅粘贴单元格格式
	边框除外——粘贴应用到被复制单元格的所有内容和格式，边框除外
	列宽——将某个列宽或列的区域粘贴到另一个列或列的区域
	公式和数字格式——仅从选中的单元格粘贴公式和所有数字格式选项
	值和数字格式——仅从选中的单元格粘贴值和所有数字格式选项
运算	将已复制的数据与粘贴目标区域的数据进行"加""减""乘""除"等运算
跳过空单元	当复制区域中有空单元格时，选中此项可避免换粘贴区域中的值
行列转置	将行数据和列数据对换显示

5. 排序

排序是最基本的数据管理方法，用于将表格中杂乱的数据按一定的条件进行排序，该功能对浏览数据量较大的表格非常实用。排序的方式有：简单排序（包含升序和降序）、自定义排序。

（1）简单排序。

根据数据表中相关数据或字段名，将数据按照升序或降序的方式进行排列。操作方式是：选择要排序的列字段单元格，在"开始"或者"数据"选项卡中的"排序"按钮，在下拉列表中选择"升序"或"降序"按钮，即可实现数据表的升序或降序排序，如图 4 - 33 所示。

（2）自定义排序。

WPS 表格的自定义排序功能在"主要关键字"的排序条件外，在此基础上还可以添加多个"次要关键字"的组合条件的排序。

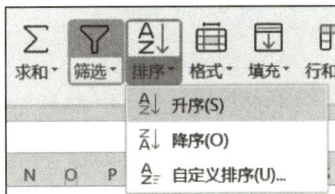

图 4-33　排序下拉列表 1

除了排序列可以选择多个关键字，排序依据也可以有不同选择，如数值、单元格颜色、字体颜色、单元格图标；次序除了简单的升序、降序，还包含了自定义序列，可根据自定义的序列进行排序，如图 4-34 所示。

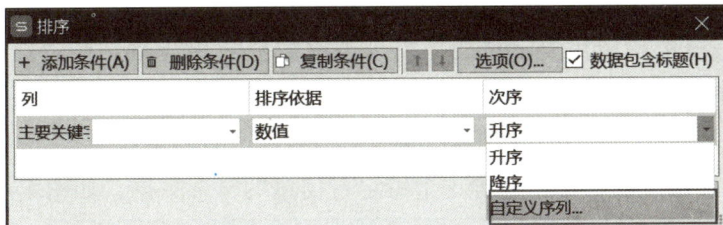

图 4-34　"排序"下拉列表 2

自定义序列设置方法如下：单击"文件"菜单，单击"选项"选项卡，单击"自定义序列"选项，单击"新序列"，在"输入序列"区域输入数据，以"Enter"键分隔序列条目，单击"添加"按钮完成自定义序列。另一种方法是从 Excel 表格中选择需自定义序列的数据区，单击"导入"按钮完成自定义序列，如图 4-35 所示。

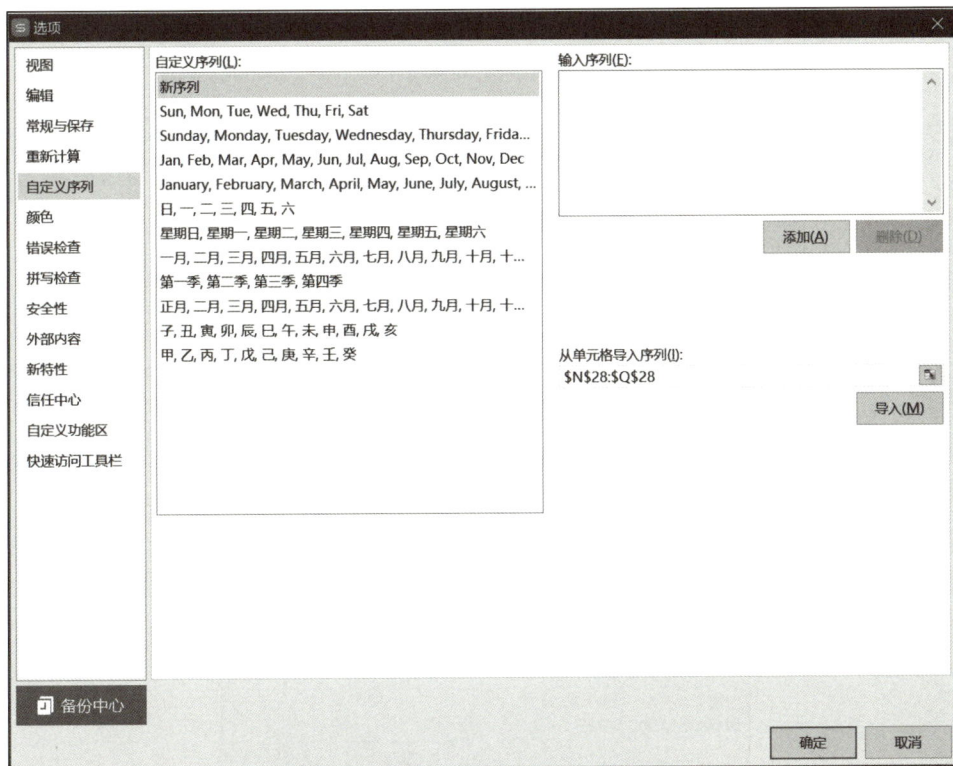

图 4-35　"自定义序列"对话框

6. 数据自动筛选

在日常工作中，人们通常需要从数据繁多的工作簿中查找符合某一个或多个条件的数据，此时采用 WPS 表格的筛选功能，快速筛选出符合条件的数据。WPS 表格中的筛选功能主义有"筛选"和"高级筛选"两类。

筛选数据列表的意思就是将不符合用户特定条件的行隐藏起来，这样可以更方便地让用户对数据进行查看。Excel 提供了两种筛选数据列表的命令：①自动筛选：适用于简单的筛选条件。②高级筛选：适用于复杂的筛选条件。

本项目针对自动筛选进行详述，高级筛选后面详述。

自动筛选：首先要单击需要筛选的数据列表中的任意单元格，在"数据"选项卡下单击"自动筛选"按钮 ，进入数据字段筛选状态，这时数据列表中的表头行的所有单元格右下角均出现下拉按钮。单击数据列表中的任何一列标题行的下拉箭头，选择希望显示的特定行的信息，Excel 会自动筛选出包含这个特定行信息的全部数据，如图 4-36 所示。

图 4-36　筛选选项

在数据表格中，除了按内容筛选，还可以按颜色、数字、文本进行筛选，在进行自定义自动筛选方式时，可以使用通配符，其中问号（?）代表任意单个字符，星号（＊）代表任意一组字符，如图 4-37 所示。

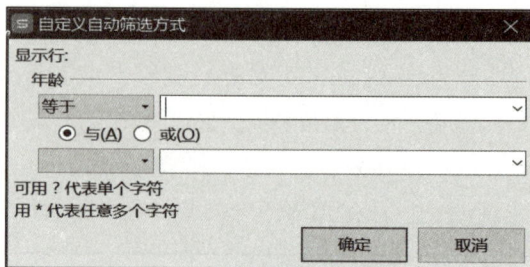

图 4-37　"自定义自动筛选方式"对话框

4.2.4　技能应用

操作题：制作"新晋员工测试表"

在配套素材包内打开文件"新晋员工测试表（素材）.xlsx"，然后对工作表进行计算，效果如图 4 - 38 所示，具体要求如下：

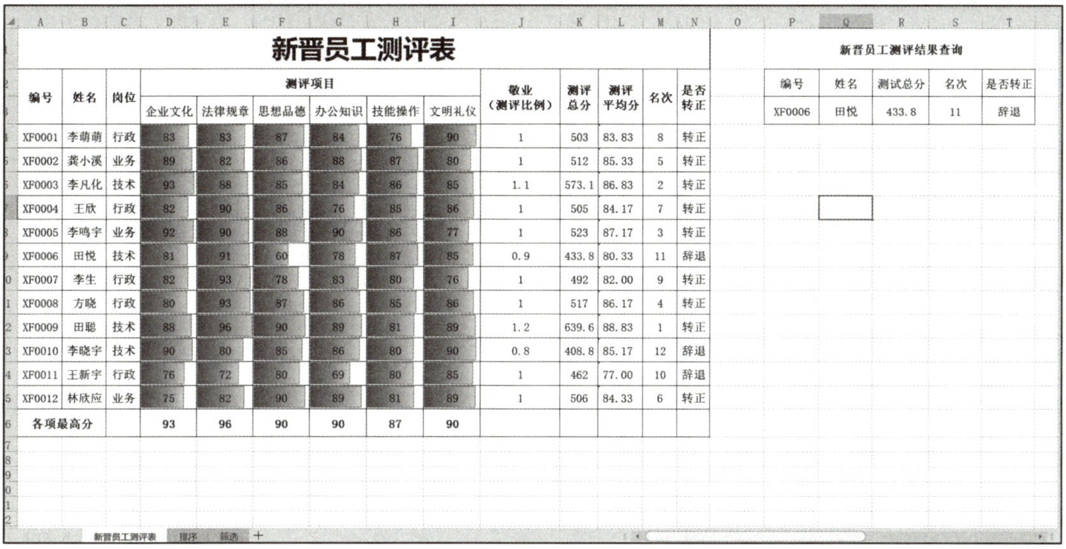

编号	姓名	岗位	测评项目						敬业（测评比例）	测评总分	测评平均分	名次	是否转正
			企业文化	法律规章	思想品德	办公知识	技能操作	文明礼仪					
XF0001	李萌萌	行政	83	83	87	84	76	90	1	503	83.83	8	转正
XF0002	龚小溪	业务	89	82	86	88	87	80	1	512	85.33	5	转正
XF0003	李凡化	技术	93	88	85	84	86	85	1.1	573.1	86.83	2	转正
XF0004	王欣	行政	82	90	86	76	85	86	1	505	84.17	7	转正
XF0005	李鸣宇	业务	92	88	90	90	86	77	1	523	87.17	3	转正
XF0006	田悦	技术	81	91	60	78	85	95	0.9	433.8	80.33	11	辞退
XF0007	李生	行政	82	93	78	83	80	76	1	492	82.00	9	转正
XF0008	方晓	行政	80	93	80	85	79	80	1	497	86.17	4	转正
XF0009	田聪	技术	88	96	90	89	81	89	1.2	639.6	88.83	1	转正
XF0010	李晓宇	技术	90	85	86	86	90	90	0.8	408.8	85.17	12	辞退
XF0011	王新宇	行政	76	72	80	69	80	85	1	462	77.00	10	辞退
XF0012	林欣应	业务	75	82	90	89	81	89	1	506	84.33	6	转正
各项最高分			93	96	90	90	87	90					

新晋员工测评结果查询				
编号	姓名	测试总分	名次	是否转正
XF0006	田悦	433.8	11	辞退

图 4 - 38　"新晋员工测试表"效果

（1）利用数据有效性在"岗位"列输入数据，仅允许输入"行政""业务""技术"。

（2）利用公式计算"测试总分"列数据（测试总分 = 所有测试项目分数总和 * 敬业）。

（3）利用函数计算"测试平均分"列数据、"名次"列数据、"是否转正"列数据（测试总分 <=470 则辞退）。

（4）利用快捷方式计算每科目最高分。

（5）利用条件格式将每个员工的每科成绩的单元格用渐变蓝色填充。

（6）利用函数制作"新晋员工测评结果查询"，当输入"编号"即可查到测试结果信息。

（7）复制"新晋员工测试表"工作表 2 张，统一放置在本工作簿的最后，重命名为"排序""筛选"。

（8）在"排序"工作表内，以"岗位"升序排序，岗位相同的以"测试总分"降序排序。

（9）在"筛选"工作表内，筛选出业务或技术岗位可以转正的人员信息。

4.2.5　技能拓展

操作题：制作"商品销售情况登记表"

在配套素材包内打开文件"商品销售情况登记表（素材）.xlsx"，然后对工作表进行计算，效果如图 4 - 39 所示，具体要求如下：

（1）根据"折扣表"数据，利用函数完成"销售情况表"折扣列的数据输入。

（2）利用公式完成"销售情况表"销售金额列的数据输入。

图 4-39 "商品销售情况登记表"效果

（3）利用函数完成"销售情况表"中统计表格内数据的统计及"数据数量"及"销售金额"列的合计。

（4）利用条件格式将统计表格区域前三名的销售金额标红。

（5）制作"惠家公司商品销售分析图"。

（6）利用筛选，将冰箱的价格改为"15 000"。

（7）隐藏销售情况等级表"销售金额"列的公式（编辑栏显示空白）。

4.3　制作"班费支出分析图表"

4.3.1　任务分析

我们将通过打开配套素材中"班费支出分析图表（素材）.xlsx"文件，完成以下操作，如图 4-40 所示：

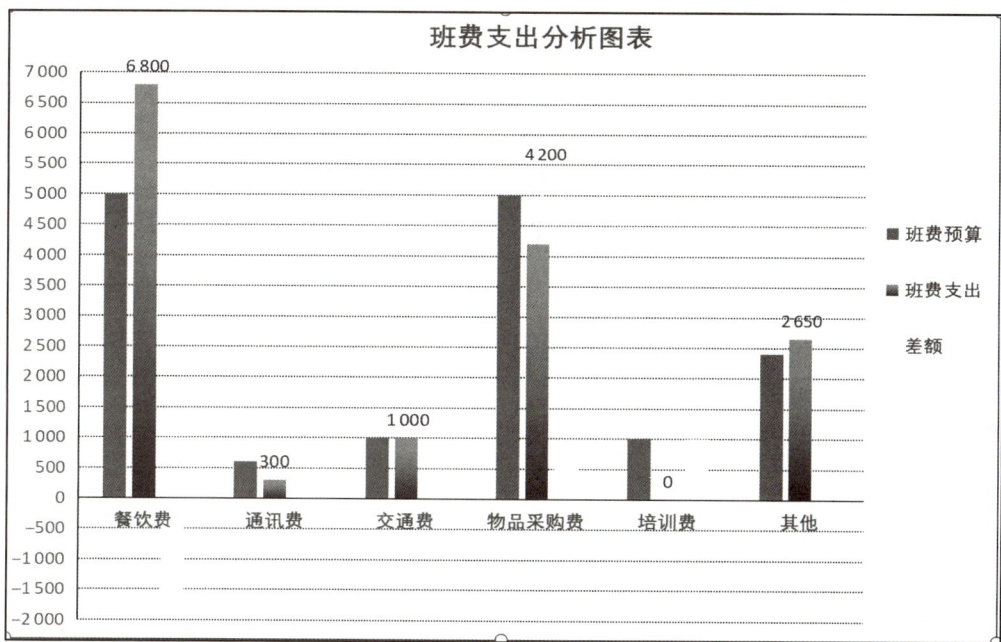

图 4-40　班费支出分析图表

（1）根据"班费支出分析表"中数据，在当前工作表中建立簇状柱形图图表。

（2）将图表标题设置为"班费支出分析图表"字号为 20 号、加粗，横坐标轴标题字号为 14 号、加粗、轴线为黑色实线，纵坐标轴字号为 14 号、加粗、轴线为黑色实线、边界最大值 7 000、最小值 -2 000、单位主要 500、次要 100、标签位置轴旁。

（3）将图表中"班费支出"数据系列的填充色改为红色渐变，添加数据标签，显示标签值及引导线。将图表中"差额"数据系列填充色改为黄色。

（4）将绘图区垂直主要网格线设置为黑色虚线。

（5）将图例格式填充设置为灰色，位置为靠右，拉大图例框。

（6）将图表区域背景设置为纹理填充"纸纹 1"。

（7）移动图标至新工作表 chart1。

学习 WPS 表格的图表创建及格式设置。

4.3.2　任务实施

打开配套素材中"班费支出分析图表（素材）.xlsx"文件：

步骤 1：选定 A5：D8 单元格区域，在"插入"选项卡功能区中图表区域中单击"插入柱形图"按钮 ，弹出下拉列表，如图 4 – 41 所示。单击"簇状柱形图"，即出现图表，完成建立。

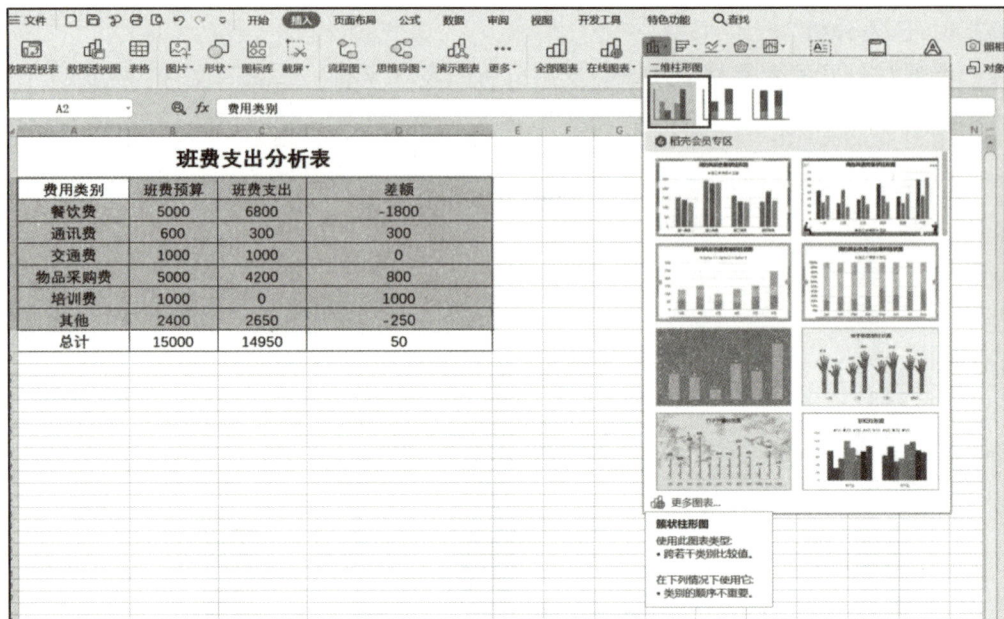

图 4 – 41　插入柱形图下拉列表

步骤 2：

①单击图表标题框，输入"班费支出分析图表"，单击右键，弹出快捷菜单，选择字体，字号设置为 20 号，字形为加粗；

②单击横坐标轴，在右侧坐标轴选项窗格中，"填充与线条"选项卡内设置线条为实线，颜色为黑色，如图 4 – 42 所示；单击右键，弹出快捷菜单，选择字体，字号设置为 14 号，字形为加粗；

③单击纵坐标轴，在右侧坐标轴选项窗格中"填充与线条"选项卡内设置线条为实线，颜色为黑色；单击"坐标轴"选项卡，设置边界最大值 7 000、最小值 – 2 000、单位主要 500、次要 100、标签位置轴旁，如图 4 – 43 所示；单击右键，弹出快捷菜单，选择字体，字号设置为 14 号，字形为加粗。

步骤 3：

①单击"班费支出"数据系列，在右侧系列窗格中"填充与线条"选项卡内设置填充为渐变填充，颜色为红色；单击右键，弹出快捷菜单，选择添加数据标签，单击数据标签，在右侧标签选项窗格中"标签包括"下方勾选"值""显示引导线"；

②单击"差额"数据系列，在右侧系列选项窗格中"填充与线条"选项卡内设置填充为纯色填充，颜色为黄色。

步骤 4：单击垂直轴主要网格线或单击右侧属性窗格下方选定"垂直轴主要网格线"，在主要网格线选项窗格内，线条设置虚线，颜色设置黑色，如图 4 – 44 所示。

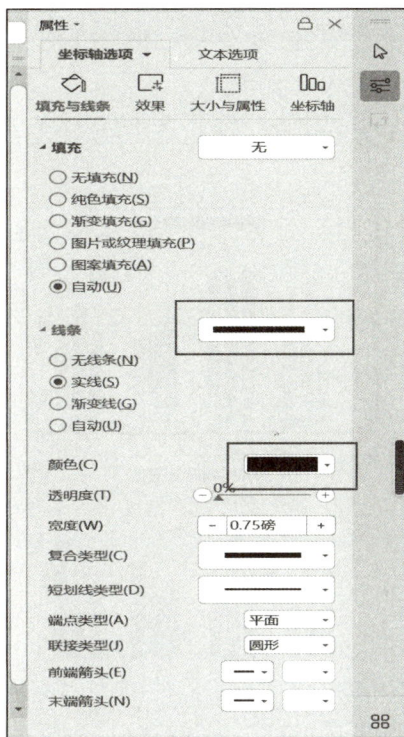

图 4 – 42　坐标轴选项填充与线条

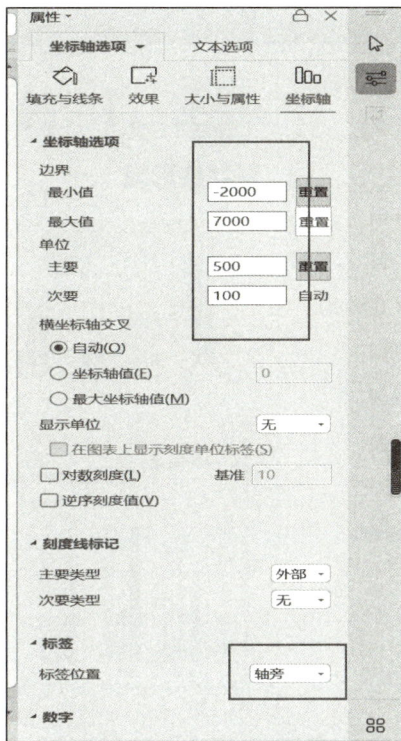

图 4 – 43　坐标轴选项坐标轴

步骤 5：单击图例，在右侧图例选项窗格内，填充设置为纯色，颜色设置为灰色；单击图例选项卡，图例位置设为靠右；单击图例，鼠标拖拉图例边框线直至效果要求大小。

步骤 6：单击图表区，在右侧图例选项窗格内，图表选项卡中填充选择"纹理填充"中的"纸纹 1"。

步骤 7：单击图表，在"图表工具"选项卡内选择"移动图表"，在弹出的对话框中选择新工作表 chart1 即可。

4.3.3　知识储备

1. 图表概念

表格中数据的分析结果可以通过制作图表的方式更加直观地展示出来。日常工作中各类汇报数据经常需要用到图表的制作功能。WPS 表格提供了不同类型的图表，如柱形图、条形图、折线图、散点图、饼图和面积图等，如图 4 – 45 所示。下面就几种常用的图表类型进行简单介绍。

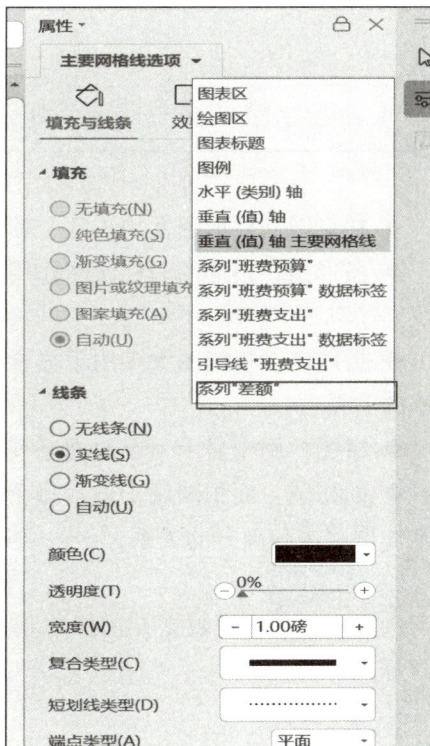

图 4 – 44　"属性"窗格

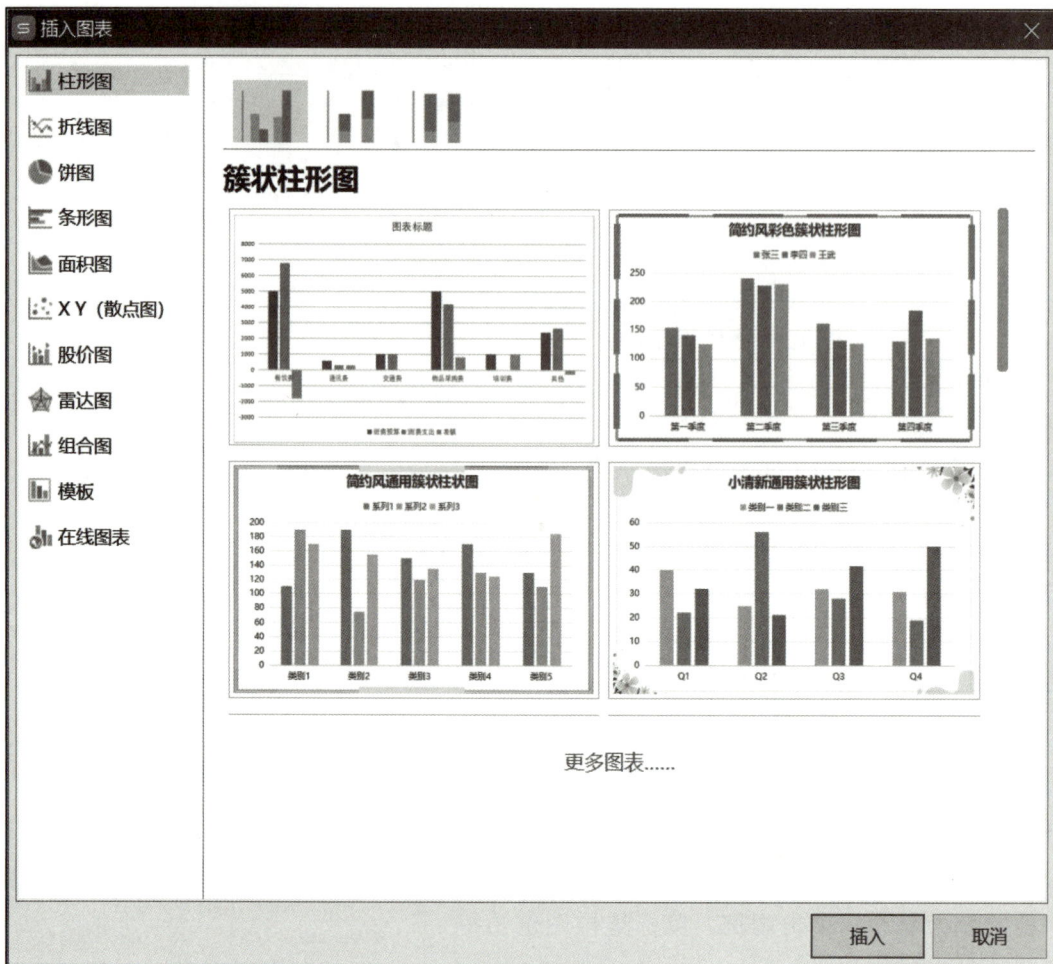

图 4 – 45　图表类型

◆ 柱形图：柱形图常用于几个项目之间的数据的对比；

◆ 条形图：条形图与柱状图作用类似，但是数据位于 Y 轴和 X 轴，数据位置与柱形图相反。

◆ 折线图：折线图大多用于显示时间间隔数据的变化趋势，强调的是数据的时间和变动率的关系。

◆ 饼图：用于显示一个数据系列中各项的大小与各项总和的比例。

◆ 面积图：面积图用于显示每个数值的变化量，强调数据随时间变化的幅度，还能直观地体现整体和部分的关系。

2. 建立图表

选定需生成图表数据，选择"插入"选项卡中"全部图表"命令，选择图表类型，单击"插入"即可。

3. 美化图表

完成图表的插入后，如果图表不够美观或数据有误，可以对已插入的图表重新编辑。可编辑的内容包含：图表标题、设置图表样式、设置图表布局、编辑图表数据等。

单击图表，选择"图表工具"选项卡内相应功能即可，如图 4 – 46 所示。

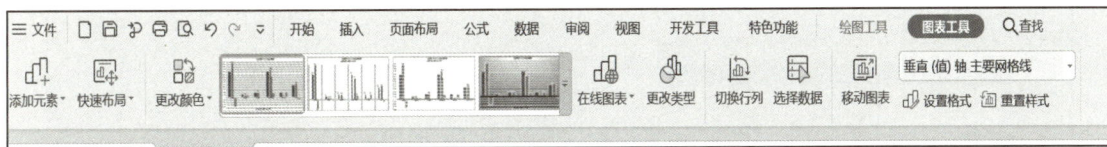

图 4 – 46　图表工具界面

4.3.4　技能应用

操作题：制作"公司全年业绩分析图表"

（1）在配套素材包内打开文件"公司全年业绩分析图表（素材）.xlsx"，根据工作表内数据，制作复合饼状图，效果如图 4 – 47 所示，具体要求如下：

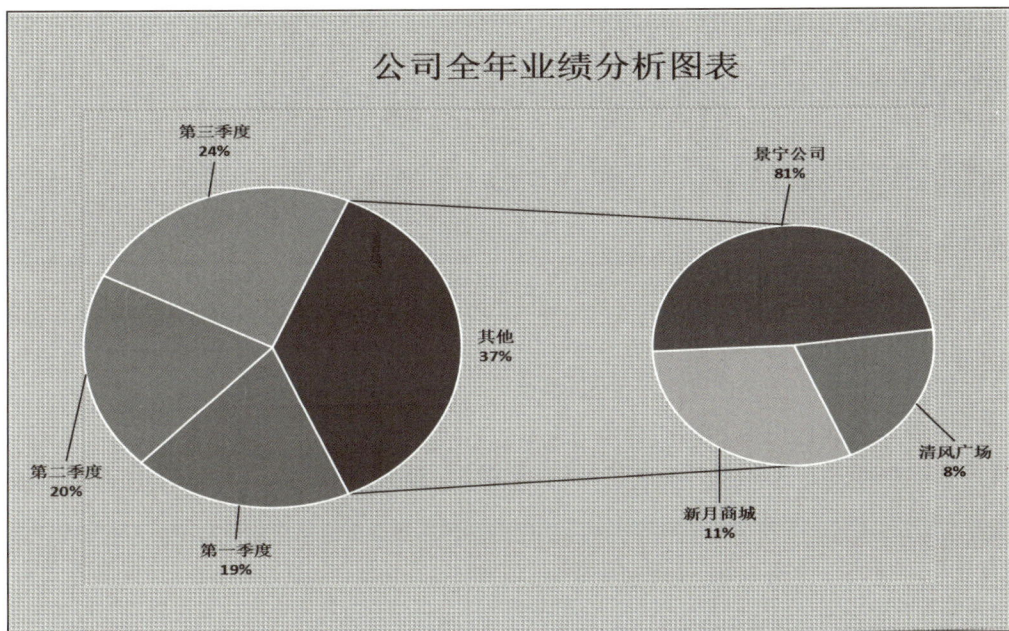

图 4 – 47　"公司全年业绩分析图表"效果

（2）根据"公司全年业绩分析图表（素材）.xlsx"表内数据，制作复合饼状图；

（3）第一饼状图显示公司全年业绩比例，第二饼状图显示第四季度各分公司业绩比例；

（4）图表标题设置为"公司全年业绩分析图表"，字号 24，黑色；

（5）标签和引导线字号 12，黑色；

（6）图例区域删除；

（7）绘图区及图表区填充均是方格 1；

（8）移动图标至新工作表 chart1。

4.3.5　技能拓展

操作题：制作"日用品销售分析图表"

在配套素材包内打开文件"日用品销售分析图表（素材）.xlsx"，根据工作表内数据，制作动态组合图，效果如图 4 – 48 所示，具体要求如下：

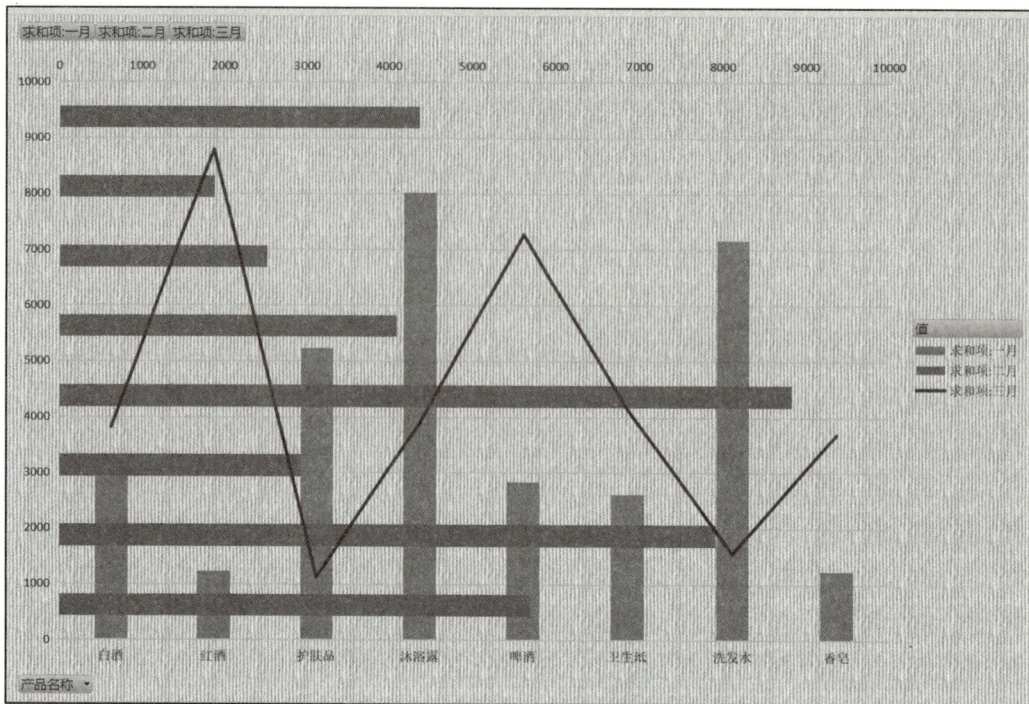

图 4 – 48　"日用品销售分析图表"效果

（1）根据"日用品销售分析图表（素材）.xlsx"数据内容，制作动态组合图表；

（2）图表区和绘图区背景更换为绒布条；

（3）图表系列颜色更换为第四颜色方案；

（4）产品名称动态选择为"护肤品""沐浴液""洗发水""香皂"显示（见图 4 – 49）；

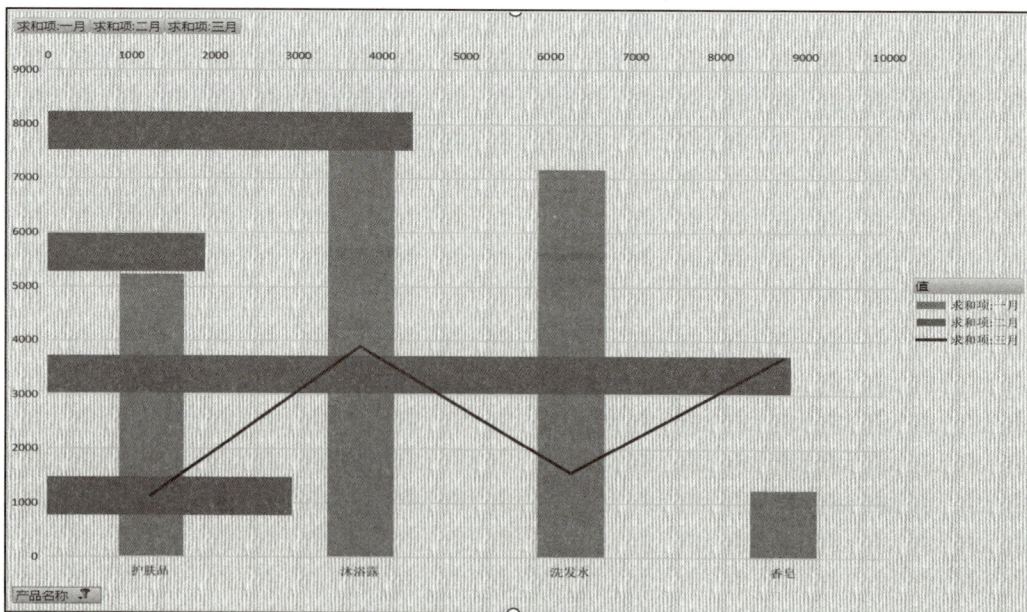

图 4 – 49　动态选择产品名称图表

（5）屏蔽"三月"系列显示（见图 4 – 50）；

（6）移动图标至新工作表 chart1。

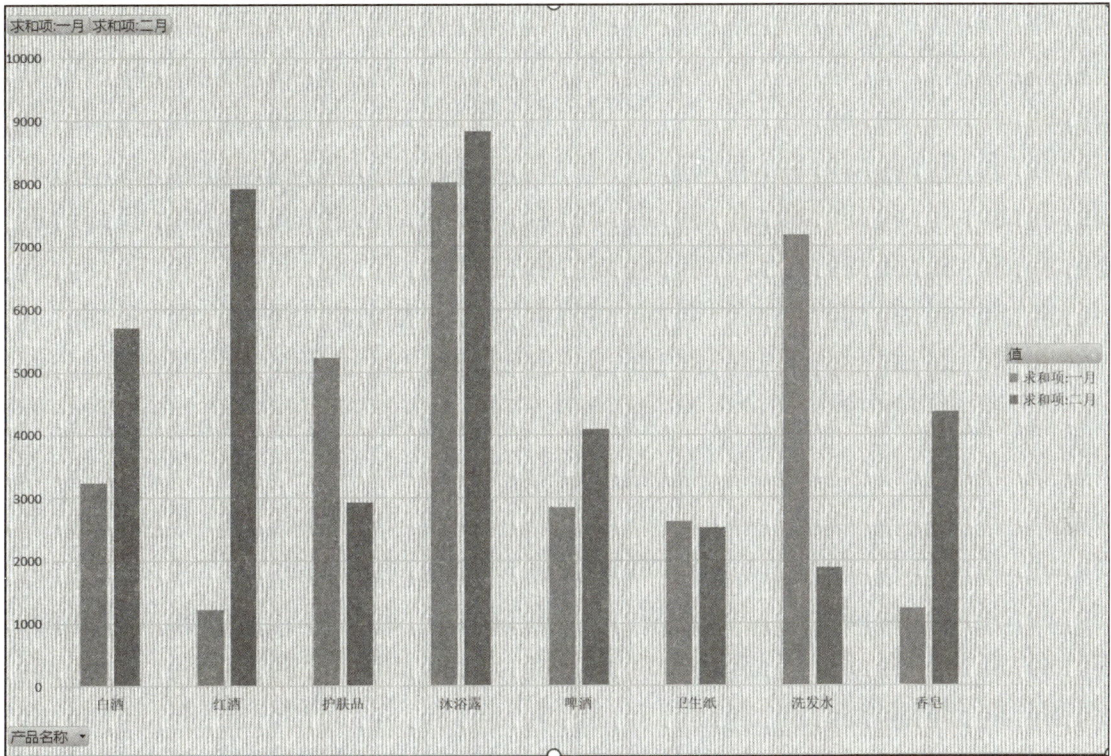

图 4 – 50　屏蔽"三月"系列显示图表

4.4 管理与分析"图书信息表"

4.4.1 任务分析

我们将通过打开配套素材中"管理与分析图书信息表(素材).xlsx"文件,完成以下操作:

(1)使用高级筛选筛选出三类图书:第一类是在5号书库的图书名称中包含"数学"两字、清华大学出版社、普通高等教育"十四五规划"教材的图书;第二类是科学出版社、普通高等教育规划教材的图书;第三类是姓王作者的图书;

(2)使用分类汇总统计每个书库图书的数量及每个书库每个出版社图书价格总额;

(3)使用数据透视表统计每个书库里每个出版社每一种图书类别的图书的数量;

(4)使用数据透视图制作每个出版社作者人数的动态图表、显示图表、坐标轴名称及图例标签;

(5)使用合并计算统计每个出版社的图书总价;

(6)使用模拟分析快速估算出如果学校预计投入3 000元添置新书(出版社的折扣为75折),则另一个出版社需提供多少金额的图书。

学习 WPS 表格的高级筛选、分类汇总、数据透视表、数据透视图、合并计算和模拟分析的知识。

4.4.2 任务实施

打开配套素材中"管理与分析图书信息表(素材).xlsx"文件,并复制"图书信息表"1张,分别命名为"分类汇总";新建3张新工作表,分别命名为"高级筛选""合并计算""模拟分析"。

步骤1:单击"高级筛选"工作表,在表内,按如图4-51所示输入条件数据,单击"开始"选项卡中"筛选"命令的下拉菜单中的"高级筛选",在弹出的对话框中设置,列表区域设置"图书信息表!\$A\$2:\$J\$66",条件区域设置"高级筛选!\$B\$2:\$F\$5",复制到设置"高级筛选!\$B\$13",如图4-52所示,即可。

A	B	C	D	E	F	G
	著作者	图书名称	出版社	图书类别	所在书库编号	
		数学	清华大学出版社	普通高等教育"十四五规划"教材	5	
			科学出版社	普通高等教育规划教材		
	王*					

图4-51 "高级筛选"条件区域

步骤2:

①单击"分类汇总"工作表,在表内选定 A2:J66 单元格区域,单击"数据"选项卡

中的"排序"命令，设置主要关键字为"所在书库编号"，次要关键字为"出版社"；

②选定 A2：J66 单元格区域，单击"数据"选项卡中的"分类汇总"命令，在弹出的对话框中，分类字段设置为"所在书库编号"，汇总方式为"计数"，选定汇总项为"所在书库编号"，单击确定。完成第一层分类汇总；

③选定除标题行外的所有数据，单击"数据"选项卡中的"分类汇总"命令，在弹出的对话框中，分类字段设置为"出版社"，汇总方式为"求和"，选定汇总项为"价格"，清除"替换当前分类汇总"前面方格内的勾选，如图 4 – 53 所示，单击确定即可。

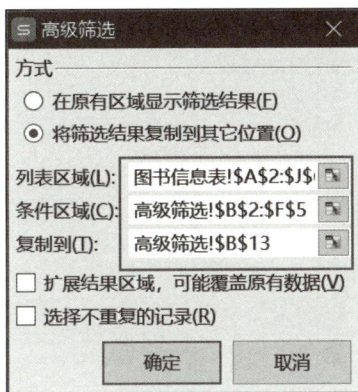

图 4 – 52　"高级筛选"对话框设置　　　　图 4 – 53　"分类汇总"对话框设置

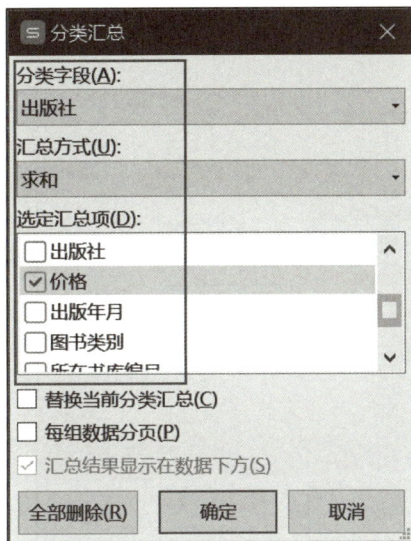

步骤 3：

①单击"图书信息表"工作表，选定 A2：J66 单元格区域，单击"插入"选项卡的"数据透视表"命令，在弹出对话框中单击"确定"按钮。双击新创建工作表"sheet1"，重命名为"数据透视表"。

②单击"数据透视表"工作表，在右侧数据透视表功能窗格中，将"图书名称"字段拖至值区域，"所在书库编号"字段拖至列区域，"出版社"和"图书类型"字段拖至行区域，如图 4 – 54 所示，即可。

步骤 4：

①单击"图书信息表"工作表，选定 A2：J66 单元格区域，单击"插入"选项卡的"数据透视图"命令，在弹出对话框中单击"确定"按钮。双击新创建工作表"chart1"，重命名为"数据透视图"。

②单击"数据透视图"工作表，在右侧数据透视图功能窗格中，将"出版社"字段拖至图例（系列）区域，"著作者"字段拖至值区域即可，如图 4 – 55 所示。

③单击数据透视图中的系列，点右键，在弹出快捷菜单中选择"添加数据标签"。单击"图表工具"中"添加元素"，选择"轴标题""图表标题"命令，依次添加横、纵坐标轴标题和图表标题，如图 4 – 56 所示。

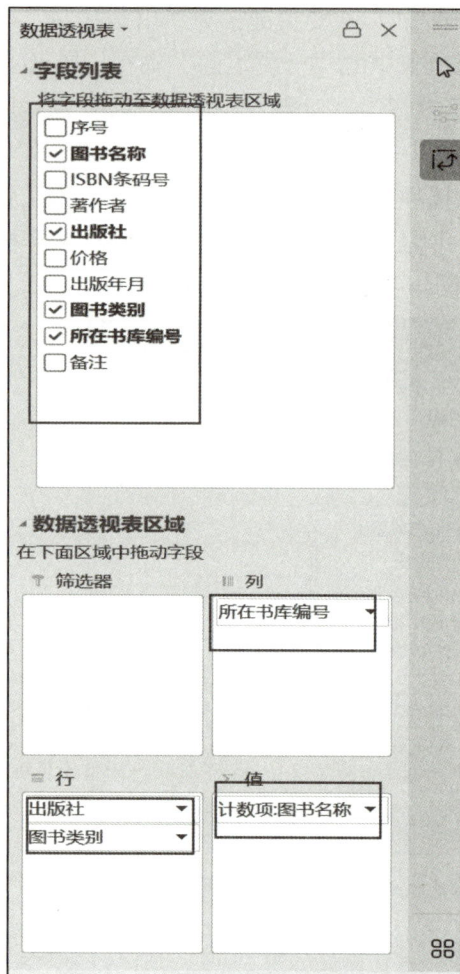

图 4-54 "数据透视表"功能设置窗格

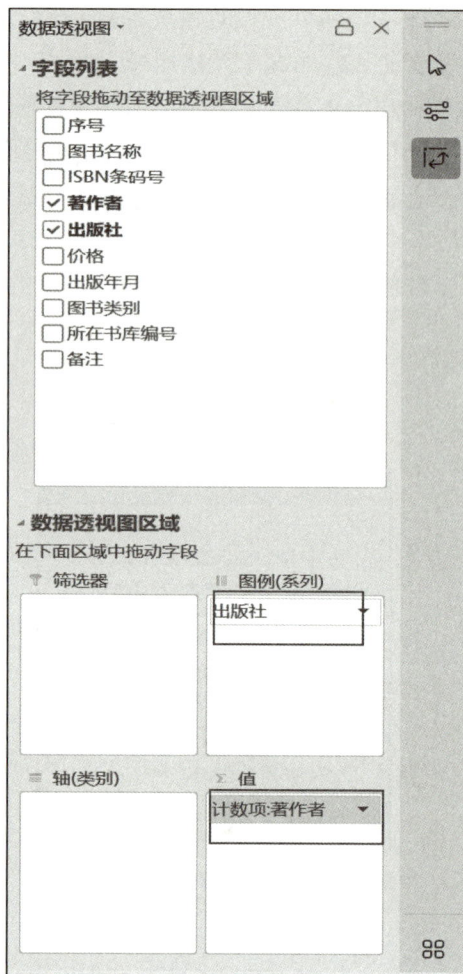

图 4-55 "数据透视图"功能设置窗格

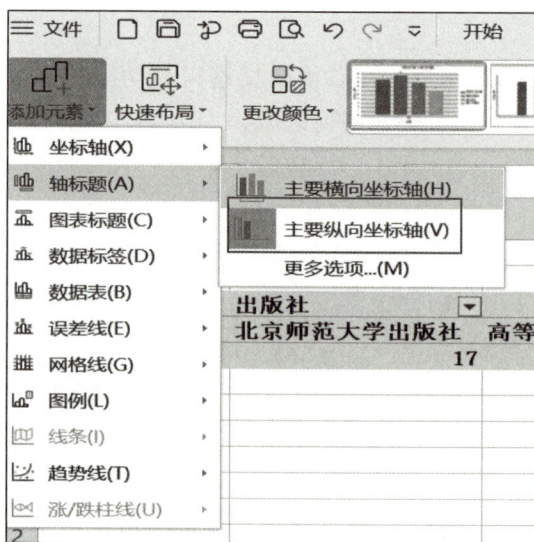

图 4-56 "添加元素"按钮

步骤 5：单击"合并计算"工作表，选定 A1 单元格，单击"数据"选项卡的"合并计算"命令，在弹出对话框中"函数"选"求和"、引用位置选择"图书信息表！$E $2：$F $66"，单击"添加"按钮，勾选"首行""最左列"，单击"确定"按钮，如图 4 – 57 所示，即可。

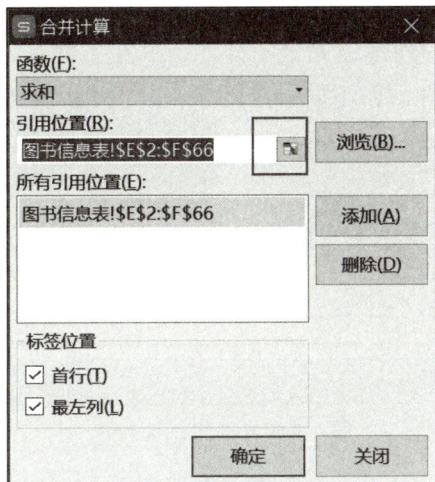

图 4 – 57　"合并计算"对话框

步骤 6：单击"合并计算"工作表，复制表内内容，单击"模拟分析"工作表，粘贴内容，如图 4 – 58 所示，E2 单元格输入公式"＝SUM（B2：B6）＊0.75"。单击"数据"选项卡"模拟分析"按钮，在"模拟分析"对话框中，设置目标单元格为"$E $2"、目标值为"3000"、可变单元格为"$B $6"，单击"确定"按钮即可，如图 4 – 59 所示。

	A	B	C	D	E
1	出版社	投入总额			投入总额
2	高等教育出版社	639.8			1851.3
3	北京师范大学出版社	566.3			
4	科学出版社	749.3			
5	清华大学出版社	513			
6	人民邮电出版社				
7					
8					
9					

图 4 – 58　"模拟分析"工作表内容

4.4.3　知识储备

1. 高级筛选

在 WPS 表格中，筛选操作分为自动筛选和高级筛选。如需对数据进行更为详细的筛选，就需要使用高级筛选功能。高级筛选功能可以筛选出同时满足多个复杂条件的数据。此外，高级筛选除了可以把筛选结果保留在原有数据所在的位置，还可以将筛选出的数据置于用户自选的任意单元格位置，而不影响原有数据。

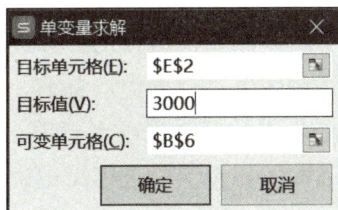

图 4 – 59　"单变量求解"对话框

使用高级筛选操作需要用户自己设置筛选条件，用户可以在表格中任意空白的单元格内设置筛选条件。

高级筛选可以设置行与行之间的"或"关系条件，也可以对一个特定的列指定三个以上的条件，还可以指定计算条件，这些都是它比自动筛选优越的地方。高级筛选的条件区域应该至少有两行，第一行用来放置列标题，下面的行则放置筛选条件，需要注意的是，这里的列标题一定要与数据表中的列标题完全一样才行。在条件区域的筛选条件的设置中，同一行上的条件认为是"与"条件，而不同行上的条件认为是"或"条件，如图4-60所示。

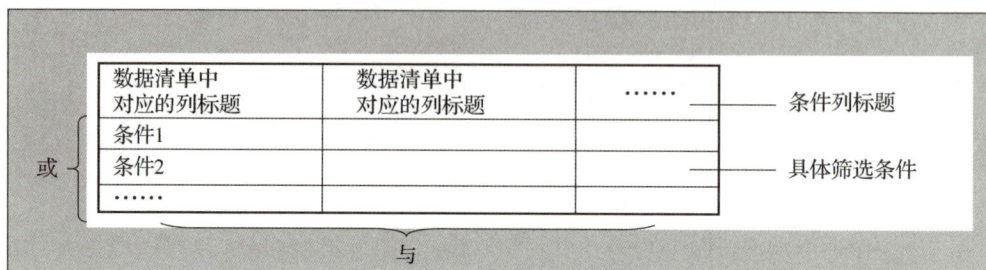

图4-60　高级筛选条件

在"开始"选项卡功能区单击"自动筛选"按钮▽下拉按钮，在下拉列表中单击"高级筛选"，弹出"高级筛选"对话框。下面就"高级筛选"对话框的选项卡功能区进行简单的介绍说明：

◆ "在原有区域显示筛选结果"：将符合条件的数据筛选至原表单元格区域，不符合条件的数据行被暂时隐藏，如果此时需要查看整个工作表的所有数据，可以通过单击"开始"选项卡上"自动筛选"里的"全部显示"命令，即可显示所有的数据（即筛选前的数据）。

◆ "将筛选结果复制到其他位置"：该方式将筛选后符合条件的数据单独显示，不影响筛选前的数据，用户可以直观地进行对比。

◆ 列表区域：列表区域的数据即为需要进行高级筛选的原数据，需要用户按照需求进行选择。

◆ "条件区域"：设置高级筛选条件的单元格区域，使用高级筛选前必须完成条件的设定。

◆ "复制到"：显示符合高级筛选条件数据的单元格区域。

2. 分类汇总

分类汇总可以分为分类和汇总两部分，将数据按设置的类别进行分类，并同时对数据进行求和、计数或乘积等统计。使用"分类汇总"系统将自动创建公式，并对数据表中的某个字段按照用户选择的计算规则进行汇总。

对数据进行分类汇总前，首先要对表格数据进行排序，否则将不能正确地进行分类汇总。在"数据"选项卡下单击"分类汇总"按钮，打开"分类汇总"对话框。下面就该对话框的每个字段进行简单说明：

分类字段：表示按照某个指定的字段进行分类汇总结果。

汇总方式：表示数据的汇总方式，汇总方式包含：求和、计数、平均值、最大值、最小值、乘积、计数值等汇总方式。

选定汇总项：指的是要按照分类字段进行汇总的数据项。

分类汇总后，工作区左上角有"1，2，3"表示汇总方式分为 3 级，分别为 1 级、2 级、3 级，单击汇总表左侧的"收缩"按钮 ⊟，可将下方的明细数据进行折叠隐藏，即只显示汇总后的数据结果值，依次单击 1 级、2 级、3 级下的"收缩"按钮 ⊟，可以将已汇总表格的明细全部隐藏。

如需移除分类汇总表，可以在表格下选择任意单元格，然后在"数据"选项卡下单击"分类汇总"按钮 ▦，打开"分类汇总"对话框。在对话框中单击"全部删除"按钮 全部删除(R)，即可删除表格的分类汇总效果。

3. 数据透视表

数据透视表是一种交互式报表，可以按照不同的需要和关系来提取、组织和分析数据，进而得到所需的数据分析结果。数据透视表有机地综合了数据排序、筛选、分类汇总等常用功能，是 WPS 表格数据分析和处理的重要性工具。

数据透视表可以根据数据分析需求，灵活地设置字段列表的行和列设置方式，还可以自定义设置汇总方式，如：求和、计数、平均值、最大值、最小值等。以多种不同方式展示数据特性，方便用户分析数据。

在"插入"选项卡功能区下单击"数据透视表"按钮 ，弹出"创建数据透视表"对话框。该对话框的参数设置分为两大部分：选择要分析的数据来源和选择放置透视表的位置。单击"确定"按钮即可。

将光标置于数据透视表设置区域内的任意单元格内，均可以调出工作表右侧的数据透视表设置窗口。用户在此窗口可以设置数据透视表的布局，如列字段设置、行字段设置及数据值的统计方式设置。

4. 数据透视图

数据透视图为关联数据透视表中数据提供其图形表示形式，数据透视图也是交换的。其作用于数据透视表作用类似，但数据透视图通过图表的方式呈现数据会更加直观。

数据透视图的创建与数据透视表的创建相似，关键在于数据区域字段的选择和值字段的统计方式设置。在创建数据透视图的同时也会同时创建数据透视表，数据透视图和数据透视表是关联存在的，无论哪一个对象发生了变化，另一个对象也会随之发生变化。

在"插入"选项卡中单击"数据透视图"按钮 ，弹出"创建数据视图"对话框，在"创建数据透视图"对话框中的"请选择单元格区域"下方的框内选择需要创建透视图的数据区域，在"请选择放置数据透视表的位置"下方勾选"新建工作表"，设置完成后单击"确定"按钮，进入新创建的数据透视图的工作表中，在右侧的数据透视图设置窗口中将表格字段拖动至下方的"轴（类别）"区域框内等。数据透视图的编辑：数据透视图是一类特殊的图表，创建数据透视图后会自动激活"分析""绘图工具""文本工具""图表工具"功能卡选项，通过对这些功能卡选项可以对图表的格式进行设置，方法与设置图表格式相同。此外，数据透视图还具有筛选功能。

5. 合并计算

功能 1：可以将多个单独工作表中的数据合并计算到一个主工作表中。这些工作表可以和主工作表在同一个工作簿中，也可以位于其他工作簿中。

功能 2：将一个表格的多列合并计算求和或平均值。

打开"数据"功能选项卡，单击"合并计算"按钮，打开"合并计算"对话框。在"函数"中选择"求和"或"平均值"等。在"引用位置"中单击拾取器按钮，选取数据区域，并单击拾取器按钮返回到"合并计算"对话框中，单击"添加"按钮，将所选的区域添加到"所有引用位置"列表中。根据同样的操作，逐一将其他数据添加到"所有引用位置"列表中。根据需要勾选"首行""最左行"复选框，设置完成后，单击"确定"按钮即可。

6. 模拟分析

通过使用 WPS 表格中的模拟分析工具，可以在一个或多个公式中使用多个不同的值集来浏览所有不同结果。

例如，可以执行模拟分析来构建两个预算，并假设每个预算具有特定收益。或者可以指定希望公式产生的结果，然后确定哪个值集产生此结果。WPS 表格提供数种不同工具来帮助执行适合需求的分析。

模拟分析的工具有单变量求解和规划求解。在 WPS 表格软件功能区单击"数据"选项卡，再单击"模拟分析"的下拉列表框"单变量求解"的命令。

4.4.4 技能应用

操作题：管理与分析"员工信息表"

在配套素材包内打开文件"管理与分析员工信息表（素材）.xlsx"，然后对工作表进行统计分析，具体要求如下：

复制"员工信息表"1 张，命名为"分类汇总"；新建 3 张新工作表，分别命名为"高级筛选 1""高级筛选 2""合并计算"。

（1）筛选出性别为"女"且姓"王"，或者工龄在 5 ~ 10 年之间且民族为"汉"，或者学历为"研究生"且政治面貌为"中共党员"的所有记录；

（2）筛选出籍贯为"江西南昌"且学历为"本科"或者专业为"电子工程"且就职部门为"销售部"或者"工资标准"大于 9 000 的所有记录；

（3）分类汇总统计每个部门不同性别不同学历的员工数；

（4）通过数据透视表分析每个部门员工分别来自的城市和人数；

（5）通过数据透视图比较分析每个部门不同性别员工的平均工龄；

（6）通过合并计算得出每个部门的工作标准总额。

4.4.5 技能拓展

操作题：管理与分析"硬件质量问题统计表"

在配套素材包内打开文件"管理与分析硬件质量问题统计表（素材）.xlsx"，然后对工作表进行统计分析，具体要求如下：

复制"硬件质量问题统计表"1 张，命名为"分类汇总"；新建 2 张新工作表，分别命名为"高级筛选""合并计算"。

（1）筛选出风扇有问题的市场，或者硬件价格在 800 ～ 1 500 之间的，或者处理质量问题超过 1 000 人的销售区域的所有记录；

（2）统计分析每个销售区域分别有多少种质量问题，分别是哪些质量问题；

（3）形象分析比较哪个销售区域哪个硬件处理质量问题的人数最多；

（4）统计每个销售区域所有质量问题的赔偿人数、退货人数、换货人数；

（5）将"赔偿分表""退货分表""换货分表"进行合并计算，统计每个质量问题的赔偿人数、退货人数、换货人数。

项目 5

WPS Office——演示文稿

WPS 演示是 WPS Office 的重要组成组件之一，是把静态文件制作成动态文件浏览，把复杂的问题变得通俗易懂，使之更加生动、给人留下更为深刻印象的幻灯片。本章节将介绍使用 WPS 演示制作演示文稿的相关知识。

本项目主要通过 3 个任务的实际操作详细地对 WPS 演示文稿进行讲解，让读者了解 WPS 演示文稿的基本知识和综合操作。

❖ **学习目标**

1. 了解演示文档的结构，以便更好地组织文档内容。
2. 学习如何有效地传达信息，以便让观众能够理解文档的内容。
3. 学习如何利用图片、视频、音乐等，以吸引观众的注意力，让他们更容易理解文档的内容。

❖ **学习重点**

1. 如何清晰有效地传达信息：要把重点放在最重要的信息上，并且要把信息表达得清楚明确，以便让观众能够理解。
2. 如何吸引观众的注意力：要使用有趣的图片、视频、音乐等，以吸引观众的注意力，让他们更容易理解文档的内容。
3. 如何组织文档：要把文档分成易于理解的部分，并且要把重要的信息放在前面，以便让观众能够更容易地理解文档的内容。

5.1　制作"社会主义核心价值观课件"封面幻灯片

5.1.1　任务分析

在本次课件制作封面及目录的过程中，通过学习新建幻灯片并在幻灯片中插入文本、图片、形状、智能图形等对象，了解 WPS 演示文稿的基础应用，用户可以根据需要为幻灯片设置背景、插入智能图形，使用绘图工具设置图片效果及插入音频等的功能设置，为幻灯片增添层次和色彩。

5.1.2　任务实施

步骤 1：在桌面上双击 WPS 演示图标或者通过屏幕左下角单击"开始程序 WPS Office"菜单，系统弹出 WPS 演示工作界面，单击新建空白文档，如图 5-1 所示。

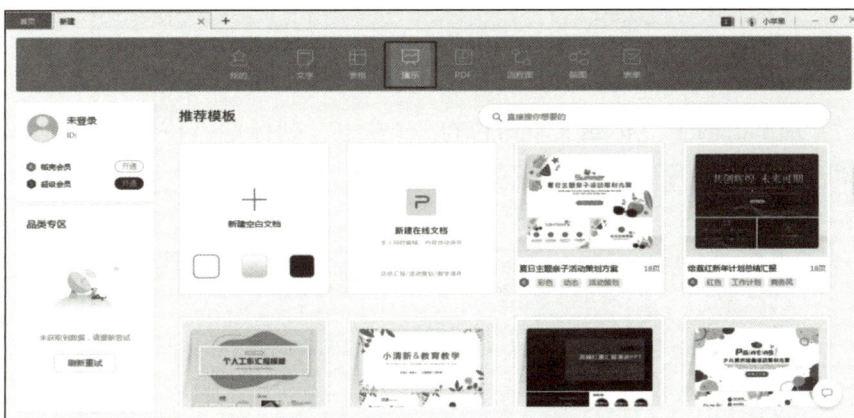

图 5-1　新建空白文档

步骤 2：对新建的演示文稿进行保存，重命名为"社会主义核心价值观课件封面"，演示文稿的默认扩展文件名为 .pptx，如图 5-2 所示。单击新建幻灯片版式选择标题幻灯片版式，如图 5-3 所示。

图 5-2　保存演示文稿

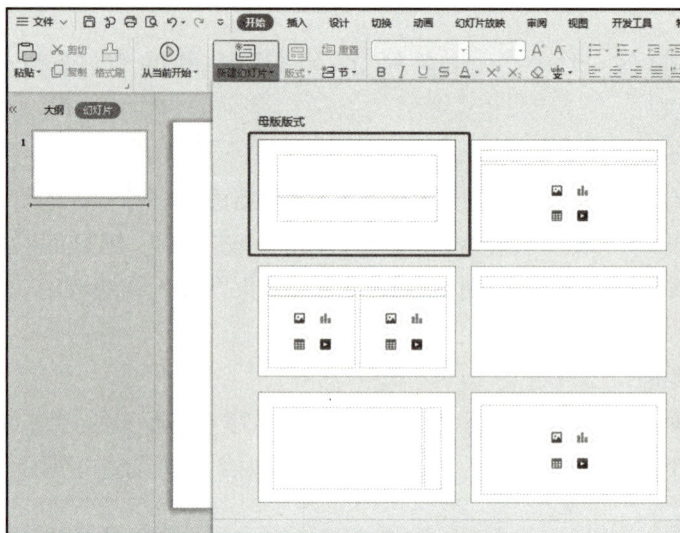

图 5-3　新建幻灯片

步骤 3：分别单击两个"标题文本占位符"，在主、副标题占位符中输入内容。主标题字体"方正粗黑宋简体、字号 80 磅"、颜色"深红"，副标题字体"微软雅黑、22 磅、深红"，如图 5-4 所示。

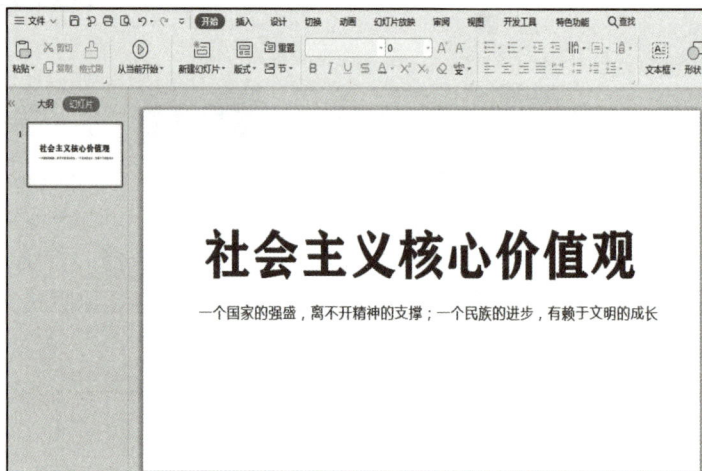

图 5-4　占位符中输入内容

（1）单击标题占位符在"绘图工具"选项卡的"大小和位置"组中设置高度/宽度（精确设置数值）分别为 4.8 厘米和 28 厘米。

（2）单击副标题占位符在"绘图工具"选项卡的"设置形状格式"组中单击形状效果为"阴影—外部居中偏移"。

步骤 4：选中第一张幻灯片，按"Enter"键，自动插入一页"标题和内容版式"幻灯片，切换到第二张幻灯片，选择"插入"选项卡，单击"图片"按钮，在弹出的"插入图片"对话框中打开"社会主义核心价值观课件素材"文件中选择"图片1"，然后单击"打开"按钮即可，如图 5-5 所示。

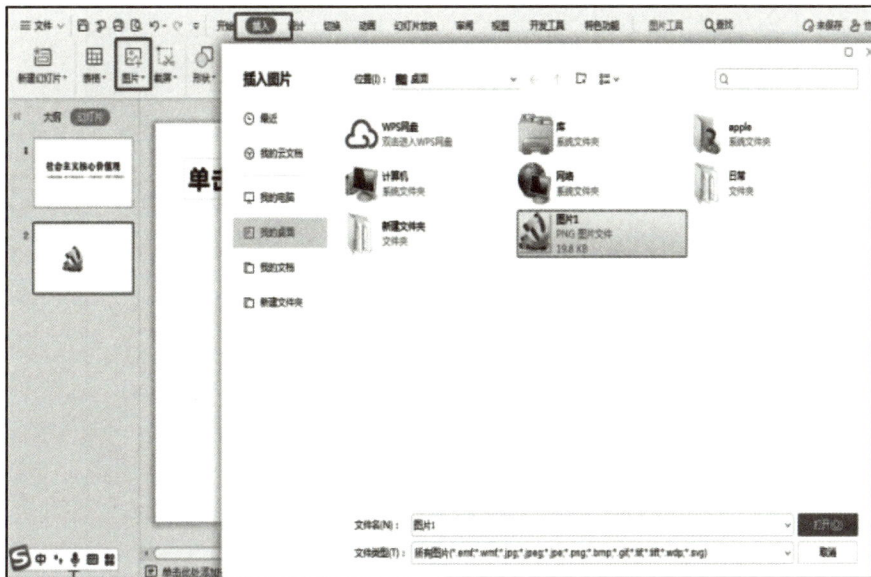

图 5–5　插入图片

步骤 5：选中已插入的"图片 1"，单击图片工具，修改图片大小"高度 4.46 厘米，宽度 4.5 厘米"，并对图片向左旋转 90 度，图片效果设置"发光"，如图 5–6、图 5–7 所示。继续插入"图片 2"，并进行复制翻转，如图 5–8 所示。

图 5–6　设置图片大小

此外，还有以下两种插入图片的方法：

①单击占位符图标插入：单击占位文本框中的"图片"图标，在弹出的对话框中选择图片并插入即可。

②直接复制粘贴：打开图片存放的文件夹，选择需要插入的图片后执行"复制"操作，然后切换到演示文稿中执行"粘贴"操作即可。

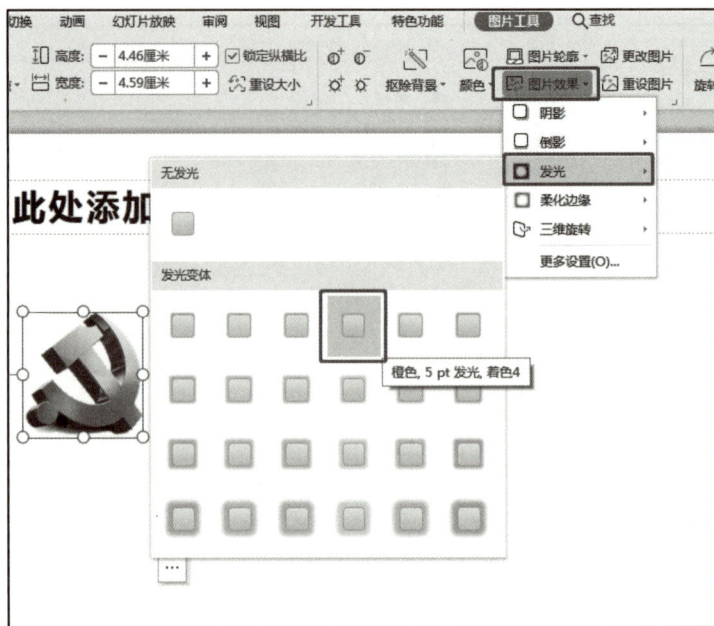

图 5 - 7　添加图片效果

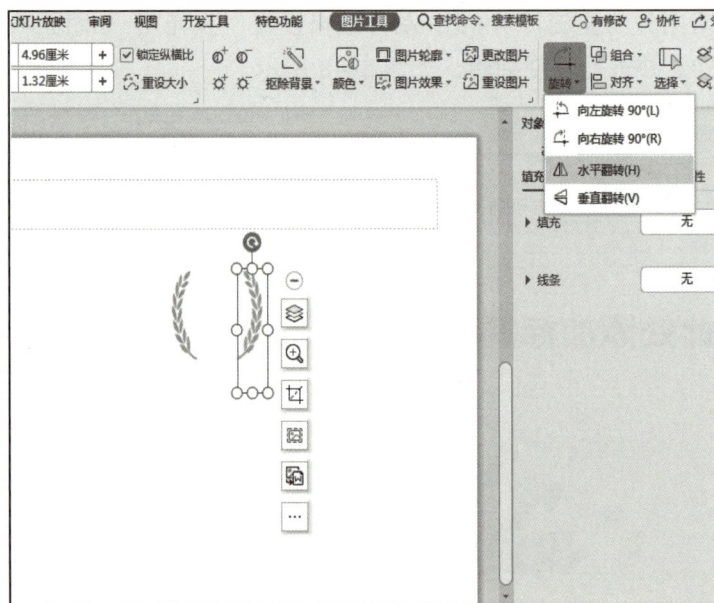

图 5 - 8　旋转图片

插入图片后，可以直接拖动图片调整图片位置，拖动图片四周的控制点可以调整图片大小，拖动图片上方的旋转按钮可以旋转图片。

步骤 6：单击插入形状绘制矩形，在第一张幻灯片编辑区绘制一个矩形，通过拖动矩形四周的控制点调整大小，按住鼠标左键移动至幻灯片上方的位置，选中矩形单击"绘图工具"选项卡，填充颜色选择"深红"，轮廓选择"无线条颜色"，单击"形状效果"中的"更多设置"，设置"阴影—外部—向右偏移"，如图 5 - 9、图 5 - 10 所示。

图 5 – 9　填充背景颜色

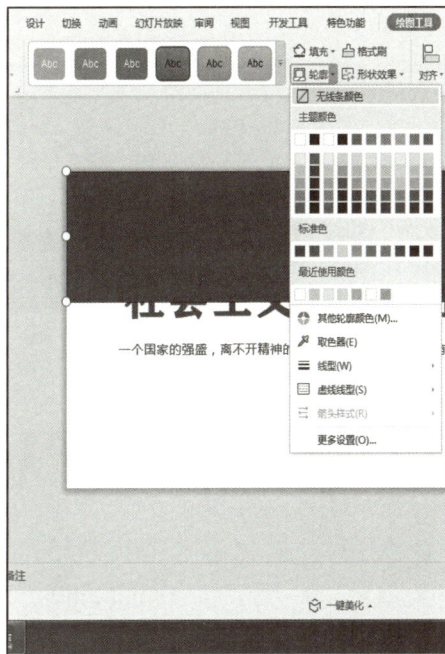

图 5 – 10　添加形状效果

步骤 7：选中矩形鼠标右击，在弹出的快捷菜单中选择置于底层选项，并调整矩形大小，如图 5 – 11 所示。

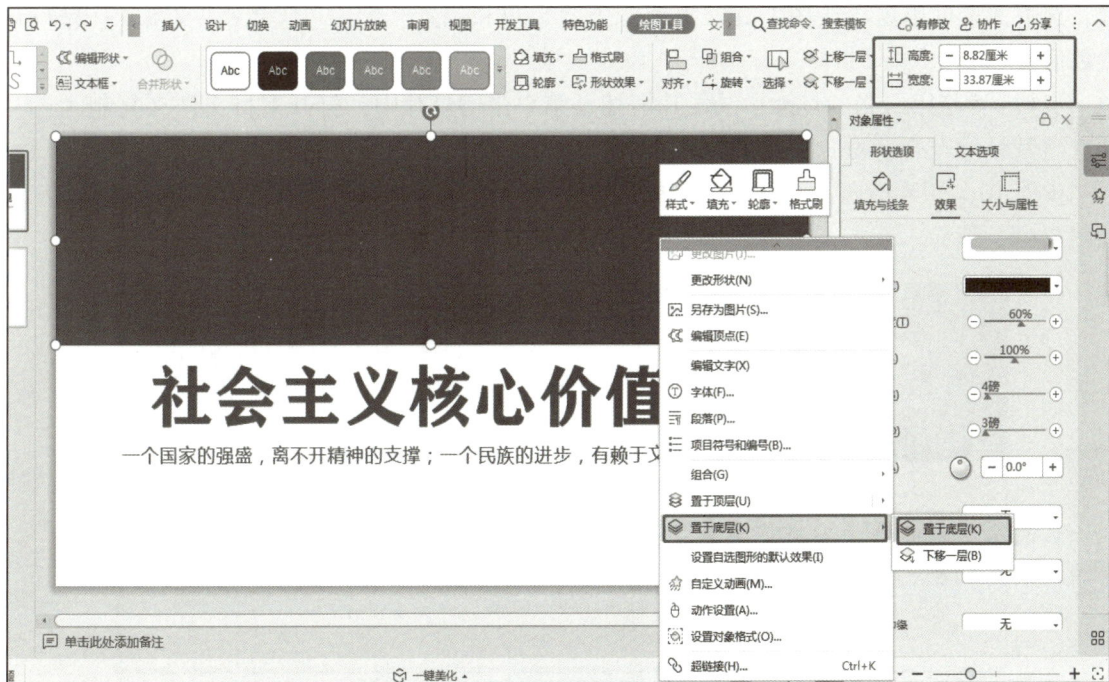

图 5 – 11　选择"置于底层"选项

步骤 8：绘制横向文本框，轮廓选择无线条颜色，在文本框内输入"富强民主文明和谐自由平等公正法治爱国敬业诚信友善"内容，设置字体"微软雅黑、36 磅、白色"，如图 5 – 12 所示。

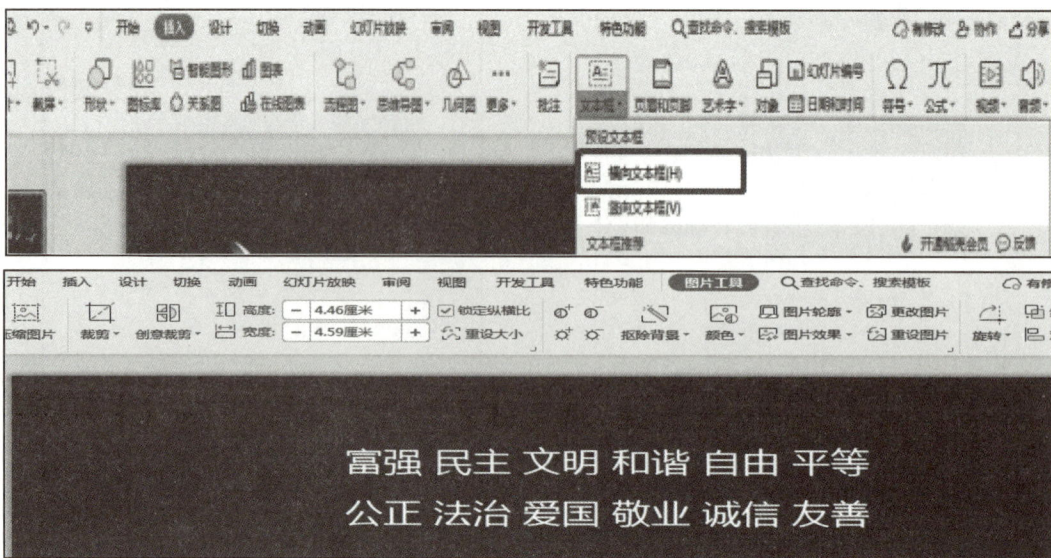

图 5 – 12　插入文本框

（1）选中文本框，在"开始"选项卡中单击"段落"组设置段落格式，段前段后均为 6 磅，行距为 1.5 倍行距。

（2）当光标变为双向箭头时，鼠标左键直接拖动文本框控制点即可对大小进行粗略设置，选中文本框单击"绘图工具"选项卡的"大小和位置"组中可设置高度/宽度（精确设置数值）。

步骤 9：将第二张幻灯片中的图片剪切至第一张幻灯片中，打开素材文件夹复制"图片 3"，将其粘贴至合适位置，并删除第二张幻灯片。

步骤 10：插入横向文本框，分别输入"宣讲人：×××"，"时间：2021 年 8 月 1 日"，如图 5 – 13 所示。

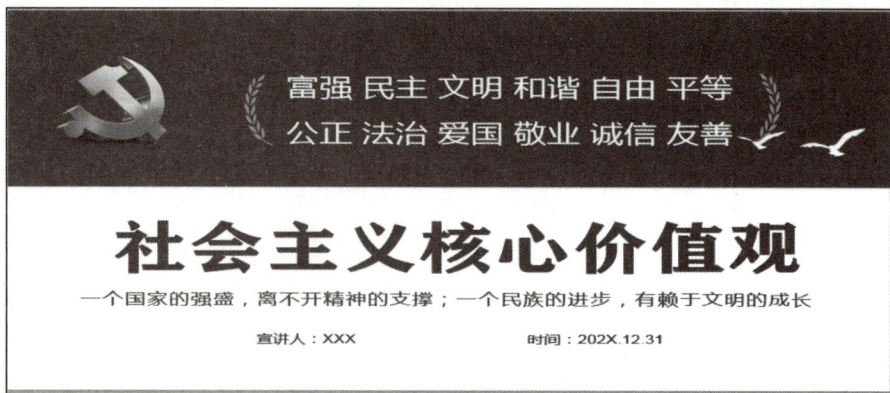

图 5 – 13　封面幻灯片效果

步骤 11：在"开始"选项卡中单击"新建幻灯片"下拉按钮，展开的下拉列表中选择"空白"选项，插入一张空白版式的幻灯片，如图 5 – 14 所示。

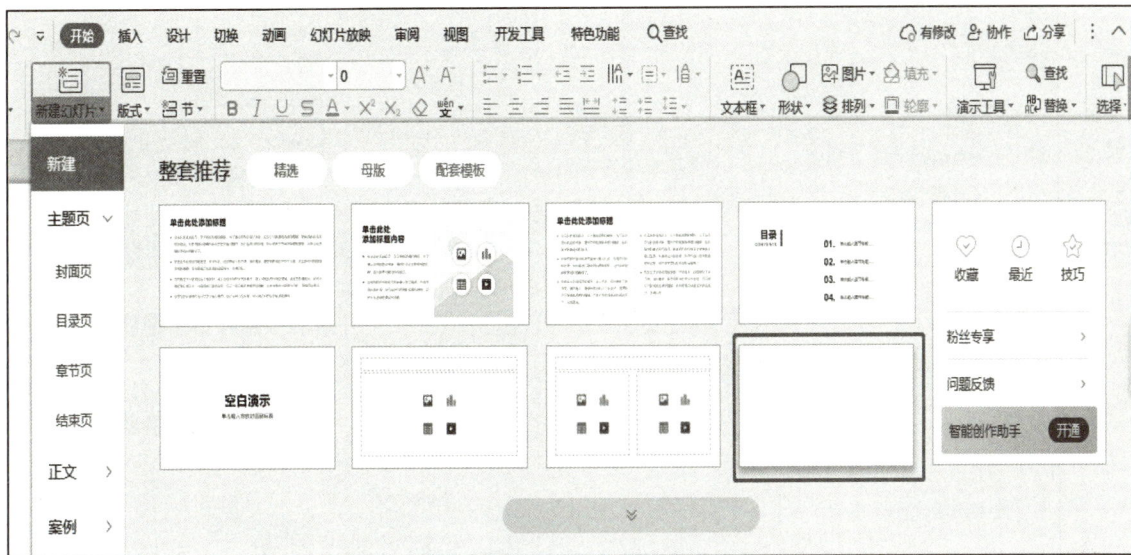

图 5-14 新建空白版式幻灯片

步骤12：在"设计"选项卡中，单击背景打开对象属性窗格，进行背景填充，并对渐变样式、角度、色标颜色等进行调整，如图5-15、图5-16所示。

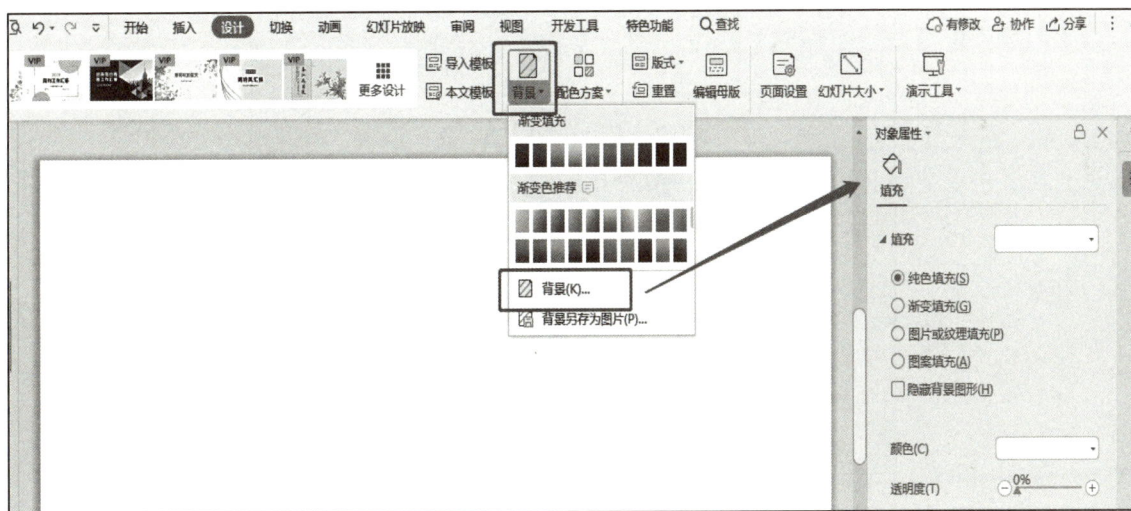

图 5-15 填充背景颜色

步骤13：绘制一个横向文本框输入内容"目录"，并设置文本格式为"微软雅黑、96磅、白色、加粗"、将文本框移至幻灯片左侧，选中文本框，在"文本工具"选项卡中，设置艺术字格式，如图5-17所示。

步骤14：在"插入"选项卡中单击"智能图形"按钮，在打开的"智能图形"对话框中选择"垂直块列表"选项，如图5-18所示。

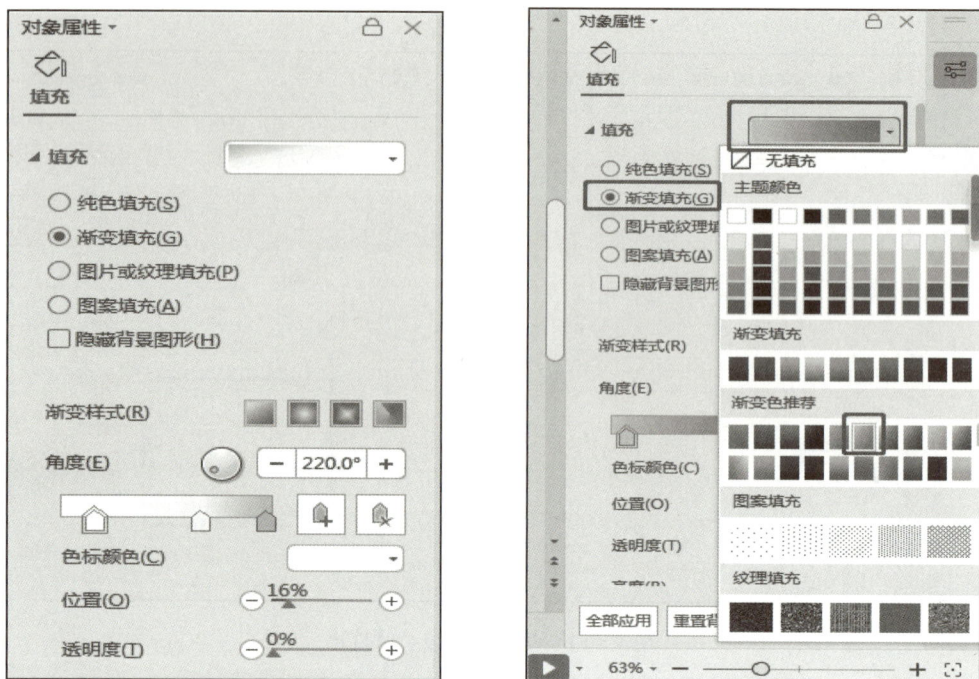

图 5–16   设置渐变填充效果

图 5–17   设置艺术字

步骤 15：在插入的智能图形中单击文字"［文本］"并参照图 5–19 输入所需文本，然后选中数字"3"所在图形，在"设计"选项卡中单击"添加项目"按钮，在展开的下拉列表中选择"在后面添加项目"选项，在新增的图形中输入数字"4"，重复上一步操作，选中"4"所在图形，在新增的图形中输入数字"5"，如图 5–20 所示。

步骤 16：选中"4"所在图形，在"设计"选项卡中单击"添加项目"按钮，在展开的下拉列表中选择"在下方添加项目"选项，然后在新增的图形中输入文本"观念内化于心　思想融入灵魂"。

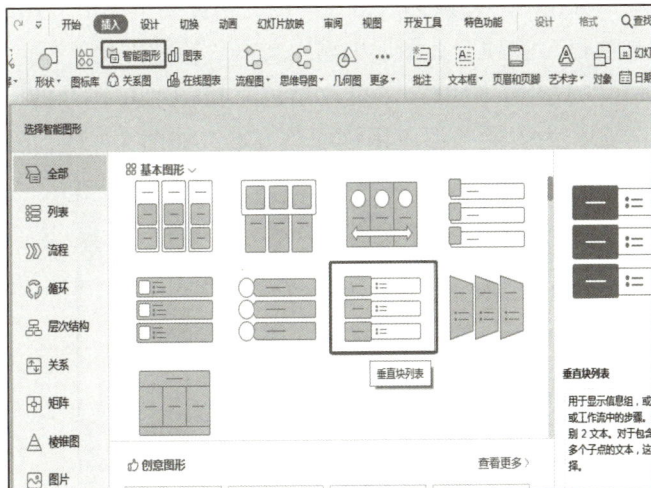

图 5 – 18　添加智能图形

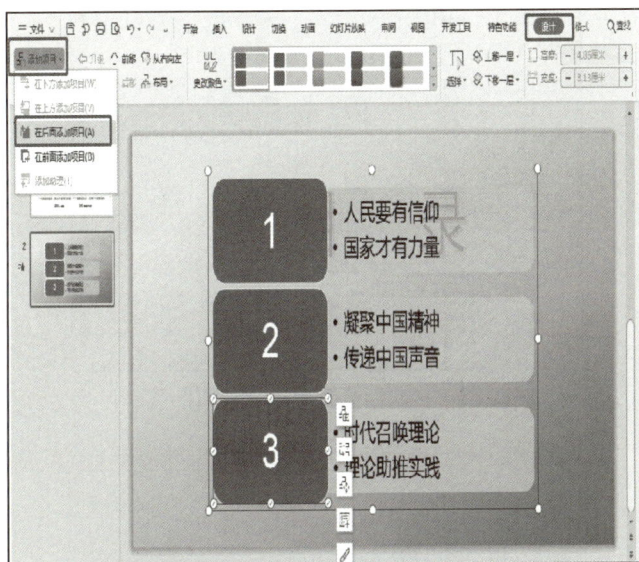

图 5 – 19　智能图形中输入文本

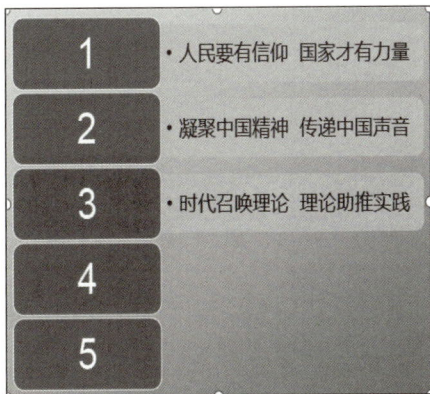

图 5 – 20　智能图形添加项目

步骤17：选中"5"所在图形，鼠标右击在弹出的快捷菜单单击"添加项目"按钮的子菜单中选择"在下方添加项目"选项，在图形中输入文本"精神外化于行　梦想落地生根"。

步骤18：在"设计"选项卡中单击"更改颜色"按钮，在展开的下拉列表中选择"着色6"组中的第2个方案，为智能图形应用该配色方案，如图5－21、图5－22所示。

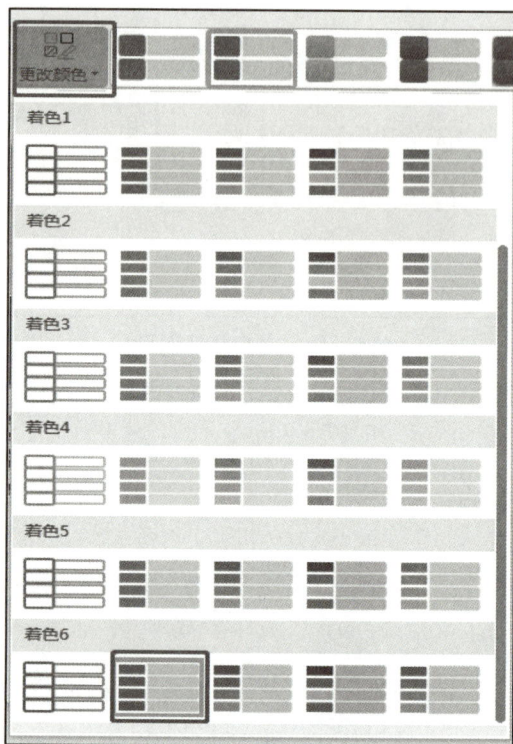

图5－21　智能图形更改颜色

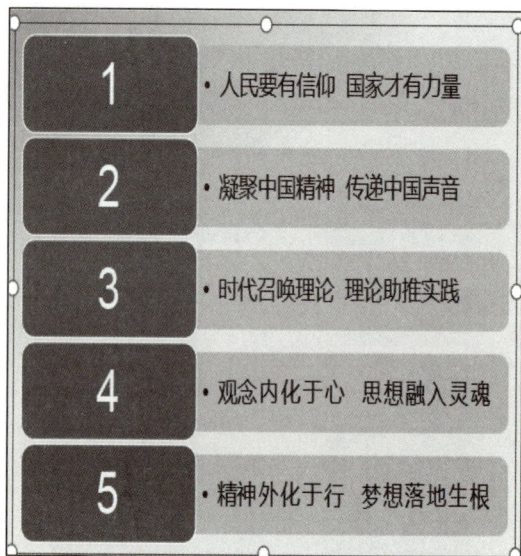

图5－22　应用配色方案后的效果

步骤 19：适当调整智能图形的大小和位置，插入"图片 4 和图片 5"，通过拖动图片四周的控制点调整大小，按住鼠标左键移动至对应的位置，同时选中两张图片设置置于底层，并将封面中的"图片 1"复制到目录幻灯片中。

步骤 20：目录幻灯片制作完成，效果如图 5 – 23 所示。

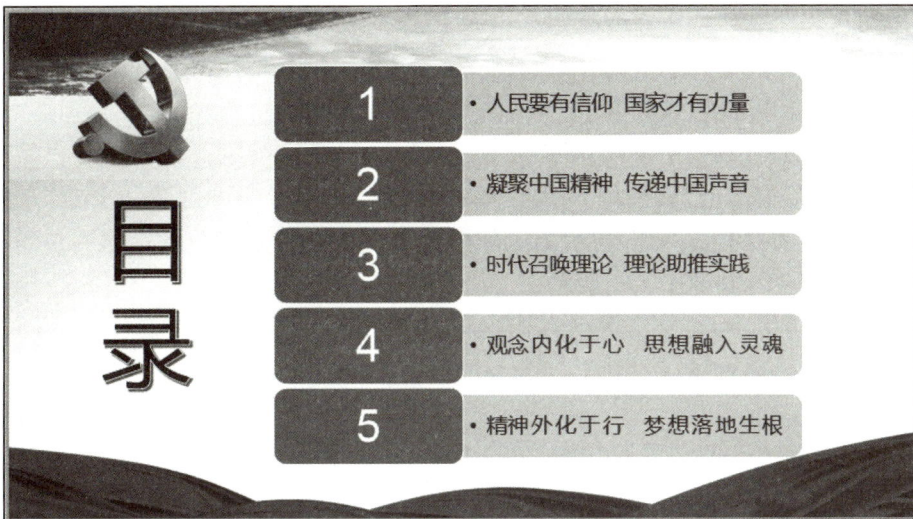

图 5 – 23　目录页幻灯片效果

步骤 21：在"插入"选项卡中插入音频，单击嵌入音频，如图 5 – 24 所示，弹出"插入音频"对话框，选中要插入的音频文件，单击"打开"按钮，所选声音插入幻灯片中，将幻灯片中的音频图标拖放到文档适合的地方即可，选中音频图标，在音频工具功能区中设置音频播放格式，如图 5 – 25 所示。

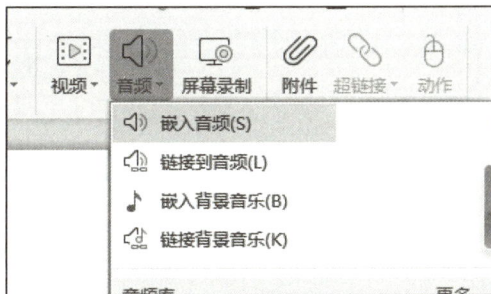

图 5 – 24　插入音频

图 5 – 25　设置音频播放格式

小提示：修改插入图片的透明度

可通过插入形状，选择与图片相似的矩形，拉至自己想要的大小，双击矩形，弹出对象属性的窗口。将"线条"一栏设置为"无线条"，将填充一栏设置为"图片或纹理填充"，最后在下方找到"图片来源"，单击"本地文件"，选择需要插入的图片。根据需要输入或拉至所需透明度，即可改变图片的透明度。

5.1.3 知识储备

1. WPS 演示文稿的工作界面

启动 WPS，在打开的首页中单击左侧或上方的"新建"按钮，在打开的"新建"界面上方单击"演示"图标，然后选择"新建空白文档"选项，即可创建一个空白演示文稿。此时显示在用户面前的就是 WPS 演示的工作界面，其中会有一张包含标题占位符和副标题占位符的空白幻灯片，如图 5 – 26 所示。

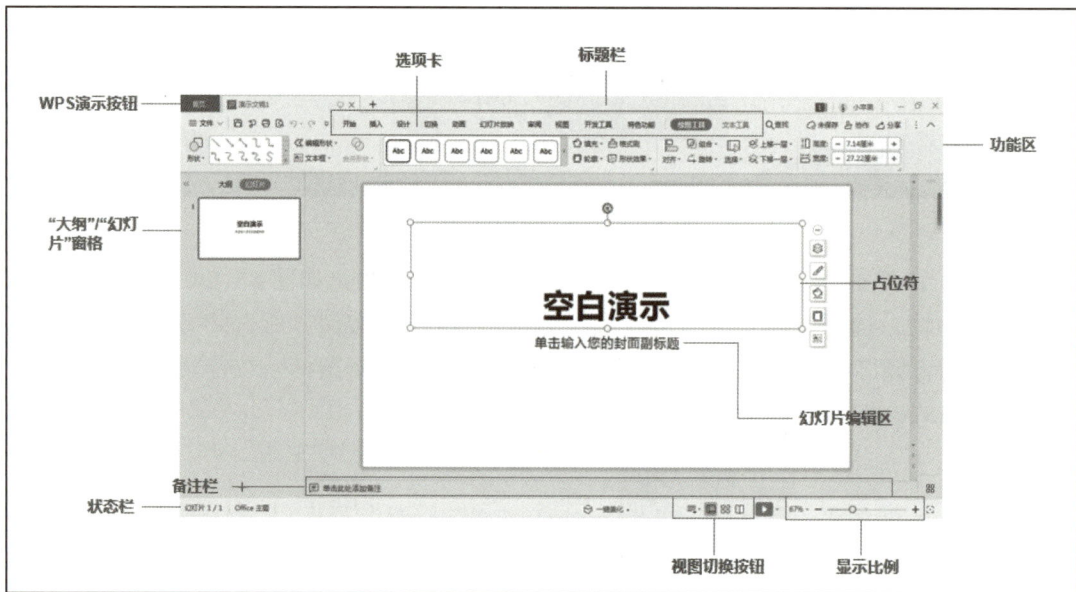

图 5 – 26　WPS 演示的工作界面

（1）WPS 演示按钮：打开 WPS Office 菜单，从中可以打开、保存、打印和新建演示文稿。

（2）功能区：其功能是菜单栏和工具栏的组合，提供选项卡页面、列表和命令。

（3）"大纲"／"幻灯片"窗格：利用"大纲"窗格或"幻灯片"窗格（单击窗格上方的标签可在这两个窗格之间切换）可以快速查看和选择演示文稿中的幻灯片。其中，"幻灯片"窗格中显示了所有幻灯片的缩略图，单击某张幻灯片的缩略图可选中该幻灯片，此时便可在右侧的编辑区中编辑该幻灯片的内容，"大纲"窗格显示了所有幻灯片的文本大纲。

（4）工作编辑区：编辑幻灯片的主要区域，在其中可以为当前幻灯片添加文本、形状、图片、音频和视频等，还可以创建超链接和设置动画。

（5）状态栏：给出有关演示文稿的信息，提供更改视图和现实比例的快捷方式。

（6）视图切换：可使用其他视图，在其他视图中，工作区的显示也会有所不同。

2. 幻灯片的基本操作

（1）WPS 演示的启动/打开。

①选择"开始"选择"所有程序"单击"WPS Office"。启动 WPS Office 程序，如图 5-27 所示。

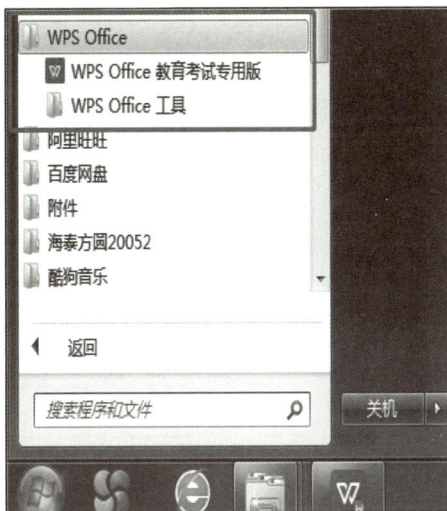

图 5-27　启动 WPS Office 程序

②单击文件——打开。

（2）演示文稿的新建。

①启动 WPS Office，在打开的界面中单击左侧或上方的"新建"按钮，单击"演示"图标，单击"新建空白文档"下方的某一色块（演示文稿背景色），如单击"白色"色块，新建一个白色背景的空白演示文稿，如图 5-28 所示。

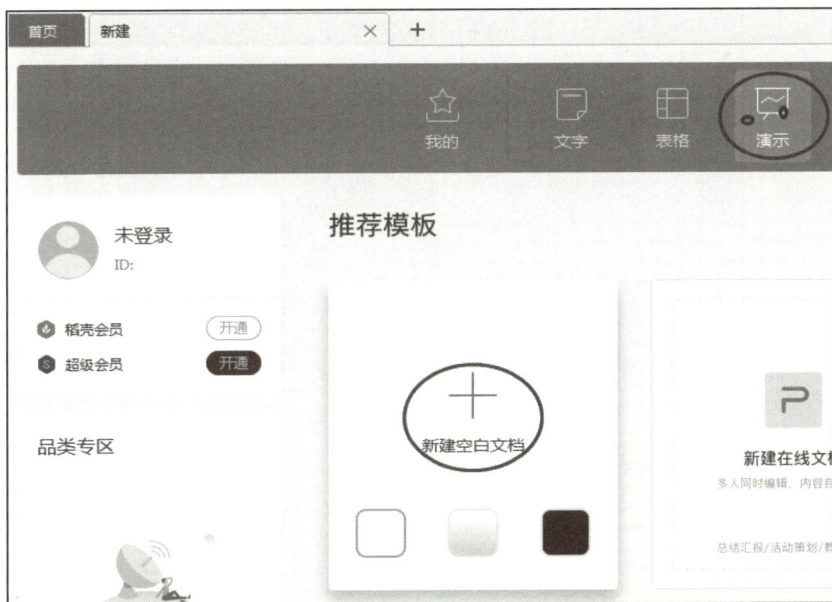

图 5-28　新建演示文稿选择背景颜色

②桌面空白处鼠标右击新建选项。

（3）演示文稿的退出。

单击应用程序右上角的关闭按钮，或者按住快捷键 Ctrl + F4。

（4）演示文稿的保存/另存为。

①保存和另存为的区别：

保存和另存为，初次编辑文件时，没有什么区别，都是保存。编辑再次打开的文件时，保存会覆盖当前的文件，而另存为会重新生成一个文件，对原来那个文件没影响。

②单击文件单击保存/另存为，或者快捷键 Ctrl + S 保存。

（5）幻灯片的新建与删除。

①幻灯片的新建。

在"开始"选项卡中单击新建幻灯片，单击图标新建版式为系统默认设计版式，单击新建幻灯片处的小三角可选择新建幻灯片版式，选中幻灯片单击版式可修改当前幻灯片版式，如图 5 - 29、图 5 - 30 所示。

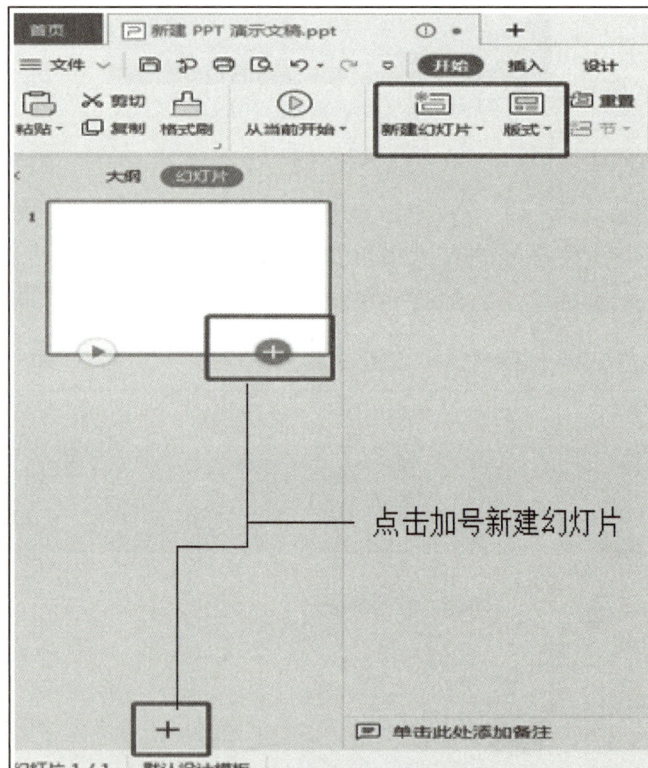

图 5 - 29　单击加号新建幻灯片

选中幻灯片鼠标右击新建幻灯片。

②幻灯片的删除。

选中幻灯片鼠标右击选择删除幻灯片，或选中幻灯片单击键盘上的 Backspace（退格键）或 Delete（删除键）进行删除。

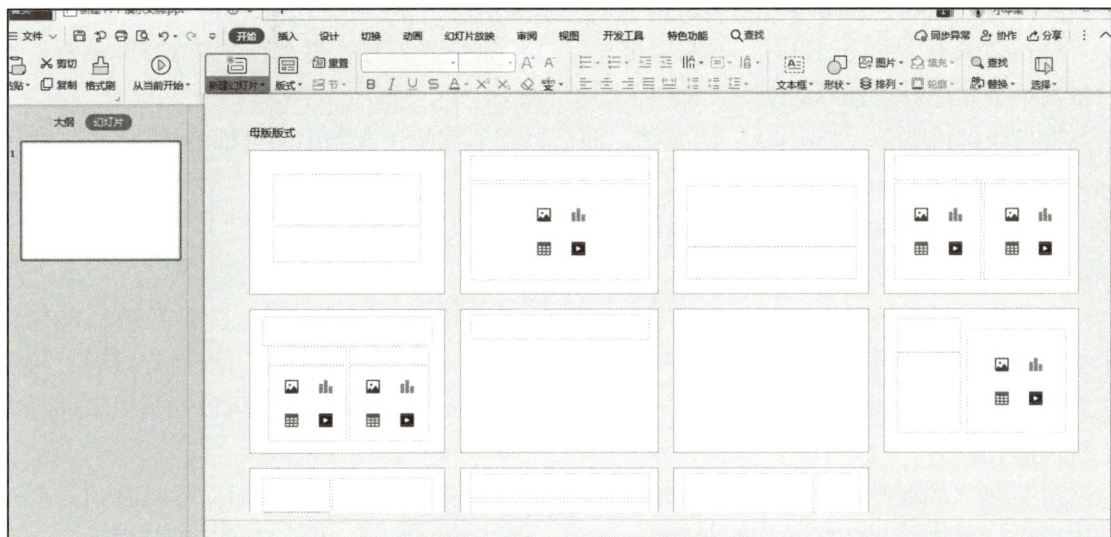

图 5 – 30　选择幻灯片版式

（6）幻灯片的复制与移动。

①幻灯片的复制。

复制到任意位置：在目录区中用鼠标右键单击要复制的幻灯片，在弹出的快捷菜单中选择"复制"命令，或在选中幻灯片后按下"Ctrl + C"组合键进行复制，然后用鼠标右键单击目标位置的前一张幻灯片，在弹出的快捷菜单中选择"粘贴"命令，或在选中目标位置的前一张幻灯片后按下"Ctrl + V"组合键进行粘贴即可。

②幻灯片的移动。

通过命令操作：在目录区中用鼠标右键单击要移动的幻灯片，在弹出的快捷菜单中选择"剪切"命令，或在选中幻灯片后按下"Ctrl + X"组合键进行剪切，然后用鼠标右键单击目标位置的前一张幻灯片，在弹出的快捷菜单中选择"粘贴"命令，或在选中目标位置的前一张幻灯片后按下"Ctrl + V"组合键进行粘贴即可。

通过鼠标拖动：在目录区选中要移动的幻灯片，按住鼠标左键不放并拖动鼠标，当拖动到需要的位置后释放鼠标左键即可。

（7）幻灯片的选择。

对幻灯片进行相关操作前必须先将其选中，选中要操作的幻灯片时，主要分选择单张幻灯片、选择多张幻灯片和选择全部幻灯片等几种情况。

在左侧的目录区中单击某张幻灯片的缩略图，即可选中该幻灯片，同时会在幻灯片编辑区中显示该幻灯片。或者将鼠标指向幻灯片编辑区，滚动鼠标滚轮，即可在幻灯片之间切换。还可以单击幻灯片编辑区右侧滚动条下端的"上一张幻灯片"按钮或"下一张幻灯片"按钮，可切换到上一张或下一张幻灯片。

选择多张幻灯片时，可选择多张连续的幻灯片，也可以选择多张不连续的幻灯片，操作方法如下：

选择多张连续的幻灯片：在目录区中，选中第一张幻灯片后按住"Shift"键不放，同时单击要选择的最后一张幻灯片，即可选中第一张和最后一张之间的所有幻灯片。

选择多张不连续的幻灯片：在目录区中，选中第一张幻灯片后按住"Ctrl"键不放，然后依次单击其他需要选择的幻灯片即可。

在目录区中按下"Ctrl + A"组合键，即可选中当前演示文稿中的全部幻灯片。

3. 幻灯片中插入对象

为了丰富演示文稿内容，突出整个演示文稿的气氛，用户可以根据需要在幻灯片中插入和编辑文本、图片、形状、智能图形、文本框、表格、音频和视频等对象。

为了增强播放演示文稿时的现场气氛，经常需要在演示文稿中加入背景音乐。WPS 演示支持多种格式的声音文件，例如 MP3、WAV、WMA、AIF 和 MID 等。添加音频后，可以播放音频，试听音频效果，除了通过放映幻灯片来试听音频效果外，还可以通过以下两种方法直接播放音频。

（1）插入的音频后幻灯片的编辑区会有一个声音图标，单击该图标，可以看到一个浮动工具栏，在其中可以进行音频的播放、暂停、调节播放进度、调节播放音量等操作，如图 5 – 31 所示。

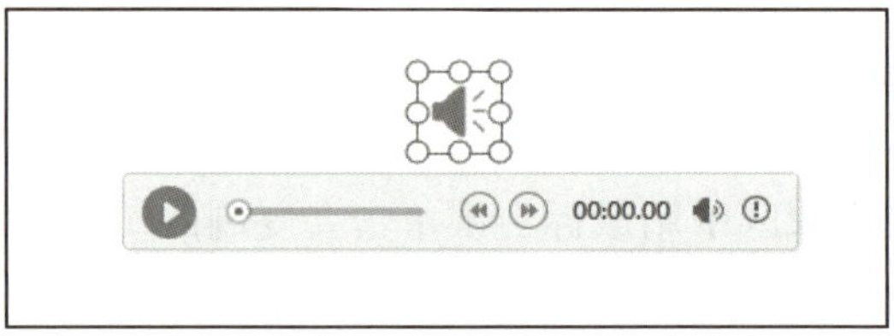

图 5 – 31　音频浮动工具栏

（2）选中声音图标，切换到"音频工具"选项卡，单击"播放"按钮即可。

（3）选中声音图标后，功能区会自动出现"图片工具"选项卡（见图 5 – 32）和"音频工具"（见图 5 – 33）选项卡。在"图片工具"选项卡中可设置音频图标的样式、叠放顺序、大小等；在"音频工具"选项卡中可对播放选项设置音频自动播放、循环播放、剪辑音频，放映时音频开始方式等。

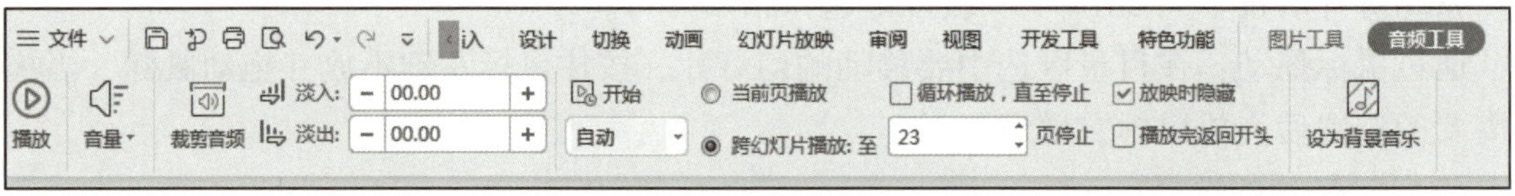

图 5 – 32　图片工具功能区

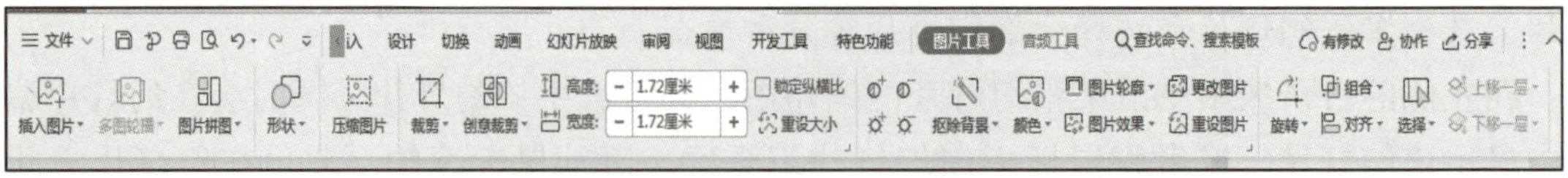

图 5 – 33　音频工具功能区

①音量：单击"音量"下拉按钮，在弹出的下拉列表中可以设置音量大小。

②裁剪音频：单击"裁剪音频"按钮，在弹出的对话框中可以对音频文件进行裁剪。

③淡入和淡出：在该选项组中可以设置声音由小变大开始播放以及由大变小结束播放。

④设置开始方式：单击"开始"按钮，可以选择音频开始方式，如果选择"自动"，则

会在进入该幻灯片时自动播放。若选择"单击"选项，则需要单击音频图标才能播放。

⑤跨幻灯片播放：勾选"跨幻灯片播放"单选框，则在切换到下一张幻灯片时音频不会停止，而是播放到音频结束。

⑥循环播放：勾选"循环播放，直到停止"复选框，则音频会一直循环播放，直到幻灯片播放完毕。

⑦放映时隐藏：勾选"放映时隐藏"复选框，则可以在放映幻灯片时不显示音频图标。

⑧设为背景音乐：单击该按钮，可以使音频文件在所有幻灯片中播放。

小提示：在幻灯片中插入和编辑视频和动画的操作方法与音频类似。

4. 使用模板

WPS 演示新建主窗口中，在"推荐模板"中显示各种类别的模板，诸如"企业培训""党政报告""商业计划书"……，用户可根据自身需要选择其中任何一种类型的"模板"。在新建幻灯片下拉菜单中有同样可以选择各种类别的配套模板，如图 5－34 所示。

图 5－34　打开在线设计方案

当用户为演示文稿应用了某个模板之后，演示文稿中默认的幻灯片背景，以及图形、表格、艺术字和文字都将自动与该模板匹配，使用该模板的格式。此外，用户还可以自定义模板的颜色、字体和效果以及设置幻灯片的背景等。

（1）设计方案。

新建一个演示文稿之后，在"设计"选项卡中出现"设计"工具栏选项组，单击更多设计，可选择在线设计方案，如图 5－35 所示。

（2）配色方案。

配色方案是一组可用于演示文稿的预设颜色。整个幻灯片可以使用一个色彩方案，也可以分成若干个部分，每个部分使用不同的色彩方案。

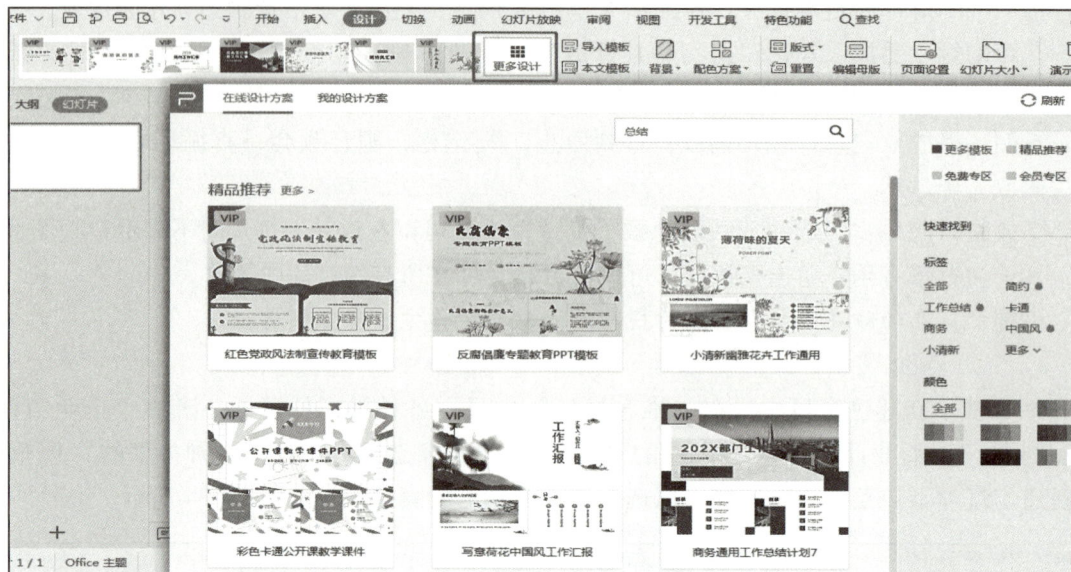

图 5-35　选择在线设计方案

选中其中的一个设计方案，单击预览完成；在设计选项卡中单击"配色方案"选项中的向下三角形，再单击"更多颜色"，显示出主题如图 5-36 所示。

图 5-36　应用配色方案

选择自己喜欢的配色方案，下载并使用，整个文稿都应用了这种配色。

除了使用程序提供的在线模板外，用户还可以从一些专业的 PPT 设计网站下载模板文件供我们使用，将模板文件导入演示文稿中，如图 5 - 37 所示。

图 5 - 37   导入模板

在实际工作中这种方法最为省时省力，因为模板预先为你做了许多预备工作，你只需做适量修改就能完成任务。

5.1.4   技能应用

操作题：制作"赤壁赋课件"演示文稿

（1）新建一个空白演示文稿，在设计选项卡中单击"更多设计"，在线设计方案中单击"免费专区"，标签选择"中国风"，选择合适的设计方案模板，单击应用风格查看模板效果，并选择应用本模板风格。

（2）单击文件"另存为"至我的桌面，文件名为"赤壁赋"。

（3）在设计选项卡单击"配色方案"，预设颜色选择"灰度"。

（4）在标题占位符中输入内容"赤壁赋"，文本格式设置为"华文行楷、80 磅、深红"；副标题占位符输入内容"作者：苏轼（宋）"，文本格式设置为"华文行楷、28 磅、红色"。

（5）新建 3 张"标题与内容版式"幻灯片，在标题栏中输入"新课导入"文本格式设置为"隶书、48 磅、加粗"，居中对齐；正文文本输入内容，文本设置为"微软雅黑、20 磅、黑色，双倍行距，段前段后间距 3 磅"，文本框填充白色。

（6）打开"赤壁赋课件素材"文件插入"图片 1 和图片 2"调整图片大小，放至合适位置。

（7）在第三张幻灯片中绘制两条直线，线型 2.25 磅，轮廓颜色黑色，插入"图片 3"，图片高度 8 厘米、宽度 4.6 厘米；文本内容格式参考以上操作。

继续完成第四张幻灯片，最终效果如图 5 - 38 所示。

5.1.5   技能拓展

操作题：制作"竞选学生会主席"演示文稿

（1）在桌面新建一个空白演示文稿，文件名为"竞选学生会主席演示文稿"；打开演示文稿在标题占位符中输入"竞选学生会主席"，设置文本格式"微软雅黑、55 磅、加粗"，字体颜色"橙色，着色 4，浅色 80%"，垂直居中对齐。标题文本框背景填充紫色，高度 4.5 厘米，宽度 17.2 厘米。

第1张

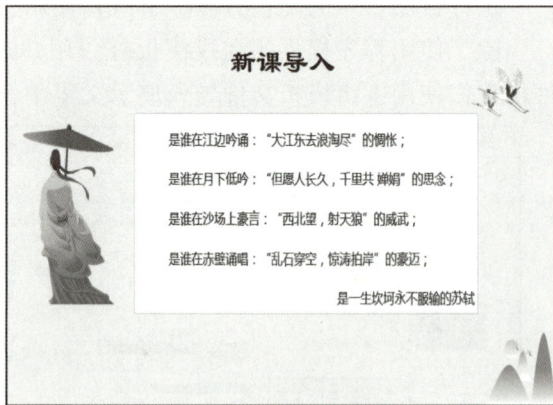

第2张

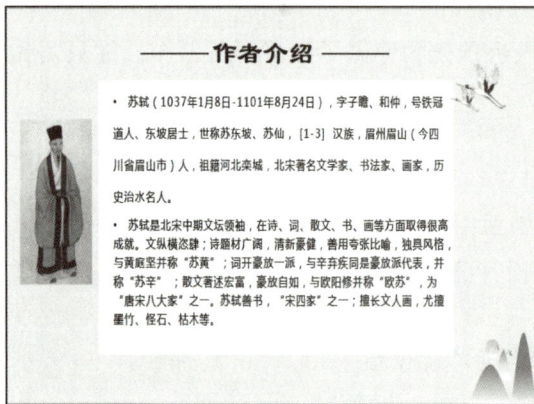

第3张

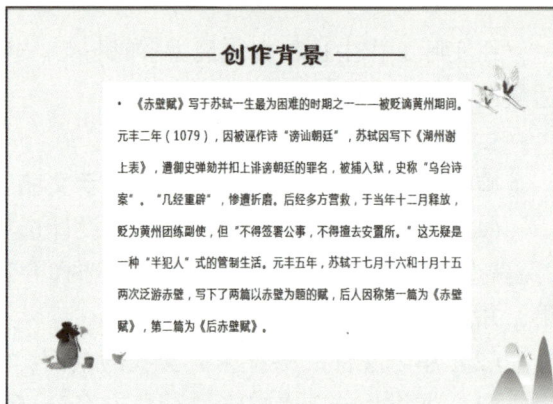

第4张

图5-38 "赤壁赋课件"演示文稿效果

（2）打开"竞选学生会主席演示文稿素材"文件插入"图片1、图片2和图片3（可插入本人照片）"，拖动图片四周的控制点调整图片大小，移动合适位置，选中"图片1"设置图片轮廓颜色为紫色。

（3）插入形状绘制三个不同大小的矩形图，填充三种颜色，轮廓为无线条颜色，将三个矩形组合在一起，放至合适位置。

（4）在副标题占位符内输入"姓名："，设置文本格式"微软雅黑、24磅"，调整副标题文本框大小，复制该文本框改为"班级："。

（5）新建1张"仅标题版式"幻灯片，在第二张幻灯片标题占位符中输入"目录CONTENTS"，设置文本格式"微软雅黑、30磅、15磅、深红"，移动至左上角。

（6）插入形状绘制一个矩形图，选中鼠标右击"编辑文字"选项输入内容"自我介绍"，背景无填充颜色，轮廓无线条颜色，调整矩形大小，设置文本格式"微软雅黑、20磅"，字体颜色为"黑色，文本1，浅色35%"，复制该矩形，粘贴内容改为"SELF INTRODUCTION"，字号10磅。

（7）复制第一张幻灯片中的三个小矩形图，粘贴至目录幻灯片调整大小，将矩形图、"自我介绍"和"INTRODUCTION"文本框设置组合。绘制一条直线，线段改为虚线线性——短画线，线条颜色为黑色。继续使用该步骤编辑以下目录。

（8）插入"图片 4"，设置图片效果为发光"橙色，pt 11 发光，着色 4"，调整大小放至幻灯片右侧。

（9）在第四张幻灯片的标题占位符输入内容"竞选的目的 CAMPAIGN PURPOSE"，文本格式设置如上一张幻灯片的标题文本。

（10）在插入形状中单击曲线，绘制一条曲线，线段改为虚线线性——短画线，在绘图工具选项卡中选择"编辑形状"——"编辑顶点"，通过编辑顶点修改曲线的弧度。

（11）在插入形状中单击椭圆，绘制三个圆形，选中其中一个背景填充设置图片填充，打开素材"图片 6"进行填充，复制该圆形，选中鼠标"更改图片"改为"图片 7"进行填充。

（12）选中另外两个圆形，背景填充分别为"红色和紫色"，调整圆形大小移动合适位置，插入横向文本框输入"此处添加文字描述"。

（13）插入本地音频，设置"手动放映"，放映时隐藏。效果如图 5–39 所示。

第1张

第2张

第3张

第4张

图 5–39　"竞选学生会主席"演示文稿效果

5.2 制作"社会主义核心价值观课件"内容页幻灯片

5.2.1 任务分析

通过学习幻灯片母版用于设置幻灯片的样式，可供用户设定各种标题文字、背景、属性等，只需更改一项内容就可更改所有幻灯片的设计。制作好演示文稿内容后，通过插入超链接或动作按钮可快速切换到指定幻灯片。

5.2.2 任务实施

步骤 1：打开 5.1 制作的"社会主义核心价值观课件"，在目录幻灯片的后面新建一张"标题和内容"版式的幻灯片，在标题占位符中输入"人民要有信仰国家才有力量"，文本格式设置为：微软雅黑、48 磅、深红，在内容占位符中输入"社会主义核心价值观"，文本格式设置为：微软雅黑、60 磅、白色。

步骤 2：插入形状分别绘制一个矩形和圆形，矩形背景填充深红，高度 19 厘米，宽度 14.8 厘米，圆形无填充颜色，轮廓颜色深红，线型 4.5 磅。

小提示：插入形状中按住 Shift 键可绘制正圆。

步骤 3：插入横向文本框输入"01"，文本格式为微软雅黑、60 磅，文本效果艺术字样"渐变填充 – 番茄红"，将文本框移至圆形图中心位置，如图 5 – 40 所示。

图 5 – 40 添加艺术字文本效果

步骤 4：按住 Ctrl 键的同时选中圆形图和"01"文本框，鼠标右击选择组合，如图 5 – 41 所示。

图 5 – 41 创建组合功能

步骤5：打开"社会主义核心价值观课件素材"文件插入"图片6和图片7"，复制目录幻灯片中的"图片1"，放置合适位置。

步骤6：在第三张幻灯片后新建5张幻灯片，版式为两栏内容，分别选中第二、三张幻灯片，在"开始"选项卡中单击版式，将当前版式改为"标题和内容"，如图5-42、图5-43所示。

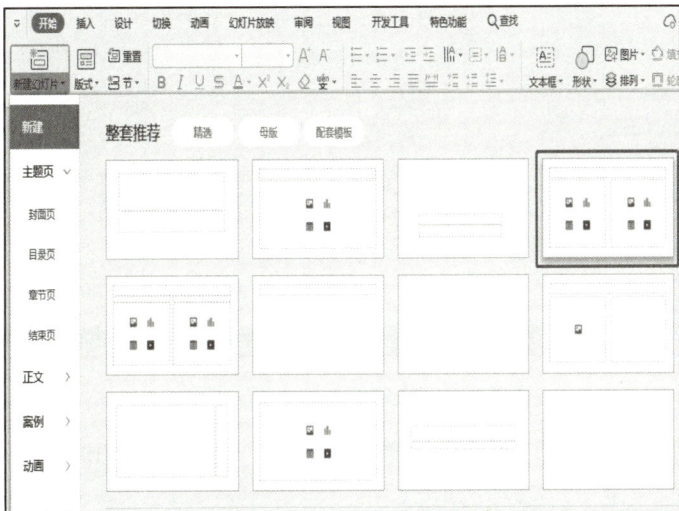

图5-42　新建两栏内容版式幻灯片

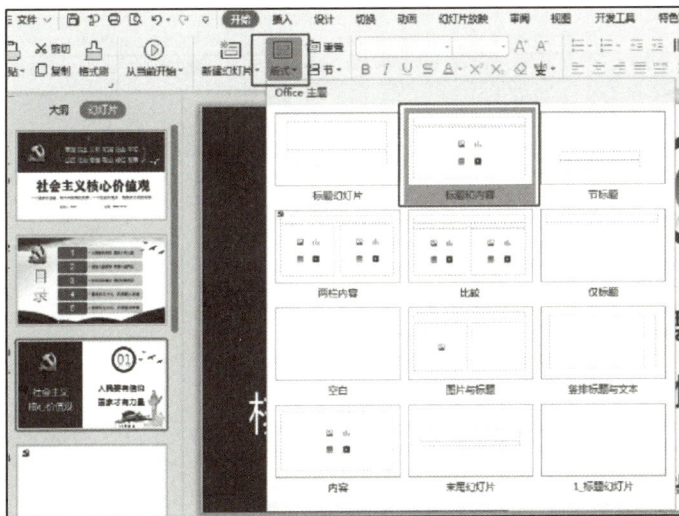

图5-43　修改幻灯片版式

步骤7：在"视图"选项卡中单击"幻灯片母版"按钮，进入幻灯片母版视图，此时系统自动打开"幻灯片母版"选项卡，通过它可以对幻灯片中的各个版式进行编辑。

步骤8：在"幻灯片母版"视图左侧窗格中选择"两栏内容版式"母版，然后插入素材"图片8"，移动图片至母版的左上角，同时插入形状绘制矩形图填充颜色"深红"，放至幻灯片下方，如图5-44所示。

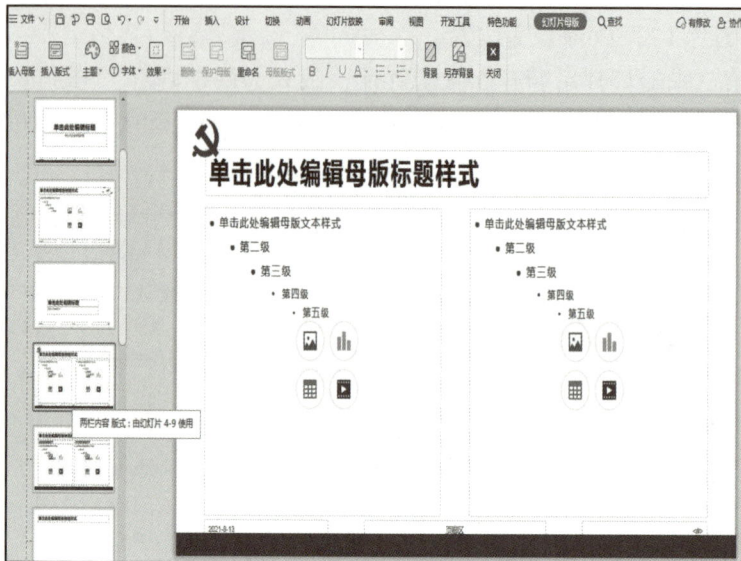

图 5－44　在幻灯母版中插入图片 1

步骤 9：在"幻灯片母版"选项卡中单击"关闭"按钮，退出幻灯片母版的编辑模式，可看到编辑模板后的效果。

步骤 10：剪切第三张幻灯片中的"图片 6"，在"设计"选项卡中单击"编辑母版"，在左侧窗格中选择"标题与内容版式"，将图片粘贴到该模板右上角，如图 5－45 所示。

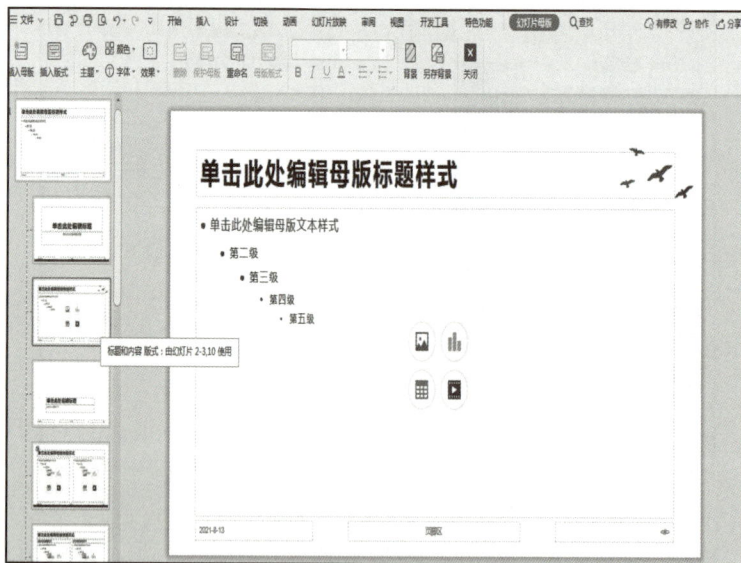

图 5－45　在幻灯母版中插入图片 2

步骤 11：在第四张幻灯片中插入图片，在文本框中输入内容，插入横向文本框，选中文本框在绘图工具中设置填充颜色及轮廓颜色。

步骤 12：参考前面的操作，制作第 3 张至第 8 张幻灯片，如图 5－46 所示。

第3张

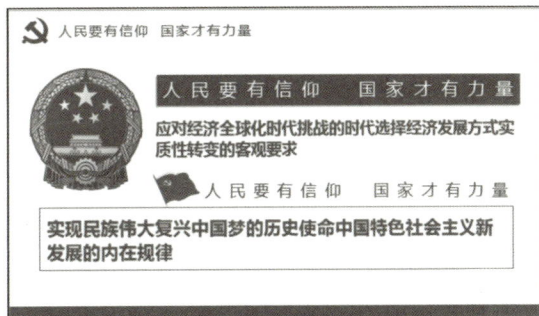

第4张

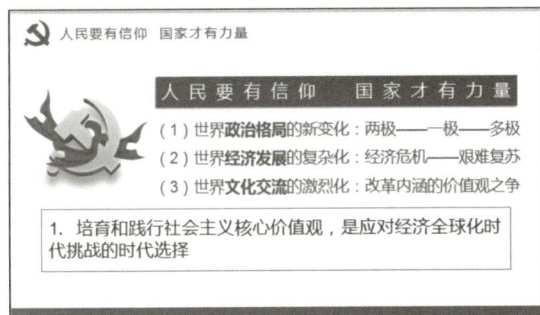

第5张

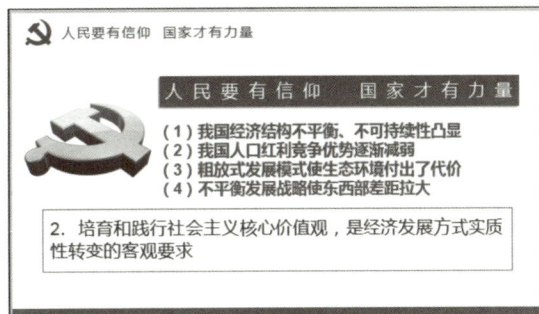

第6张

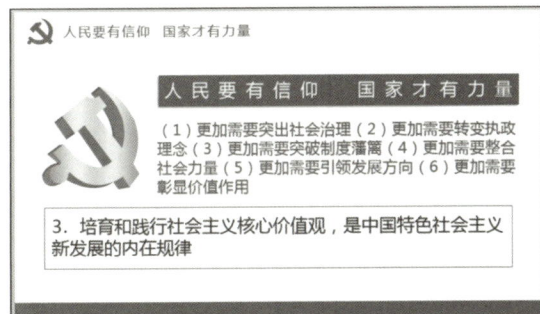

第7张

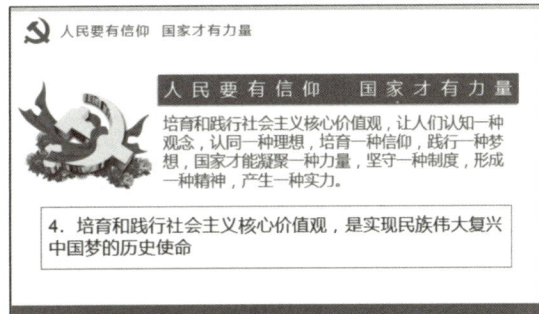

第8张

图 5－46　第 3 张—第 8 张幻灯片效果

步骤 13：切换至第三张幻灯片，选中"人民要有信仰　国家才有力量"文本框，在"插入"选项卡中单击"超链接"，选择"本文档幻灯片页"，打开插入超链接对话框，选择"本文档中的位置"链接到第五张幻灯片，如图 5－47 所示。

步骤 14：继续选中"凝聚中国精神　传递中国声音"文本框，鼠标右击，在弹出的快捷菜单中选择"超链接"子菜单中的"编辑超链接"，将链接改为第一张幻灯片，如图 5－48、图 5－49 所示。

步骤 15：切换到第三张幻灯片，在"插入"选项卡中单击"形状"按钮，在展开的下拉列表中的"动作按钮"类别中选择"动作按钮：前进或下一张"，如图 5－50 所示。

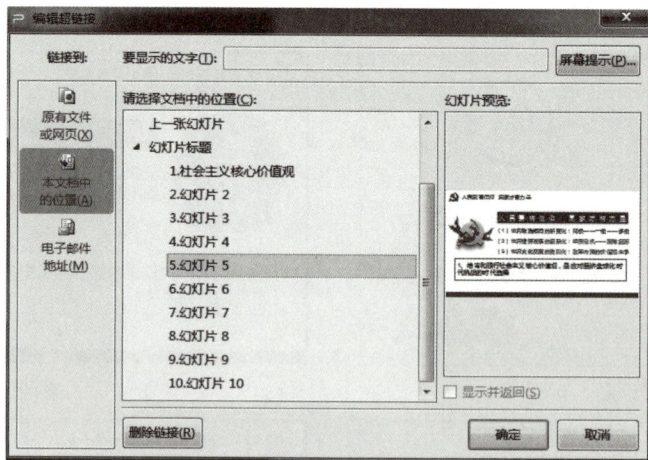

图 5－47　编辑超链接对话框

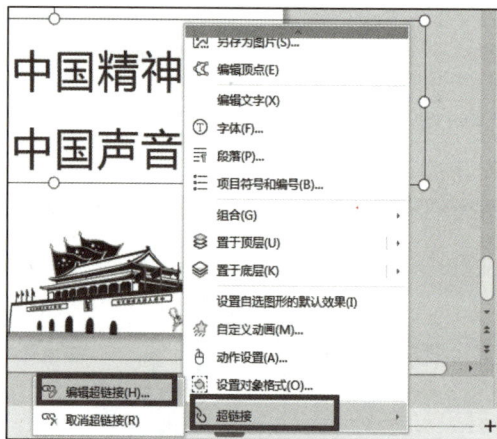

图 5－48　编辑超链接选项

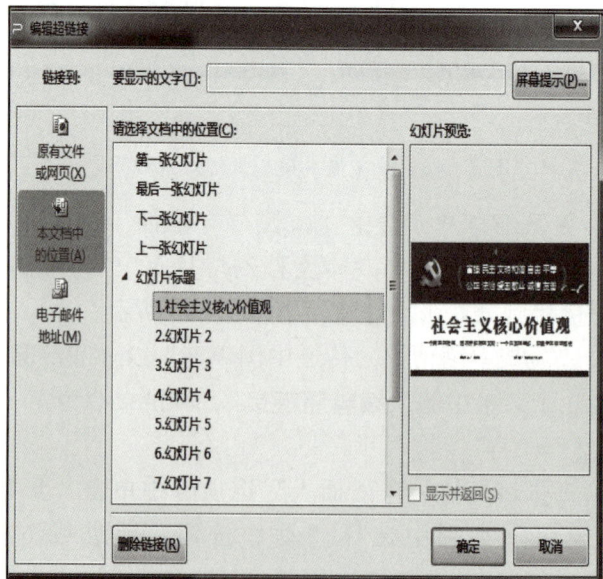

图 5－49　设置超链接位置

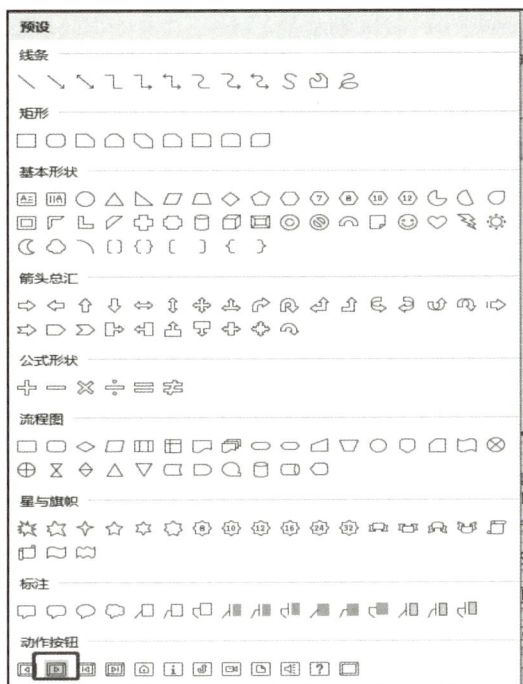

图 5-50　插入动作按钮

步骤16：在幻灯片的右下角合适位置按住鼠标左键并拖动绘制动作按钮，松开鼠标左键，自动打开"动作设置"对话框显示"鼠标单击"选项卡，在"超链接到"下拉列表中选择"最后一张幻灯片"，如图 5-51 所示。

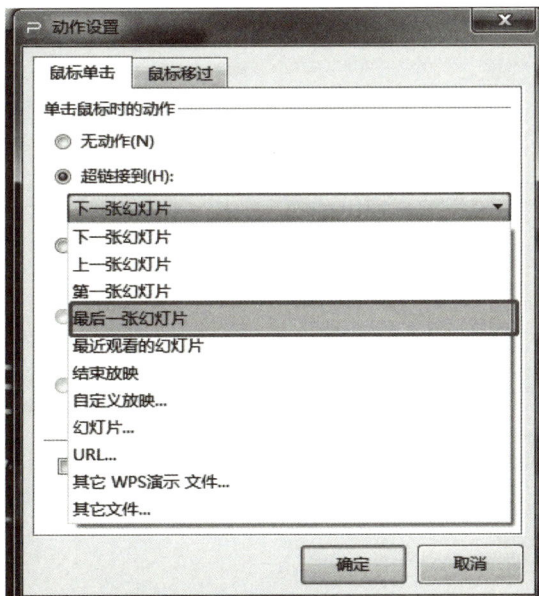

图 5-51　选择动作按钮链接位置

步骤17：将动作按钮的填充设置为无填充颜色，在"设计"选项卡中单击"编辑母版"按钮，进入幻灯片母版视图，选择"两栏内容版式"幻灯片，插入形状"动作按钮：

前进或下一张"，在"超链接到"下拉列表中选择"下一张幻灯片"。

小提示：当放映演示文稿时，将鼠标指针移动到设置了超链接的对象上，鼠标指针会变成手型，单击即可跳转到超链接所指向的对象。

5.2.3 知识储备

1. 幻灯母版的使用

（1）认识幻灯片母版。

幻灯片母版用于设置幻灯片的样式，可供用户设定各种标题文字、背景、属性等，只需更改一项内容就可更改所有幻灯片的设计，是存储关于模板信息的设计模板的一个元素，这些模板信息包括字形、占位符大小和位置、背景设计和配色方案。

进入母版视图后，在目录区中可以看到 1 张主幻灯片及 10 张子幻灯片，其中 10 张子幻灯片分别对应幻灯片的 10 个版式。对主幻灯片进行的所有编辑，均会应用到这 10 张子幻灯片中，我们也可以分别对每个子幻灯片母版进行单独编辑，如图 5-52 所示。

图 5-52　进入幻灯片母版视图

（2）编辑母版。

进入母版视图，单击"设计"项卡中的"编辑母版"按钮，如图 5-53 所示。

图 5-53　编辑母版按钮

将鼠标移动至在左侧幻灯片母版窗格上可显示当前母版版式及所应用的幻灯片，如图 5 – 54 所示。

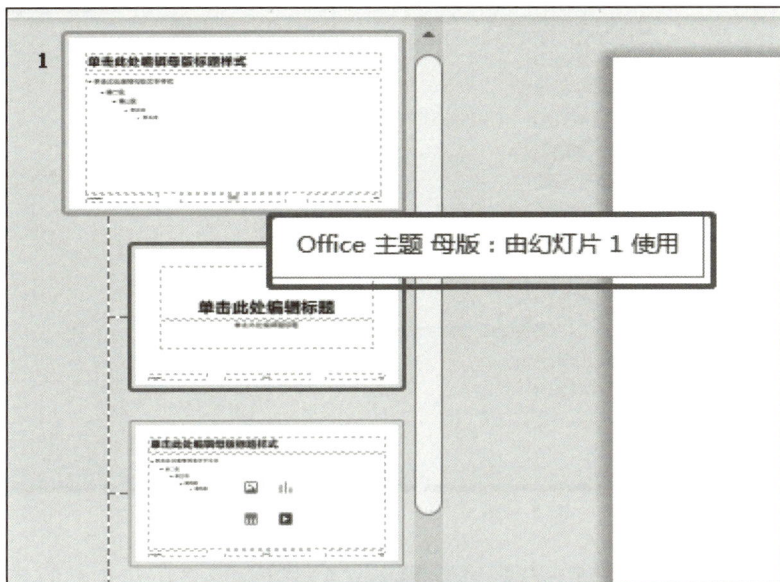

图 5 – 54　幻灯片母版窗格

母版制作完成后，可以将其保存为模板以便日后使用。选择"文件"→"另存为"→"WPS 演示模板文件（＊. dpt）"命令。

2. 插入超链接

通过在幻灯片内插入超链接可以直接跳转到其他幻灯片文档或 Internet 的网页中。幻灯片中的对象，包括文本、图片、图形等都可设置超链接。

（1）创建超链接。

在普通视图中，选定幻灯片内的文本或图形对象，切换到"插入"选项卡，单击"超链接"按钮，打开"插入超链接"按钮。在"链接到"列表框中选择超链接的类型。

①选择"原有文件或网页"选项，在右侧选择要链接到的文件或 Web 页面的地址，可以通过"当前文件夹"从文件列表中选择所需链接的文件名，也可以在地址栏中输入 URL 地址。

②选择"本文档中的位置"选项，可以选择跳转到某张幻灯片上，如图 5 – 55 所示。

③选择"电子邮件地址"选项，可以在"电子邮件地址"文本框中输入要链接的邮件地址，如输入"1234567890@ qq. com"，在"主题"文本框中输入邮件的主题，即可创建一个电子邮件地址的超链接。

④单击"屏幕提示"按钮，打开"设置超链接屏幕提示"对话框，设置当鼠标指针位于超链接上时出现的提示内容，如图 5 – 56 所示。单击"确定"按钮，超链接创建完成。

⑤放映幻灯片时，将鼠标指针移到超链接上，指针将变成手形，单击鼠标即可跳转到相应的链接位置。

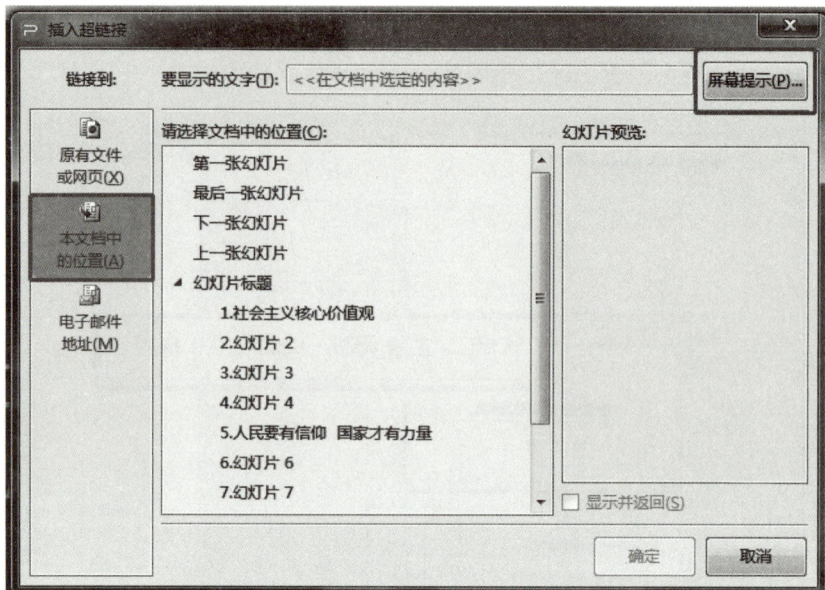

图 5-55 "插入超链接"对话框

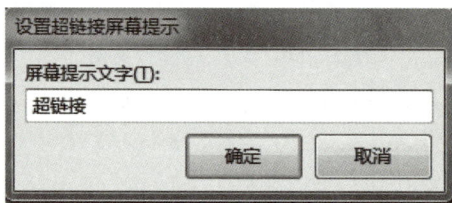

图 5-56 "设置超链接屏幕提示"对话框

（2）编辑超链接。

更改超链接目标时，请选定包含超链接的文本或图形、右键选中的对象，在弹出的菜单中单击"超链接"按钮，在级联菜单中选择"编辑超链接"，在打开"编辑超链接"对话框中输入新的目标地址或者重新指定跳转位置即可。

（3）删除超链接。

如果仅删除超链接关系，请右击要删除超链接的对象，从快捷菜单中选择"超链接"按钮，在级联菜单中选择"取消超链接"。

选定包含超链接的文本或图形，然后按"Delete"键，超链接以及代表该超链接的对象将全部被删除。

3. 设置动作按钮

WPS 演示提供了多种预设功能的动作按钮，用户只需要将其添加到幻灯片中即可使用，在放映演示文稿中，单击相应的动作按钮，就可以切换到指定的幻灯片或启动其他应用程序，以丰富演示文稿的交互功能。

（1）在"插入"选项卡，单击"形状"按钮，从下拉列表中选择"动作按钮"组内的一个按钮，如图 5-57 所示。要插入预定义大小的动作按钮，请单击幻灯片；要插入自定义大小的动作按钮，请按住鼠标左键在幻灯片中拖动。将动作按钮插入幻灯片中后，会弹出

"动作设置"对话框，如图 5 – 58 所示，在其中选择该按钮将要执行的动作，然后单击"确定"按钮。

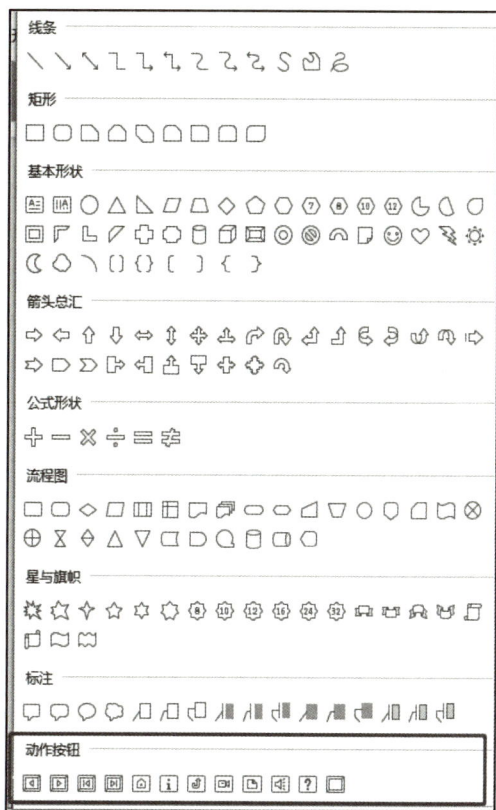

图 5 – 57　选择动作按钮类型

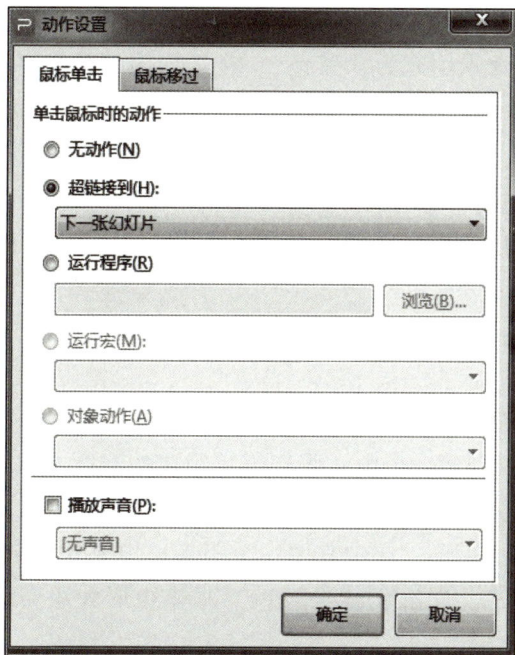

图 5 – 58　绘制动作按钮后选择幻灯片选项

（2）在"动作设置"对话框中选择"超链接到"单选按钮，然后在下面的下拉列表框中选择要链接的目标选项即可。

（3）如果在"动作设置"对话框中选择"运行程序"单选按钮，然后再单击"浏览"按钮。在打开的"选择一个要运行的程序"对话框中选择一个程序后，单击"确定"按钮，将建立运行外部程序的动作按钮。

（4）在"动作设置"对话框中选择"播放声音"复选框，并在下方的下拉列表框中选择一种音效，可以在单击动作按钮时增加更炫的效果。

（5）用户也可以选中幻灯片中已有的文本等对象，切换到"插入"选项卡，单击工具栏上最右边的"动作"按钮，在打开的"动作设置"对话框中进行适当的设置。

5.2.4 技能应用

操作题：制作"竞选学生会主席"内容页演示文稿

（1）打开5.1.5进阶锤炼中制作的竞选学生会主席演示文稿，新建7张"标题和内容版式"幻灯片，继续制作第5张到第10张幻灯片。

（2）复制第一张幻灯片中的三个小矩形，利用幻灯片母版，选择左侧"标题和内容版式"将矩形粘贴至左上角，调整矩形大小。

（3）在第9张幻灯片上绘制直线箭头和正圆形，选中两个图形设置轮廓颜色"矢车菊蓝，着色1，深色25%"线性3磅，选中圆形背景填充颜色为白色，在圆形中输入数字；复制出七个圆形，其中两个不输入内容；选中一个圆形背景填充颜色"矢车菊蓝，着色1，深色25%"，调整成小圆形放至箭头另一侧。

（4）插入形状"肘形连接符"，选中移动线段节点，使其变成数字反7型，复制小圆形，移动至"肘形连接符"顶点，将连接符与圆形设置组合，复制四条连接符，选择其中两条进行旋转，旋转后一定到线段下方。

（5）绘制四个矩形，背景填充为"紫色"，在矩形内编辑文字输入内容。

（6）将第十张幻灯片版式修改为"内容"，插入动作按钮"开始"超链接到第一张幻灯片，设置无填充颜色。

（7）切换至目录幻灯片，选中"工作计划"文本框插入超链接，链接到第九张幻灯片。

（8）在设计选项卡中单击编辑母版，选择左侧"标题和内容版式"插入动作按钮前进或下一项。

（9）具体效果如图5-59所示。

5.2.5 技能拓展

操作题：制作"植树节主题班会"演示文稿

（1）启动WPS office，创建一个由6张幻灯片组成的演示文稿，第一张幻灯片的版式为"标题幻灯片"，其余版式为"标题和内容"。

（2）插入形状绘制两个矩形，选中其中一个矩形，填充为自定义颜色模式（RGB）"红色96、绿色176、蓝色132"，轮廓无线条颜色，调整矩形大小布满幻灯片编辑区，将矩形置于底层。

第5张

第6张

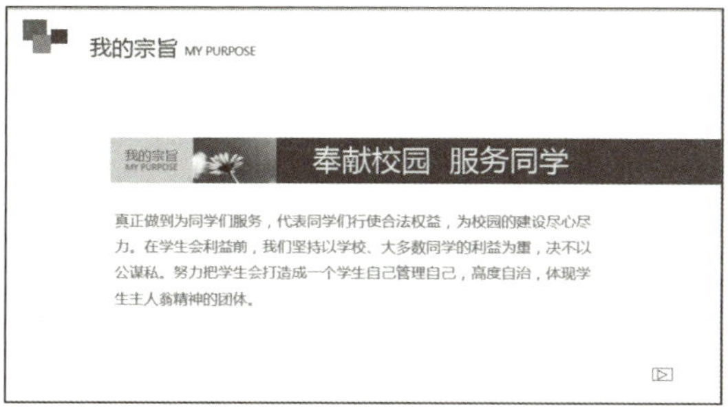

第7张

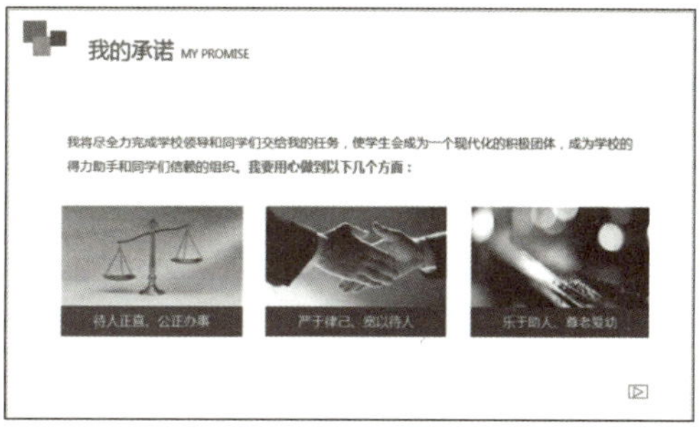

第8张

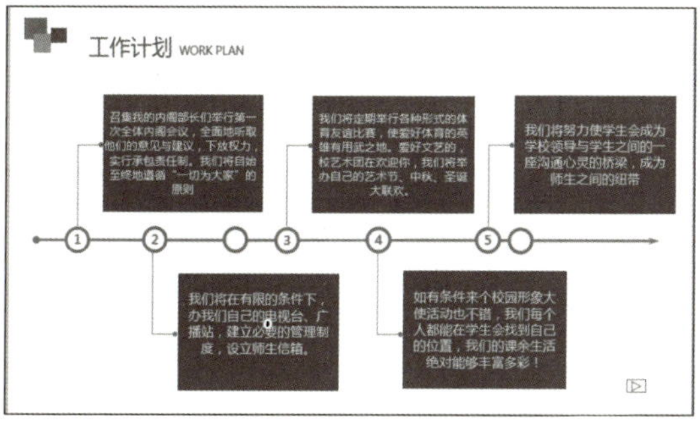

第9张

第10张

图 5-59 第 5 张—第 10 张幻灯片效果

（3）选中另一个矩形，设置无填充颜色，轮廓白色，线型 5 磅，设置形状效果"阴影—居中偏移—透明度 12 磅"，设置高度 17 厘米、宽度 31 厘米。

（4）在标题占位符中输入"20××年植树节主题班会"，文本设置为"微软雅黑、54 磅、白色"，副标题占位符输入"多一片绿叶，多一分温馨"，文本设置为"微软雅黑、20 磅、白色"字符间距加宽 6 磅，打开"植树节主题班会素材"文件插入"图片 1"。

（5）在新建幻灯片中选择目录页（在线模式下），颜色分类选择绿色，选择合适模板立即下载。

（6）在设计选项卡中单击编辑母版，选择目录页所在幻灯片母版版式，将矩形填充颜色改为和第一张幻灯片中矩形相同的颜色，在右侧输入内容。文本设置"Arial、24 磅、白色"；插入"图片 2"，放至幻灯片左侧。

（7）复制第一张幻灯片中的矩形，重复粘贴四次到第三张幻灯片中，选中其中一个矩形填充颜色为白色，分别调整四个矩形大小和位置。

（8）选中幻灯片上方的长条矩形编辑文字输入"植树节的历史"，文本设置"华文隶书、40磅、白色"。

（9）插入横向文本框输入内容，文本设置"微软雅黑、18磅、白色"，将文本框移动至左侧矩形框中；插入"图片3，图片4"，放至幻灯片右侧。

（10）复制第三张幻灯片，在幻灯片窗格中粘贴为第四张幻灯片，删除"图片3"，选中"图片4"单击更改图片为"图片5"，对当前图片进行裁剪。

（11）参考以上操作继续完成剩下的内容，效果如图5-60所示。

第1张

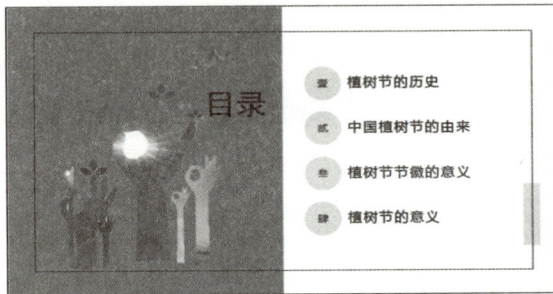
第2张

第3张

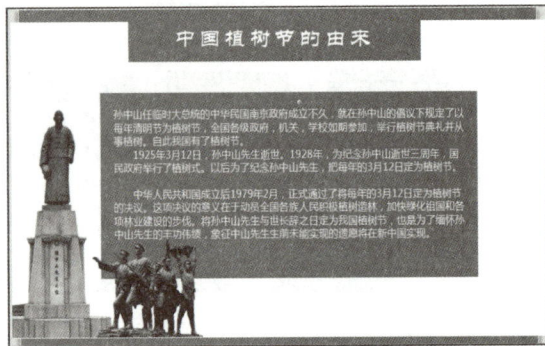
第4张

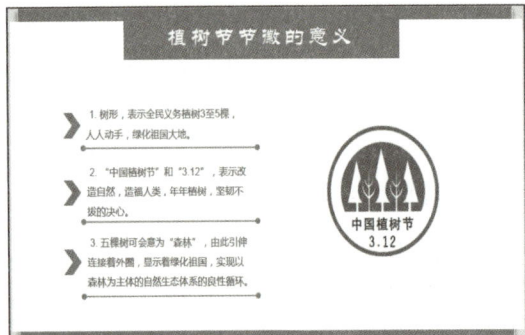
第5张

第6张

图5-60 "植树节主题班会"演示文稿

（12）切换至第一张幻灯片，选中标题占位符插入超链接，链接到"植树节主题班会素材"文件中的"植树节文本"。

5.3　设置"社会主义核心价值观课件"放映效果

5.3.1　任务分析

为了使演示文稿的放映效果更好，可为幻灯片设置切换效果，以及为幻灯片中的对象设置动画效果，使演示文稿增添活力。

5.3.2　任务实施

步骤1：打开本地演示文稿"社会主义核心价值课件"，选中第一张幻灯片中"富强民主文明和谐自由平等公正法治爱国敬业诚信友善"文本框，在"动画"选项卡中单击设置动画为"飞入"，单击预览效果，如图5-61所示。

图5-61　添加"飞入"动画效果

步骤2：选中红色矩形，在"动画"选项卡中单击"自定义动画"按钮，打开"自定义动画"任务窗格，单击"添加效果"按钮，在展开的下拉列表中选择一种动画类型及该动画类型下的效果，如选择"进入"类型的"劈裂"动画效果，如图5-62所示。

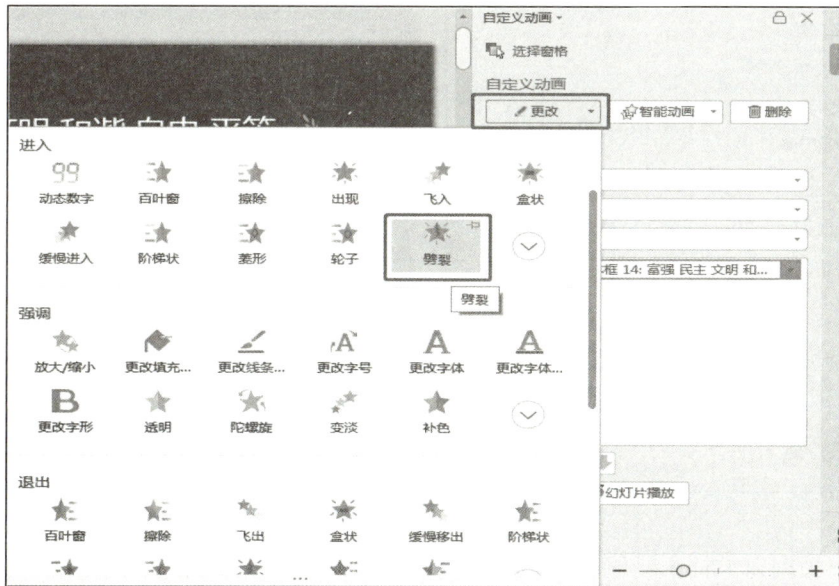

图5-62　添加"劈裂"动画效果

步骤3：在"自定义动画"窗格中"开始"下拉列表中选择"之后"选项，在"方向"下拉框中选择"中央向左右展开"，在"速度"下拉列表中选择"快速"选项，如图5－63所示。

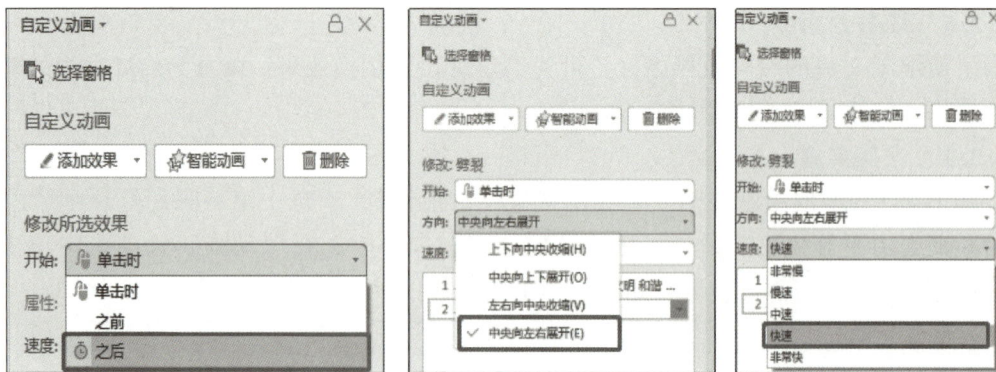

图5－63 设置"劈裂"动画效果

步骤4：参照前面的操作，将4张图片同时选中，为其添加"扇形展开"进入动画，将"社会主义核心价值观"文本框添加"陀螺转"强调动画，对剩余三个文本框选中添加"百叶窗"退出动画，方向改为垂直。

步骤5：切换到第二张幻灯片，选中智能图形，为其添加"菱形"进入动画，在"自定义动画"任务窗格的列表框中选中"菱形"动画效果，在下拉小三角中单击"效果选项"，打开一个"菱形"对话框，在"效果"选项卡中设置声音为"风铃"，如图5－64所示。

图5－64 设置"菱形"动画效果

步骤6：根据以上插入动画操作，为其他幻灯片中的对象添加动画效果。

步骤7：选中第一张幻灯片，在"切换"选项卡中单击下拉小三角选择"分割"，单击左侧预览效果，如图5-65所示。

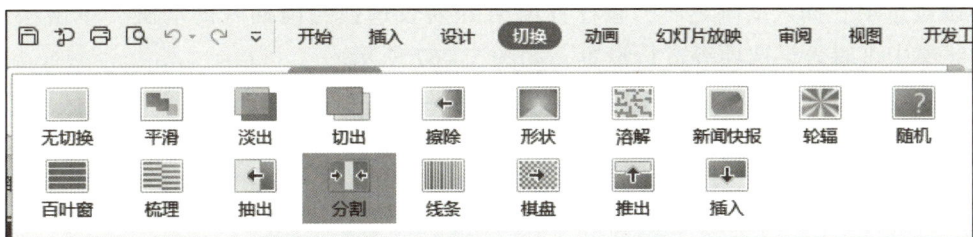

图5-65　添加"分割"切换效果

步骤8：在"切换"选项卡中效果选项设置为"左右展开"，添加声音为"微风"，可通过在"速度"编辑框中设置切换效果的持续时间；如需将该切换效果应用于演示文稿中的所有幻灯片，则单击"应用到全部"按钮。

步骤9：在"幻灯片放映"选项卡单击"设置放映方式"的下拉小三角中选择"自动放映"，然后单击"从头开始"按钮或者按"F5"键进行放映，放映完毕后，按"Esc"键结束放映。

5.3.3　知识储备

1. 设置幻灯片的动画效果

用户对幻灯片中的文本、图片和形状等对象应用各种动画效果，包括进入、强调和退出等动画效果，使演示文稿的播放更加精彩。

（1）选择幻灯片中的任意对象，在"动画"选项卡中单击"自定义动画"按钮，打开"自定义动画"任务窗格，单击"添加效果"按钮，在展开的下拉列表中选择一种动画类型及该动画类型下的效果，如图5-66所示。

图5-66　"自定义动画"窗格

（2）在"自定义动画"窗格中"开始"下拉列表中可以修改"开始""方向"及"速度"等设置选项。插入动画之后，在任务窗格的列表选择当前插入的动画，单击小三角在下拉的菜单中可对效果选项等进行设置，如图5-67所示。

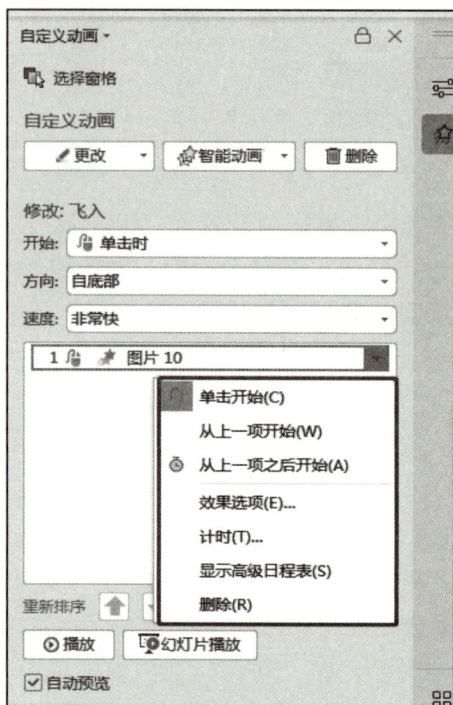

图5-67 修改动画效果

2. 设置幻灯片的切换效果

幻灯片的切换效果是指放映演示文稿时从一张幻灯片过渡到下一张幻灯片时的动画效果。默认情况下，各幻灯片之间的切换是没有任何效果的。用户可以为幻灯片添加具有动感的切换效果，还可以控制每张幻灯片的速度或切换声音等，以丰富演示文稿放映效果。

（1）插入幻灯片的切换效果。

选择需要设置的幻灯片，单击"切换"选项卡，单击下拉小三角选择切换效果，单击左侧预览效果，如图5-68所示。

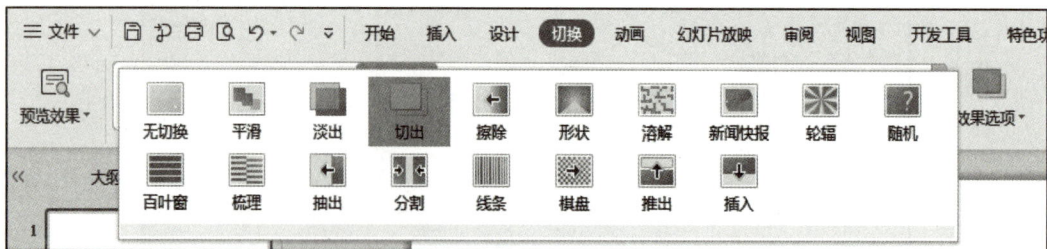

图5-68 添加切换效果

（2）编辑切换声音和速度。

WPS演示默认的切换动画效果都是无声的，需要手动添加所需声音。其方法为：选择需要编辑的幻灯片，然后选择"切换"选项卡下的"计时"组，在"声音"下拉列表中选择相应的选项（如爆炸），即可改变幻灯片的切换声音。

切换速度的方法为：选择需要编辑的幻灯片，然后选择"切换"选项卡下的"计时"组，在"持续时间"数值框中输入具体的切换时间，或直接单击数值框中的微调按钮即可改变幻灯片的切换速度。

此外，如果不想将切换声音设置为系统自带的声音，那么可以在"声音"下拉列表中选择"来自文件"选项，打开"添加声音"对话框，通过该对话框可以将电脑中保存的声音文件应用到幻灯片切换动画中。

（3）设置幻灯片切换方式。

设置幻灯片的切换方式也是在"切换"选项卡中进行的，其操作方法为：首先选择需要进行设置的幻灯片，然后选择"切换"选项卡下的"计时"组、在"换片方式"栏中显示了"单击鼠标时换片"和"自动换片"两个复选框，选中它们中的一个或同时选中这两个选框均可完成对幻灯片换片方式的设置。在"自动换片"复选框右侧有一个数值在其中可以输入具体数值，表示在经过指定秒数后自动移至下一张幻灯片。

注意：若在"计时"组中同时选中"单击鼠标时"复选框和"设置自动换片时间"复选框，则表示满足两者中任意一个条件时，都可以切换到下一张幻灯片并进行放映。

3. 设置幻灯片的播放

设置放映时间与方或幻灯片的最终目标就是为观众进行放映。幻灯片的放映设置包括控制幻灯片的放映方式、设置放映时间等。

（1）幻灯片的放映方式。

考虑到演示文稿中可能包含不适合播放的半成品幻灯片，但将其删除又会影响以后再次修订。此时，切换到普通视图，在幻灯片目录区中选择不进行演示的幻灯片，右键选中的幻灯片，从快捷菜单中选择"隐藏幻灯片"命令，将它们进行隐藏，接下来就可以播放幻灯片了。

①自动放映幻灯片。

在演示文稿中，按 F5 键或者单击"幻灯片放映"选项卡中的"从头开始"按钮，如图 5-69 所示，即可开始放映幻灯片。

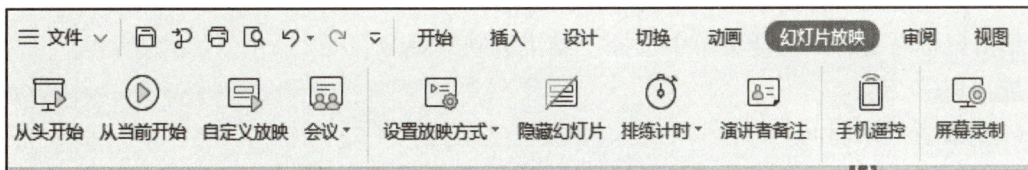

图 5-69 放映演示文稿

如果不是从头放映幻灯片，请单击工作界面右下角的"从当前幻灯片开始"按钮，或者按"Shift + F5"组合键。

当演示者在特定场合下需要使用黑屏效果时，请直接按"B"键，按键盘上的任意键，或者单击鼠标左键，都可以继续放映幻灯片。假如觉得插入黑屏会使演示气氛变暗，可以按

"W"键或"<"键，插入一张纯白图像。

②手动放映幻灯片。

查看整个演示文稿最简单的方式是移动到下一张幻灯片，方法如下：

单击鼠标左键

按"Space Bar"键

按"Enter"键

按"N"键

按"Page Down"键

按"↓"键

按"→"键

单击鼠标右键，从快捷菜单中选择"下一页"命令

回到上一张，请使用以下任意方法：

按"Backspace Bar"键

按"Page Up"键

按"↑"键

按"←"键

单击鼠标右键，从快捷菜单中选择"上一页"命令。

在幻灯片放映时，要切换到指定的某一张幻灯片，请单击鼠标右键，从快捷菜单中选"定位"菜单项，然后在级联菜单中选择幻灯片漫游或者按标题来选择目标幻灯片，另外，如果要快速回转到第一张幻灯片，请按"Home"键。

在播放幻灯片左下角左起第一个按钮，点开级联菜单中的"圆珠笔"命令，可以实现画笔功能，在屏幕上"勾画"重点，以达到突出和强调的作用。如果要清除涂写的墨迹，请在播放幻灯片左下角左起第四个按钮"橡皮擦"级联菜单中选择"橡皮擦"命令擦除指定墨迹。接"E"键清除当前幻灯片上的所有墨迹，另外，如果现场没有提供激光笔，而演示者又需要提醒观众留意幻灯片中的某些地方，请按住"H"键，再按住鼠标左键不放，即可将鼠标激光笔的功能。

③退出幻灯片放映。

如果想退出幻灯片的放映，请使用下列方法：

单击鼠标右键，从快捷菜单中选择"结束放映"命令。

按"Esc"键。

（2）设置放映时间。

利用幻灯片可以设置自动切换的特性，能够使幻灯片在无人操作的展台前，通过大型投影仪进行自动放映。

用户可以通过两种方法设置幻灯片在屏幕上显示时间的长短：第一种方法是人工为每张幻灯片设置时间，再运行幻灯片放映查看设置的时间是否恰到好处；另一种方法是使用排练计时功能，在排练时自动记录时间。

①人工设置放映时间。

如果要人工设置幻灯片的放映时间（例如，每隔 6 秒自动切到下一张幻灯片）请参照如下方法进行操作：

首先，切换到普通视图中、选定要设置放映时间的幻灯片、单击"切换"选项卡，选中"自动换片"复选框，然后在右侧的微调框中输入幻灯片在屏幕上显示的秒数，单击"全部应用"按钮，所有幻灯片的切片时间间隔将相同；否则，设置的是选定幻灯片切换到下一张灯片的时间。

接着，设置其他幻灯片的换片时间。此时，在幻灯片浏览视图中，会在幻灯片缩略的右下角显示每张幻灯片的放映时间。

②使用排练计时。

使用排练计时可以为每张幻灯片设置放映时间。使幻灯片能够按照设置的排练计时自动放映，操作步如下：

首先，切换到"放映"选项卡。单击"排练计时"向下小三角弹出级联菜单，选择"排练全部"按钮，系统将切换到幻灯片放映视图，在放映过程中，屏幕上会出现"录制"工具栏，如图 5 – 70 所示。单击左上角工具栏中的"下一项"按钮，即可播放下一张幻灯片，并在"幻灯片放映时间"框中开始记录新幻灯片的时间。

图 5 – 70　预演工具栏

排练结束放映后，在出现的对话框中单击"是"按钮，即可接受排练的时间，要取消本次排练，请单击"否"按钮，如图 5 – 71 所示。

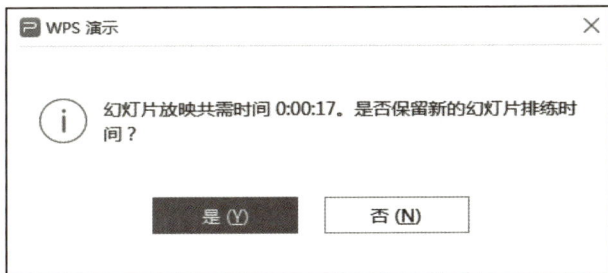

图 5 –71　放映时间提示对话框

（3）设置放映方式。

默认情况下，演示者需要手动放映演示文稿。用户也可以创建自动播放演示文稿，在商贸展示或展台中播放。设置幻灯片放映方式的操作步如下：

切换到"放映"选项卡中，单击"放映设置"向下小三角弹出级联菜单中选择"放映设置"，打开"设置放映方式"对话框，如图 5 – 72 所示。

在"放映类型"栏中选择适当的放映类型，其中，"演讲者放映（全屏幕）"选项可以运行全屏显示的演示文稿；"在展台自动循环放映（全屏幕）"选项可使演示文稿循环播放，并防止读者更改演示文稿。

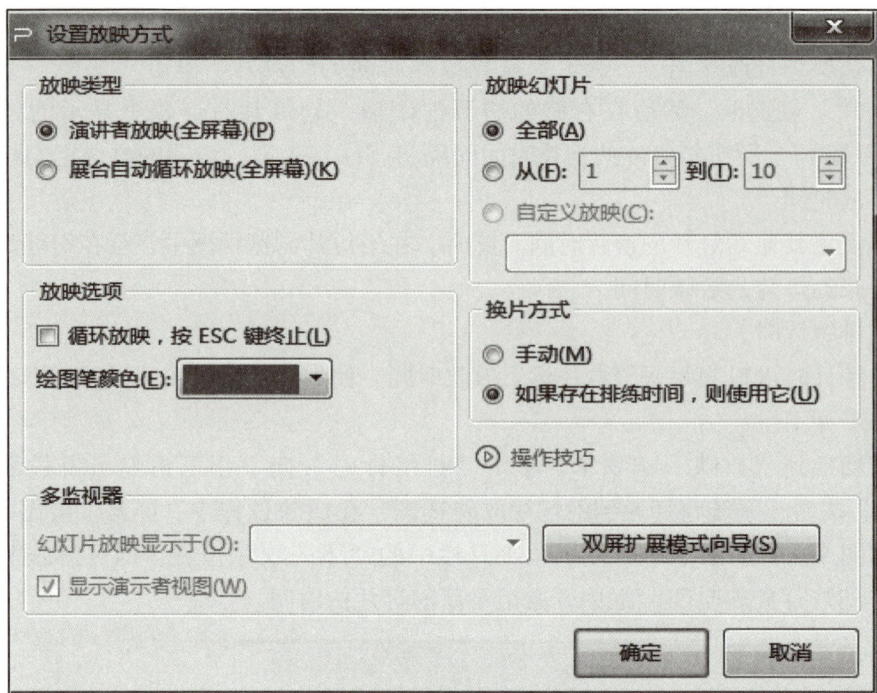

图 5 − 72　设置放映方式对话框

在"放映幻灯片"栏中，可以设置要放映的幻灯片。在"放映选项"栏中根据需要进行设置。在"换片方式"栏中，指定幻灯片的切换方式。设置完成后，单击"确定"按钮。

（4）使用演示者视图。

连接投影仪后，演示者的笔记本电脑就拥有两个屏幕，Windows 系统默认二者处于复制状态，即显示相同的内容。当演示者播放幻灯片时，需要查看自己屏幕中的备注信息、使用控制演示的各种按钮，也就是将两个屏幕显示为不同的内容，请使用演示者视图使用演示者视图时，请按"Win + P"组合键，显示投影仪及屏幕的设置画面，单击其中的"扩展"按钮，将当前屏幕扩展至投影仪。切换到"放映"选项卡、选择"显示演讲者视图"复选框即可。

5.3.4　技能应用

操作题：设置"植树节主题班会"演示文稿动画效果

（1）打开 5.2.5 进阶锤炼中制作的植树节主题班会演示文稿，选中两个大矩形，添加动画效果"轮子"，在"自定义动画"窗格中修改，设置为：开始"之前"，方向"2 轮幅图案"，速度"非常快"选项。白色轮廓矩形设置开始为"之后"。

（2）对封面中两个文本框添加"弹跳"动画，设置声音"硬币"。主讲人文本框选择动画退出类型中的"飞出"，修改方向为"左下部"。

（3）选中第二张幻灯片中右侧的所有文本内容，添加"劈裂"动画，目录文本框添加细微型"渐变"，设置延迟"0.3 秒"，为图片添加动画"上升"。

（4）参考以上操作，为演示文稿添加动画效果。

（5）为所有幻灯片添加切换"形状"效果，效果选项为"盒状展开"。

（6）修改第六张幻灯片中的图片的透明度。

（7）幻灯片放映时隐藏第二张幻灯片，设置放映方式为手动放映。

（8）将该文稿打包成压缩文件。

5.3.5　技能拓展

操作题：设置"高一年级期末考试成绩分析"演示文稿动画效果

（1）新建一个空白演示文稿，在设计功能选项卡中的在线设计方案选择"简约工作汇报"，第一个文本框中输入"高一年级期末考试成绩分析"，第二个文本框中输入"2020 年 7 月"。

（2）新建一张幻灯片，在标题文本框中输入"成绩表"，字体为"微雅软黑"，字号"32 磅"，对文本框填充"沙棕色，着色 6"。

（3）插入 8 行 8 列的表格，输入内容，设置字体为"黑体"，字号"14 磅"，水平，垂直居中，套用预设样式中色系中的"中度样式 4 – 强调 6"，设置外边框颜色深红，3 磅实线，内边框颜色紫色，1.5 磅虚线。

（4）新建第三张幻灯片，在幻灯片中插入图表"簇状柱形图"。

（5）在图表工具选项卡中单击"选择数据"，此时系统会自动打开一个 WPS 演示图表的表格，弹出一个"编辑数据源"的对话框，先关闭当前对话框。

（6）复制第二张幻灯片中表格的内容，粘贴至自动打开的 WPS 演示图表表格中，切换回图表工具单击"选择数据"，打开编辑数据源对话框，单击图表数据区域框旁边的自动拾取图标，拾取粘贴的成绩表，插入图表数据内容完成。

（7）在图表工具选项卡中添加元素"数据标签 – 居中"，快速布局选择"布局 1"，在图表标题中输入"成绩分析"；选中图表在绘图工具中设置轮廓颜色黑色。

（8）在第四张幻灯片绘制矩形，填充颜色为"浅灰色，着色 4"，调整大小，移动幻灯片中间位置，在矩形中输入内容。

（9）自定义为所有幻灯片添加动画效果，切换方式为"分割"。

（10）使用排练计时功能放映幻灯片，效果如 5 – 73 所示。

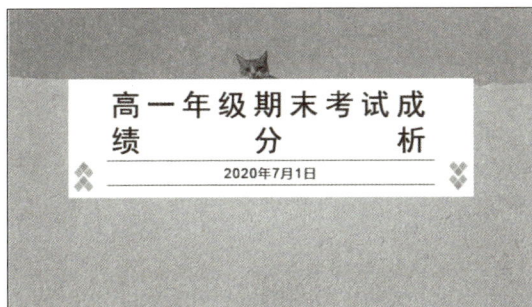

第1张　　　　　　　　　　　　　　　第2张

图 5 – 73　"高一年级期末考试成绩分析"演示文稿效果

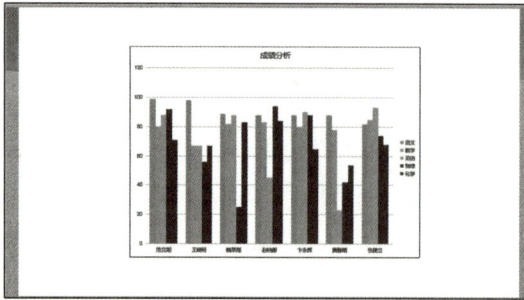

第3张

第4张

图 5 – 73 "高一年级期末考试成绩分析"演示文稿效果（续）

项 目 6

计算机网络与网络安全

　　计算机网络是计算机发展和通信技术紧密结合的产物。它的理论发展和应用水平直接反映了一个国家高新技术的发展水平，也是一个国家现代化程度和综合国力的重要标志。在以信息化带动工业化和工业化促进信息化的进程中，计算机网络扮演了越来越重要的角色。随着网络技术的发展，生活方式呈现出简单和快捷性，但其背后也伴有诸多信息安全隐患。不法分子通过各类软件或者程序来盗取个人信息，并利用信息来获利，严重影响了公民生命、财产安全。

　　本项目主要通过 3 个任务的实际操作认识计算机网络、认识因特网和了解网络安全三方面详细讲解计算机网络及网络安全方面的知识。

❖ 学习目标

　　1. 认识计算机网络基础知识。

　　2. 掌握因特网基本操作。

　　3. 了解网络安全基础知识。

❖ 学习重点

　　1. 理解计算机网络的概念。

　　2. 如何实现网络资源共享。

　　3. 如何保障网络安全。

6.1 认识计算机网络

6.1.1 任务分析

在本任务中，通过完成4个设置小任务，我们将了解计算机网络的概念、组成和分类，网络中的软硬件设备知识。

（1）设置计算机 IP 地址；

（2）设置共享文件夹；

（3）安装共享打印机；

（4）配置无线宽带路由器。

6.1.2 任务实施

1. 设置计算机 IP 地址

在局域网领域，打印机共享网络设置中，经常会需要用到静态 IP。如何设置静态 IP 就是我们必须知道的，下面就在最新的 Win10 系统下设置静态 IP 地址，也就是局域网中的电脑 IP 地址。

首先找到 Win10 系统右下角无线网络标识，单击鼠标右键，在弹出的菜单中，单击进入"打开网络和 Internet"设置，如图 6－1 所示。

图 6－1　打开网络和共享中心

打开网络和共享中心，如图 6－2 所示。

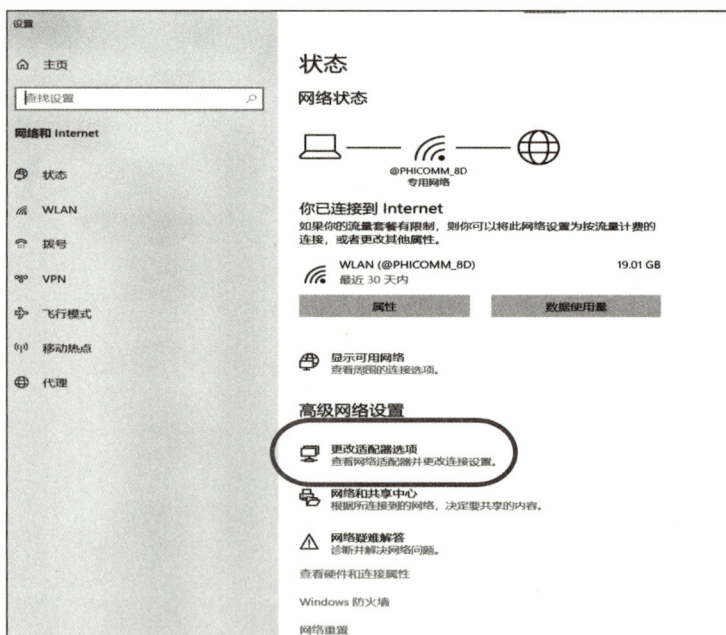

图 6－2　网络状态

单击更改适配器选项，弹出的网络连接对话框，如图 6-3 所示。

图 6-3　网络连接

在弹出的网络连接对话框中右击以太网（这里是以太网 2），在弹出的级联菜单中选择属性，弹出以太网属性对话框，如图 6-4 所示。

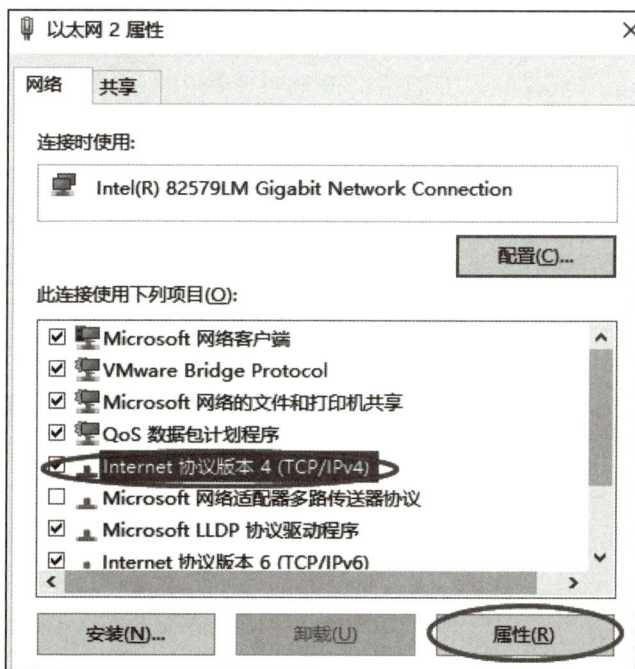

图 6-4　以太网属性

在以太网 2 属性中选中"Internet 版本协议 4（TCP/IPv4）"，再单击下方的"属性"，就可以看到 Win10 静态 IP 地址设置界面了，默认状态是自动获得 IP 地址，这里点选"使用下面的 IP 地址（S）"和"使用下面的 DNS 服务器地址"，然后输入对应的 IP 和 DNS，完成单击底部的"确定"保存即可，如图 6-5 所示。

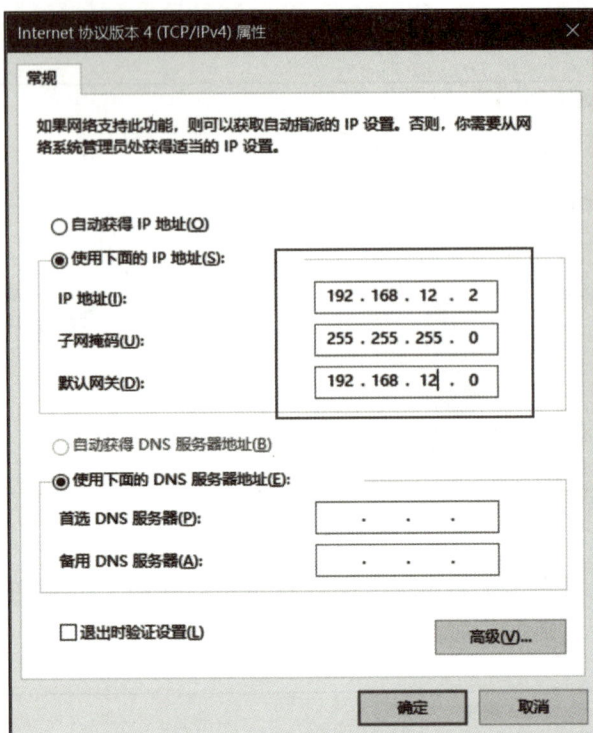

图 6 - 5　IP 地址设置

2. 设置共享文件夹

通常情况下，Windows 10 系统用户都会使用 U 盘来共享文件资料。不过，如果没有 U 盘的话，我们该如何共享文件呢？其实，只要我们是在同一个区域网内（比如在家、宿舍或公司里等用同一个路由器以及同一 IP 段的情况）就可以实现文件共享，方便实现电脑之间相互查看和下载文件。

（1）启用网络发现。

打开"此电脑"或者直接按快捷键 Win + E，单击左侧导航窗格底部的"网络"也可打开，如图 6 - 6 所示。

双击网络，如图 6 - 7 所示。

双击网络和共享中心，弹出网络和共享中心对话框，如图 6 - 8 所示。

双击更改高级共享设置，打开高级共享设置对话框，单击所有网络，打开如图 6 - 9 所示的界面，分别选中启用共享以便可以访问网络的用户读取和写入公用文件夹中的文件、无密码保护的共享。

（2）开启 Guest 访客模式。

①鼠标右击单击电脑，选择管理。

②打开的计算机管理，依次展开系统工具→本地用户和组→用户。

③右侧可以看到全部用户，一般都有 Guest 账户，如果没有请添加一个。我们右击 Guest，单击属性，然后把"账户已禁用"去掉勾选，单击确定。同时可以设置登录密码如图 6 - 10 所示。

图 6-6　文件资源管理器

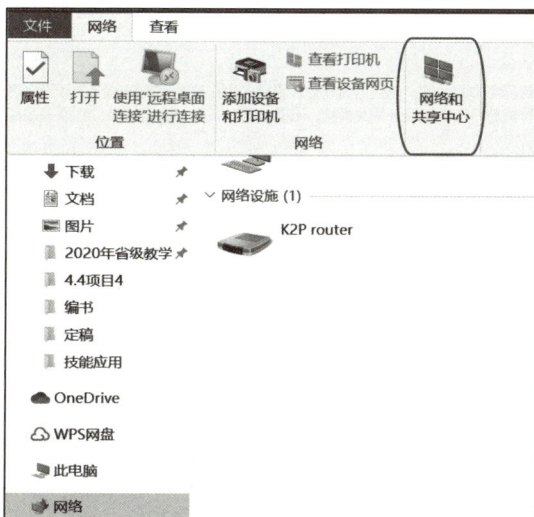

图 6-7　网络和共享中心 1

图 6-8　网络和共享中心 2

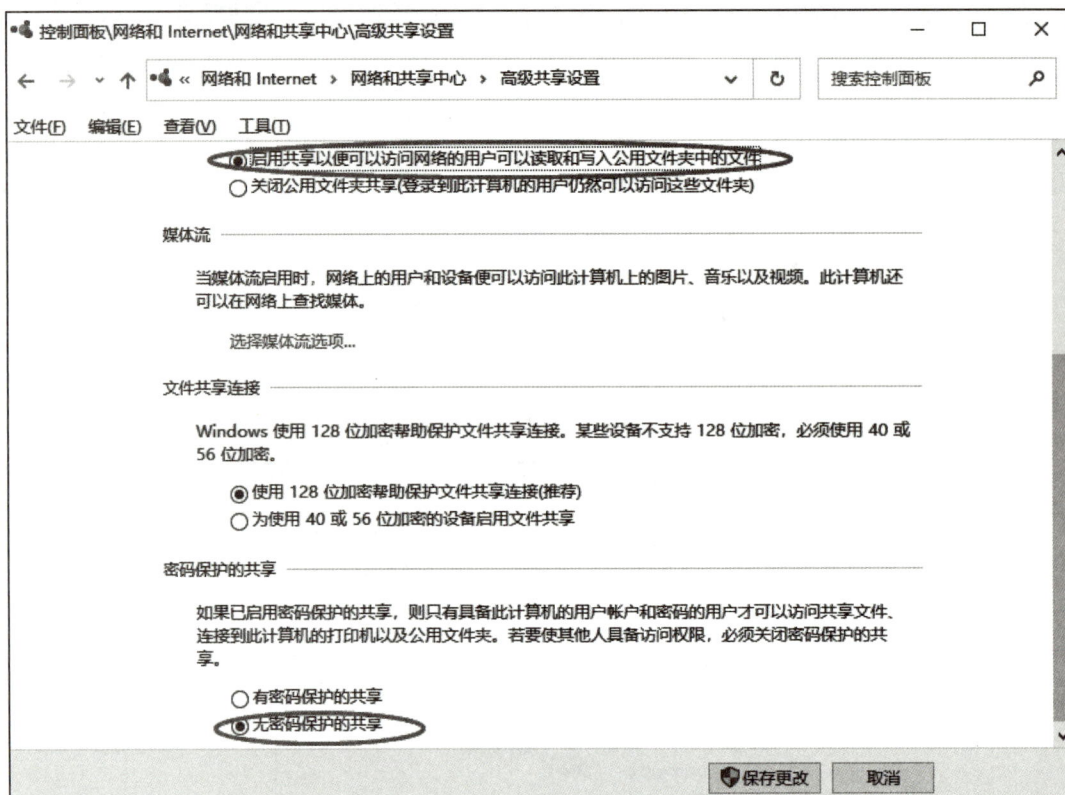

图 6 – 9   高级共享设置

图 6 – 10   Guest 属性

（3）设置共享文件夹。

①鼠标右击需要共享的文件夹，单击共享→特定用户；

②出现搜索框单击下拉图标，选择 Everyone，然后单击添加；

③根据权限设置读取还是写入，然后单击共享就完成了，如图 6－11 所示。

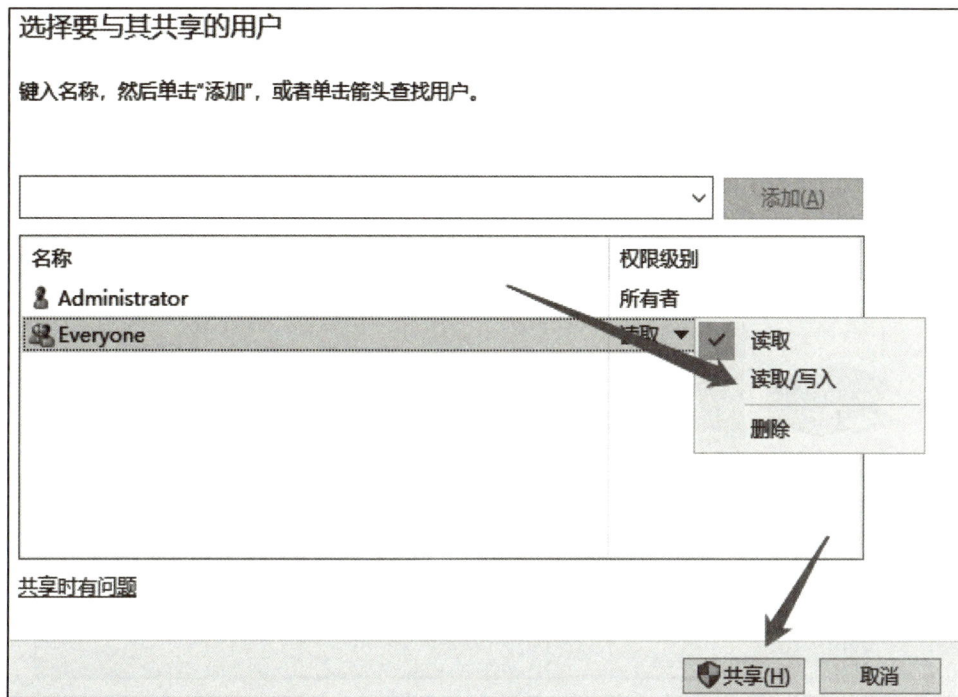

图 6－11　设置权限

3. 安装共享打印机

网络打印机在现代办公环境中越来越流行，它不依赖主机共享，是网络里独立的单元，可以随时恭候您的打印命令。连接打印机的电脑必须同打印机在同一网络下。

Win10 安装网络打印机步骤：

（1）首先搜索控制面板打开，然后单击"查看设备和打印机"，如图 6－12 所示。

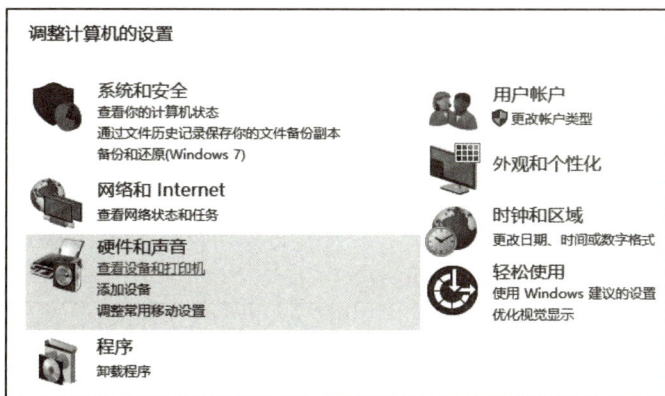

图 6－12　控制面板

（2）打开之后，再单击"添加打印机"选项，如图6-13所示。

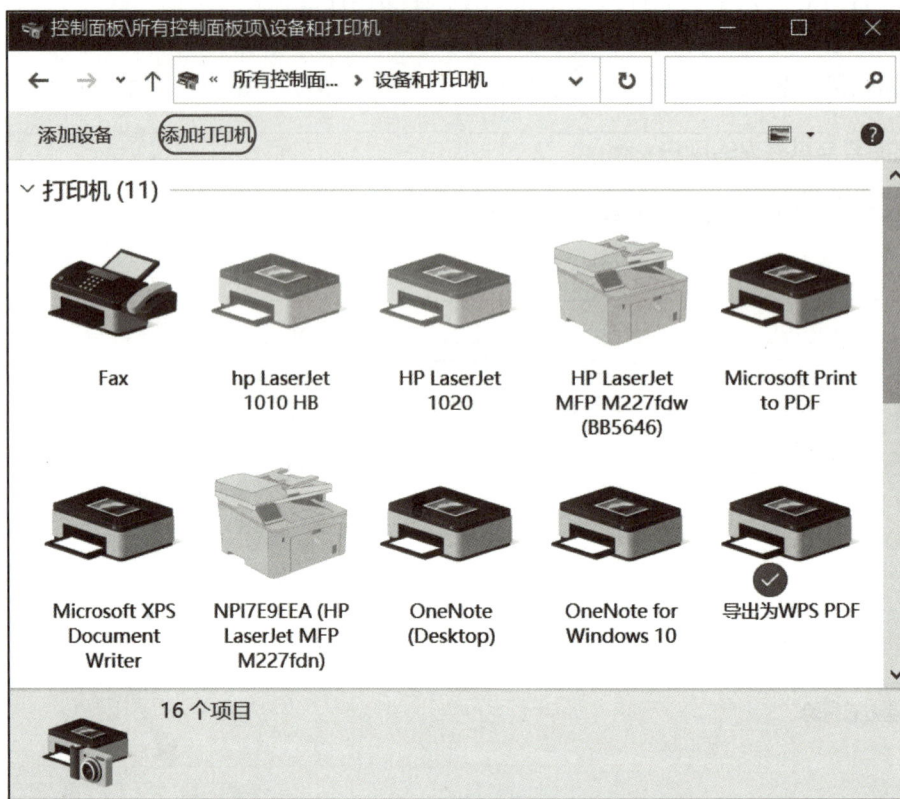

图6-13　设备和打印机

（3）搜索打印机，对比名称型号，如果未搜索到，勾选"我所需的打印机未列出"选项，如图6-14所示。

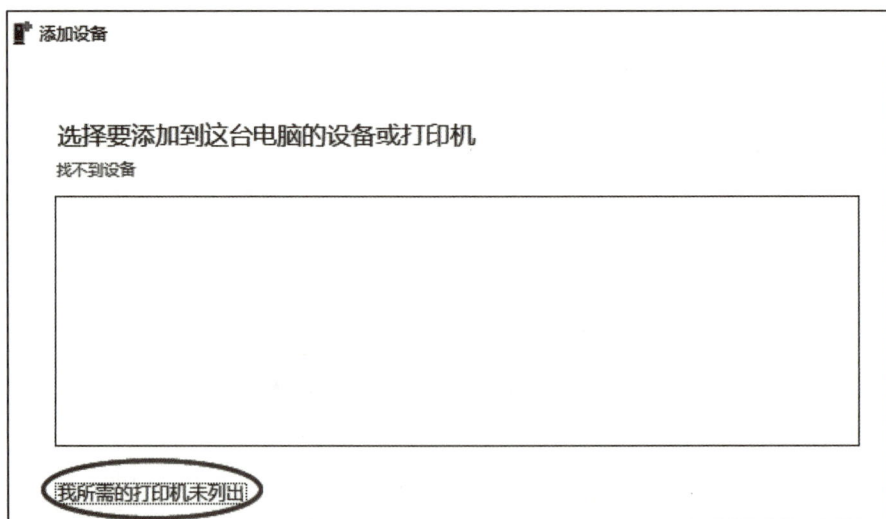

图6-14　添加设备

（4）这里选择 TCP/IP 添加打印机→下一步，如图 6-15 所示。

按其他选项查找打印机

○ 我的打印机有点老。请帮我找到它。(R)

○ 按名称选择共享打印机(S)

[   ] [浏览(R)...]

示例：\\computername\printername 或
http://computername/printers/printername/.printer

◉ 使用 TCP/IP 地址或主机名添加打印机(I)

○ 添加可检测到蓝牙、无线或网络的打印机(L)

○ 通过手动设置添加本地打印机或网络打印机(O)

图 6-15 查找打印机

（5）在这里选择 TCP/IP，然后在主机名或 IP 地址中输入网络打印机的 IP，如果不知道，那么去打印机设置、网络、查看获取。

（6）在安装打印机驱动界面，我们先找找 Windows 自带的有没有；没有的话，可以去下载打印机驱动，解压后从磁盘安装，如图 6-16 所示。

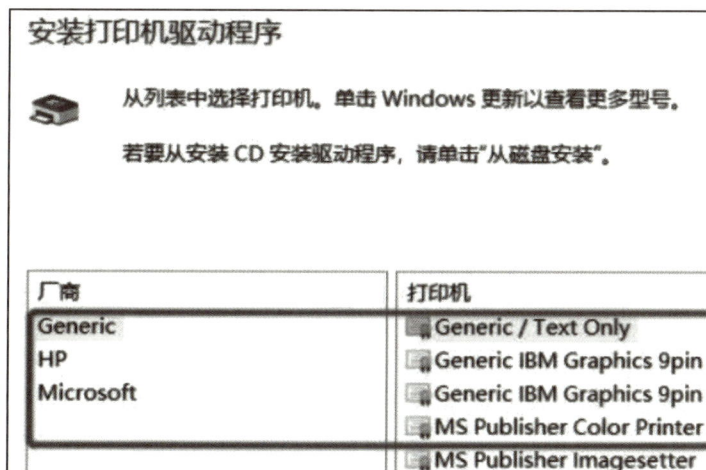

安装打印机驱动程序

从列表中选择打印机。单击 Windows 更新以查看更多型号。

若要从安装 CD 安装驱动程序，请单击"从磁盘安装"。

厂商	打印机
Generic	Generic / Text Only
HP	Generic IBM Graphics 9pin
Microsoft	Generic IBM Graphics 9pin
	MS Publisher Color Printer
	MS Publisher Imagesetter

图 6-16 安装打印机驱动程序

（7）安装好驱动之后，就可以使用了，再打印下测试页！一般网络通的情况下就安装好可以打印了。

4. 配置无线宽带路由器

（1）连接线路。

将运营商宽带网线连接到路由器的 WAN 口或 WAN/LAN 口，如图 6-17 所示。

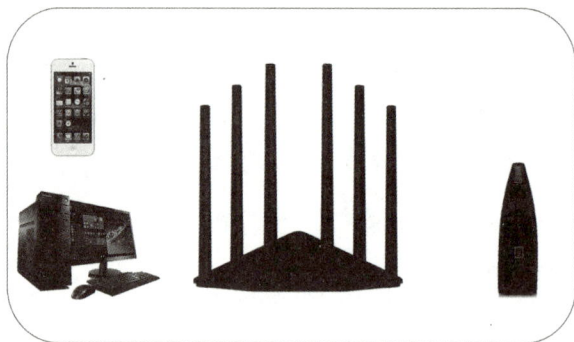

图 6 – 17　网络连接硬件设备

线路连好后，如果 WAN 口对应的指示灯不亮，则表明线路连接有问题，请检查确认网线连接牢固或尝试换一根网线。

（2）设置路由器上网。

①在路由器的底部标贴上查看路由器出厂的无线信号名称，如图 6 – 18 所示。

图 6 – 18　路由器的底部标贴

②打开手机的无线设置，连接路由器出厂的无线信号。

③连接 WiFi 后，手机会自动弹出路由器的设置页面。若未自动弹出请打开浏览器，在地址栏输入 tplogin. cn。在弹出的窗口中设置路由器的登录密码，（密码长度在 6～32 位区间），该密码用于以后管理路由器（登录界面），请妥善保管，如图 6 – 19 所示。

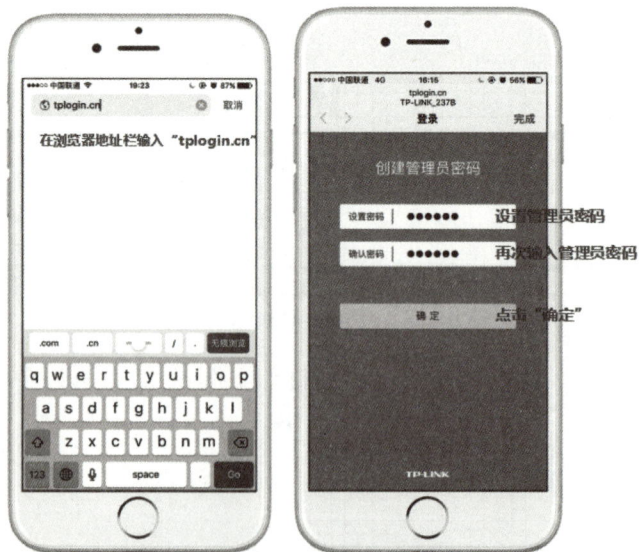

图 6 – 19　手机的设置页面

④登录成功后，路由器会自动检测上网方式。

a. 若上网方式检测为自动获取 IP 上网，则直接单击下一步，无须更改上网方式，如图 6－20 所示。

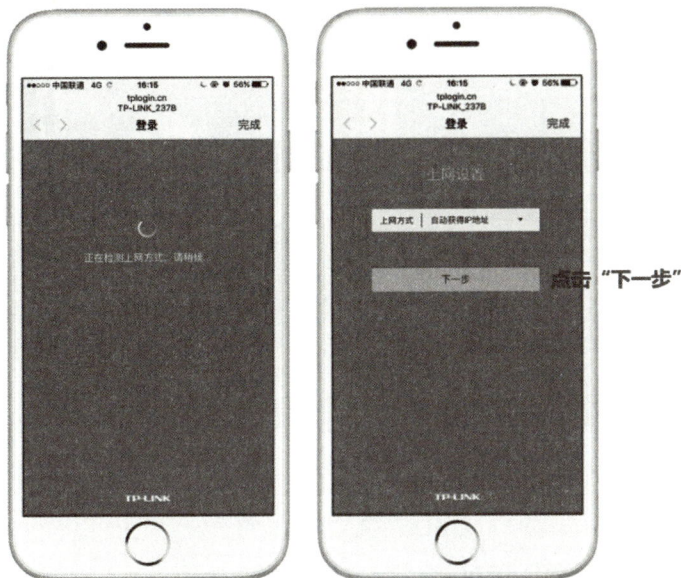

图 6－20　自动获取 IP 上网设置

b. 若检测到上网方式为宽带拨号上网，则需要输入运营商提供的宽带账号和密码，输入完成后单击下一步进行设置，如图 6－21 所示。

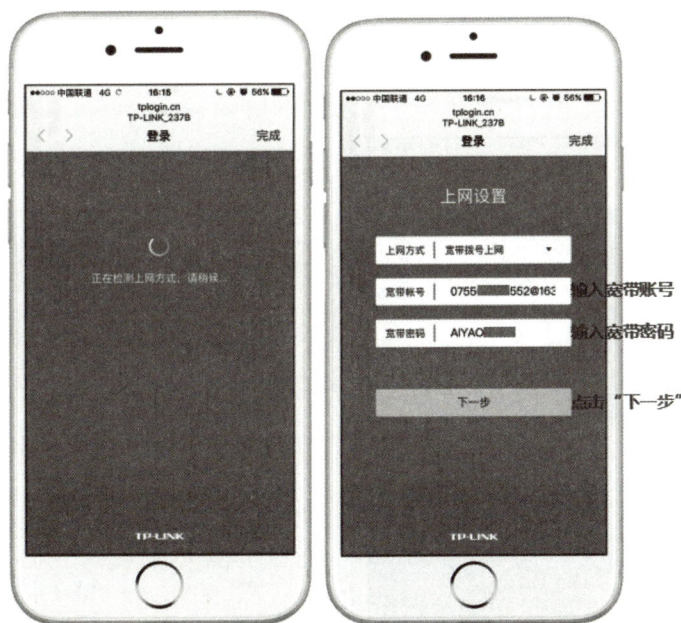

图 6－21　宽带拨号上网设置

⑤设置路由器的无线名称和无线密码，设置完成后，单击"完成"保存配置。请一定记住路由器的无线名称和无线密码，在后续连接路由器无线时需要用到，如图 6－22 所示。

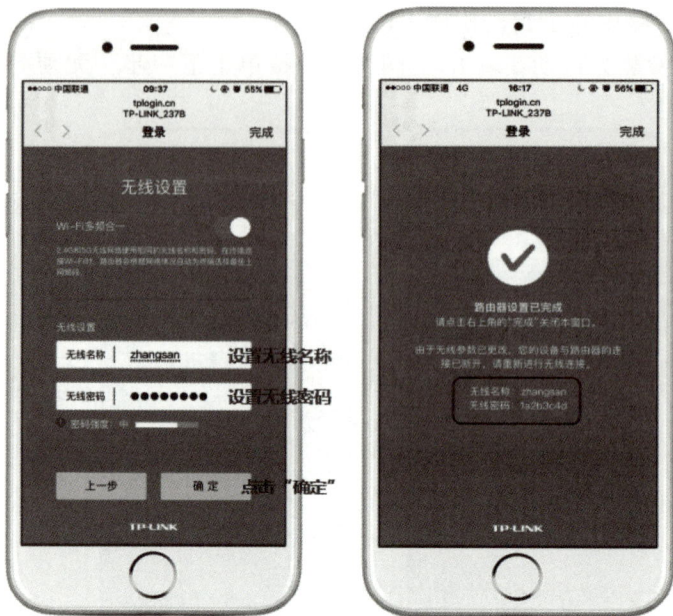

图 6 – 22 设置密码

注意：无线名称建议设置为字母或数字，尽量不要使用中文、特殊字符，避免部分无线客户端不支持中文或特殊字符而导致搜索不到或无法连接。

（3）连接手机和电脑上网。

①手机搜索设置后的无线名称，并输入无线密码，重新连接无线。重连后即可上网，如图 6 – 23 所示。

图 6 – 23 确认上网

②有线电脑使用网线连接到路由器的 LAN 或 WAN/LAN 口，确认指示灯亮起，无须其他操作即可上网。

6.1.3　知识储备

1. 计算机网络的定义

计算机网络就是利用通信设备和线路将地理位置不同、功能独立的多个计算机系统互联起来，以功能完善的网络软件实现网络中资源共享和信息传递的系统。通过计算机的互联，实现计算机之间的通信，从而实现计算机系统之间的信息、软件和设备资源的共享以及协同工作等功能，其本质特征在于提供计算机之间的各类资源的高度共享，实现便捷地交流信息和交换思想。

计算机网络的功能包括以下几点：

（1）数据通信：计算机之间进行数据传送，方便地交换信息。

（2）资源共享：用户可以共享网络中其他计算机中的软件、数据和硬件资源。

（3）分布式处理：借助于网络中的多台计算机协同完成大型的信息处理问题；分散在各部门的用户通过网络合作完成一项共同的任务。

（4）提高系统的安全性和可靠性：某台计算机出现故障时，网络中的其他计算机可以作为后备；当计算机负载过重时，可以将任务分配给网络中其他的空闲计算机，从而提高网络的安全性和可靠性。

2. 计算机网络的分类

计算机网络分类标准很多，在此只介绍一些常见的分类方案，如图 6 - 24 所示。

（1）按照计算机网络的覆盖范围可分为：局域网、城域网和广域网。

（2）按照网络构成的拓扑结构可分为：总线型、星型、环型和树型等。

（3）按照网络服务提供方式可分为：对等网络、C/S 网络、分布式网络。

（4）按照介质访问协议可分为：以太网、令牌环网、令牌总线网。

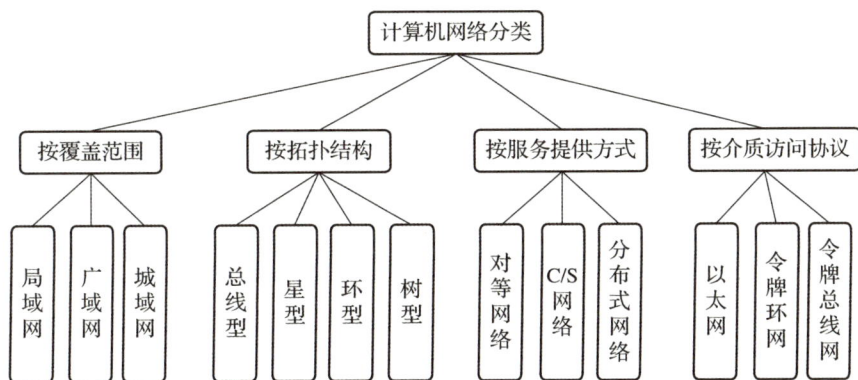

图 6 - 24　计算机网络分类

3. 计算机网络的组成

计算机网络由硬件系统和软件系统两部分组成。

（1）硬件系统。

①服务器。是网络系统的核心设备，负责网络资源管理和用户服务。服务器可分为文件

服务器、远程访问服务器、数据库服务器、打印服务器等，是一台专用或多用途的计算机。在互联网中，服务器之间互通信息，相互提供服务，每台服务器的地位是同等的。服务器需要专门的技术人员对其进行管理和维护，以保证整个网络的正常运行。

②工作站。工作站是具有独立处理能力的计算机，它是用户向服务器申请服务的终端设备。用户可以在工作站上处理日常工作，并随时向服务器索取各种信息及数据，请求服务器提供各种服务（如传输文件、打印文件等）。

③网络适配器。网络适配器也称为网卡（Network Interface Card，NIC），是计算机和计算机之间直接或间接传输介质互相通信的接口，它插在计算机的扩展槽中。一般情况下，无论是服务器还是工作站都应安装网卡。网卡是物理通信的瓶颈，它的好坏直接影响用户将来的软件使用效果和物理功能的发挥。

网卡的主要作用是完成数据的转换、信息包的组装、网络介质的访问控制、收发数据的缓存、网络信号的生成等。

④网络互连设备。网络由网络互连设备互连而成。常用的网络互连设备包括交换机、网桥、路由器、网关等，如图 6 - 25 所示。

图 6 - 25　交换机、路由器

（2）软件系统。

计算机网络中的软件系统按其功能可以划分为网络操作系统、网络协议软件和数据通信软件。

①网络操作系统。

网络操作系统是指能够控制和管理网络资源的软件。网络操作系统的功能作用在两个级别上：在服务器机器上，为在服务器上的任务提供资源管理；在每个工作站机器上，向用户和应用软件提供一个网络环境的"窗口"。这样，向网络操作系统的用户和管理人员提供一个整体的系统控制能力。网络服务器操作系统要完成目录管理、文件管理、安全性、网络打印、存储管理、通信管理等主要服务。工作站的操作系统软件主要完成工作站任务的识别和与网络的连接。即首先判断应用程序提出的服务请求是使用本地资源还是使用网络资源。若使用网络资源则需完成与网络的连接。主流的网络操作系统有：Windows 服务器版（Windows Server 2008R2、Windows Server 2012、Windows Server 2019 等）、NetWare 系统、Unix 系统、Linux 等。

②网络协议软件。网络协议软件是计算机网络中全部数据传输活动的规则和约定，用于规范和统一数据的传送和管理的软件。典型的网络通信协议有 TCP/IP 协议（传输控制协议/网际协议）、IPX/SPX 协议（网际包交换/顺序包交换）、NETBEUI 协议（增强用户接口）。

③数据通信软件。数据通信软件是指按着网络协议的要求，完成通信功能的软件。

4. 无线局域网

（1）无线局域网的概念。

无线局域网（WLAN）是 Wireless Local Area Network 的简称，指应用无线通信技术将计算机设备互联起来，构成可以互相通信和实现资源共享的网络体系。无线局域网本质的特点是不再使用通信电缆将计算机与网络连接起来，而是通过无线的方式连接，从而使网络的构建和终端的移动更加灵活。

无线局域网是相当便利的数据传输系统，它利用射频技术，使用电磁波，取代旧式碍手碍脚的双绞铜线所构成的局域网络，在空中进行通信连接，使得无线局域网络能利用简单的存取架构让用户透过它，达到"信息随身化、便利走天下"的理想境界。目前使用最多的是 802.11n（第四代）和 802.11ac（第五代）标准，它们既可以工作在 2.4 GHz 频段也可以工作在 5 GHz 频段上，传输速率可达 600 Mbit/s（理论值）。但严格来说，只有支持 802.11ac 的才是真正 5G。现在来说，支持 2.4 G 和 5G 双频的路由器其实很多都是只支持第四代无线标准，也就是 802.11n 的双频。

（2）无线局域网优点。

①灵活性和移动性。在有线网络中，网络设备的安放位置受网络位置的限制，而无线局域网在无线信号覆盖区域内的任何一个位置都可以接入网络。无线局域网另一个最大的优点在于其移动性，连接到无线局域网的用户可以移动且能同时与网络保持连接。

②安装便捷。无线局域网可以免去或最大限度地减少网络布线的工作量，一般只要安装一个或多个接入点设备，就可建立覆盖整个区域的局域网络。

③易于进行网络规划和调整。对于有线网络来说，办公地点或网络拓扑的改变通常意味着重新建网。重新布线是一个昂贵、费时、浪费和琐碎的过程，无线局域网可以避免或减少以上情况的发生。

④故障定位容易。有线网络一旦出现物理故障，尤其是由于线路连接不良而造成的网络中断，往往很难查明，而且检修线路需要付出很大的代价。无线网络则很容易定位故障，只需更换故障设备即可恢复网络连接。

⑤易于扩展。无线局域网有多种配置方式，可以很快从只有几个用户的小型局域网扩展到上千用户的大型网络，并且能够提供节点间"漫游"等有线网络无法实现的特性。由于无线局域网有以上诸多优点，因此其发展十分迅速。最近几年，无线局域网已经在企业、医院、商店、工厂和学校等场合得到了广泛的应用。

5. IP 地址

（1）IP 地址的概念。

网络之间实现计算机的相互通信，必须有相应的地址标识，这个地址标识称为 IP 地址。IP 地址是唯一标识出主机所在的网络及网络中位置的编号。

（2）IP 地址的组成。

IP 地址采用了一种全局通用的地址格式，为每一个网络或每一台主机分配一个唯一的 IP 地址，以此屏蔽物理网络地址的差异。在 IPv4 标准中，IP 地址由 32 位二进制数组成。为了方便记忆，用"."将 32 位二进制数分成 4 段，每一段包含 8 个二进制位（一个字节）。

例如：

11000100. 10000001. 00001000. 01101100

为了书写和记忆方便，通常用点分十进制的形式来表示 32 位二进制数的 IP 地址，即把 IP 地址每 8 位以十进制数的形式表示出来，每段取值在 0~255 之间。所以，上述二进制数表示的 IP 地址用点分十进制表示为：196. 129. 8. 108。

IP 地址唯一地标识了一台主机。一般情况下，IP 地址是唯一的，没有两台主机有相同的 IP 地址。但在特殊的情况下，例如，一台主机需要同时连入多个网络时，这台主机就可能有多个 IP 地址。

理论上，IPv4 标准可以允许有 232（超过 40 亿）的地址空间。因此，几乎可以为全球三分之二的人提供一个唯一的 IP 地址。但随着 Internet 的发展，连入网络的设备越来越多，尤其 PDA 设备、智能电器等也逐渐成为 Internet 的用户终端时，IP 地址资源不足的问题就逐渐凸现出来了。

（3）IP 地址的分类。

①A 类 IP 地址。

一个 A 类 IP 地址是指，在 IP 地址的四段号码中，第一段号码为网络号码，剩下的三段号码为本地计算机的号码。A 类 IP 地址中网络的标识长度为 8 位，主机标识的长度为 24 位，A 类网络地址数量较少，有 126 个网络，每个网络可以容纳主机数达 1 600 多万台。

一个 A 类 IP 地址由 1 字节的网络地址和 3 字节主机地址组成，它主要为大型网络而设计的，网络地址的最高位必须是"0"，地址范围从 1. 0. 0. 0 到 127. 0. 0. 0。可用的 A 类网络有 127 个，每个网络能容纳 16 777 214 个主机。其中 127. 0. 0. 1 是一个特殊的 IP 地址，表示主机本身，用于本地机器的测试。

［注］A：0–127，其中 0 代表任何地址，127 为回环测试地址，因此，A 类 IP 地址的实际范围是 1–126. 默认子网掩码为 255. 0. 0. 0。

②B 类 IP 地址。

一个 B 类 IP 地址是指，在 IP 地址的四段号码中，前两段号码为网络号码。B 类 IP 地址中网络的标识长度为 16 位，主机标识的长度为 16 位，B 类网络地址适用于中等规模的网络，有 16 384 个网络，每个网络所能容纳的计算机数为 6 万多台。

B 类 IP 地址范围 128. 0. 0. 1~191. 255. 255. 254。

③C 类 IP 地址。

一个 C 类 IP 地址是指，在 IP 地址的四段号码中，前三段号码为网络号码，剩下的一段号码为本地计算机的号码。C 类 IP 地址中网络的标识长度为 24 位，主机标识的长度为 8 位，C 类网络地址数量较多，有 209 万余个网络。适用于小规模的局域网络，每个网络最多只能包含 254 台计算机。

C 类 IP 地址范围 192. 0. 0. 1~223. 255. 255. 254。

④D 类 IP 地址。

D 类 IP 地址在历史上被叫作多播地址，即组播地址。在以太网中，多播地址命名了一组应该在这个网络中应用接收到一个分组的站点。多播地址的最高位必须是"1110"，范围从 224.0.0.0 到 239.255.255.255。

⑤E 类 IP 地址。

E 类 IP 地址中是以"11110"开头，E 类 IP 地址都保留用于将来和实验使用。

6.1.4　技能应用

选择题：

1. 下列 IP 地址中属于 B 类地址的是（　　）。

A. 98.62.53.6　　B. 130.53.42.10　　C. 192.245.20.11　　D. 221.121.16.12

2. 下列 IP 地址中属于 C 类地址（　　）。

A. 127.19.0.23　　B. 193.0.25.37　　C. 225.21.0.11　　D. 170.23.0.1

3. 局域网的硬件组成包括服务器、（　　）、网络适配器、网络互联设备。

A. 发送设备和互联设备　　　　　　B. 工作站

C. 配套的插头和插座　　　　　　　D. 代码转换设备

4. 无线局域网的优点不包括（　　）。

A. 灵活性和移动性　　　　　　　　B. 易于扩展

C. 安装便捷　　　　　　　　　　　D. 安装成本低

5. 属于拓扑结构的网络类型是（　　）。

A. 总线型　　　　B. 以太网　　　　C. 令牌环网　　　　D. 广域网

6.1.5　技能拓展

简答题：

1. 简述无线局域网的概念。

2. 简述 IP 地址的分类。

6.2 认识因特网

6.2.1 任务分析

在本任务中，通过完成 5 个小任务，我们将认识因特网与万维网；了解 TCP/IP；掌握接入因特网的各种方法；掌握常见的因特网服务及操作。

（1）使用搜索引擎搜索信息；

（2）设置浏览器主页；

（3）下载网上资源；

（4）保存网页中的信息；

（5）收藏网页。

6.2.2 任务实施

1. 使用搜索引擎搜索信息

步骤 1：在"开始"菜单中选择"360 安全浏览器"选项，打开 360 安全浏览器，在地址栏中输入百度搜索引擎网址"www.baidu.com"，按"Enter"键打开百度主页。

步骤 2：在搜索框中输入与要查找的信息相关的关键词，如"全国计算机等级考试"，然后单击"百度一下"按钮，即可搜索出与计算机等级考试相关的一些网页，如图 6 – 26 所示。

图 6 – 26 搜索出与关键词相关的网页

步骤 3：找到自己感兴趣的超链接并单击，打开相关网站的页面，该页面可能是含具体内容的网页，也可能还需要在该页面中继续单击相关超链接来查看具体内容。

2. 设置浏览器主页

步骤 1：打开"360 安全浏览器"，单击右上角的按钮，在展开的下拉列表中单击"设置"选项，打开"选项"页面。

步骤2：进入"选项"页面，在左侧窗格中选择"基本设置"选项，在右侧窗格的"启动时打开"模块中单击"修改主页"按钮。

步骤3：打开"主页设置"对话框，输入"www.baidu.com"网址，单击"确定"按钮完成设置，如图6-27所示。

步骤4：重新启动"360安全浏览器"，显示为已更改的主页。

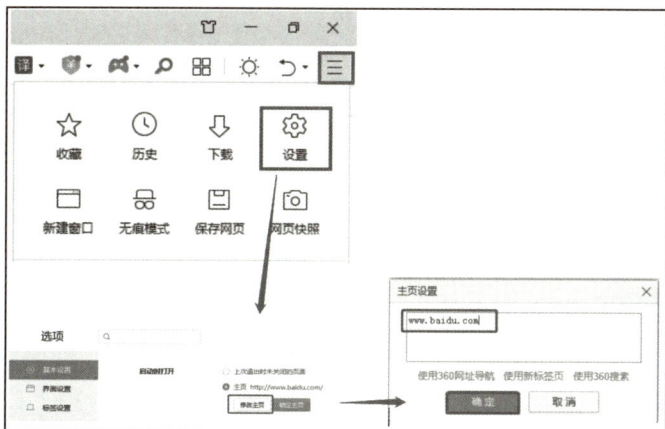

图 6-27　设置浏览器主页

3. 下载网上资源

（1）下载软件。

步骤1：打开"360安全浏览器"，在百度搜索框中输入"搜狗输入法"，单击"百度一下"。搜索出若干可用于下载"搜狗输入法"的站点链接，如图6-28所示。

图 6-28　关键词搜索结果

步骤 2：单击"搜狗输入法 – 首页"链接，跳转至"https：//pinyin. sogou. com/"页面，左键单击"立即下载"，弹出"新建下载任务"对话框，选择文件保存位置并单击"下载"后，即可通过 360 安全浏览器下载该软件，如图 6 – 29 所示。

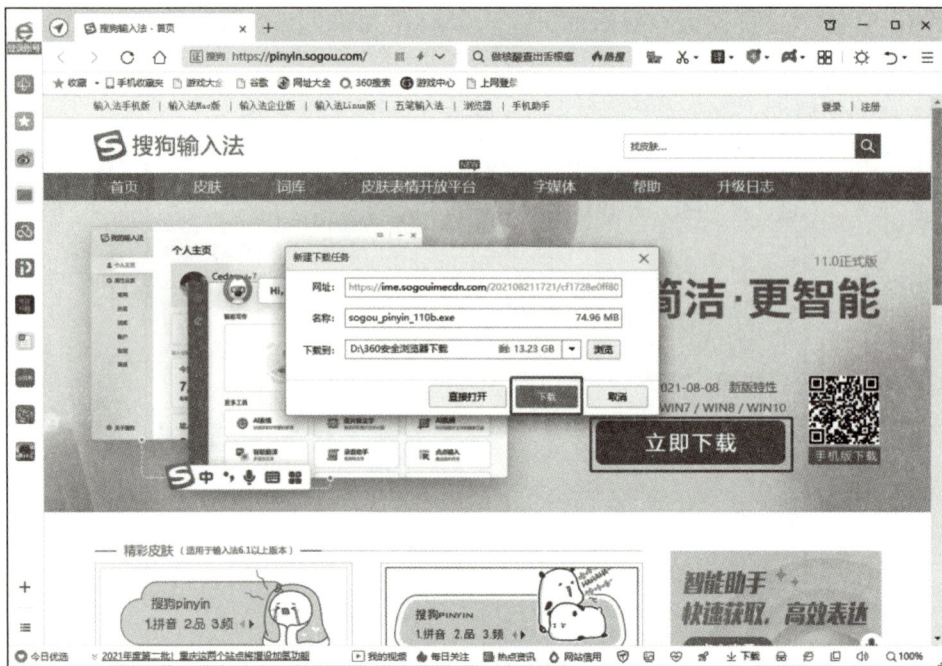

图 6 – 29　软件下载页面

步骤 3：下载任务可在浏览器右下角"下载"按钮中找到，如图 6 – 30 所示。

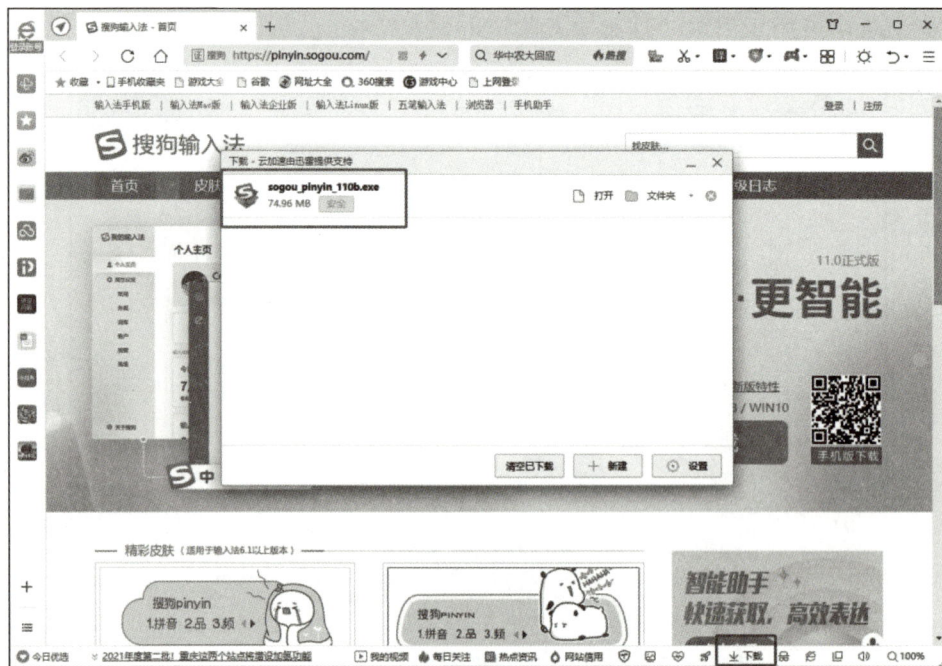

图 6 – 30　下载文件的查找位置

（2）下载视频。

步骤 1：打开"360 安全浏览器"，单击右上角的图标，单击"添加"按钮，在打开的"应用商城"搜索框中输入"猫抓"，然后按"Enter"键，如图 6 – 31 所示。

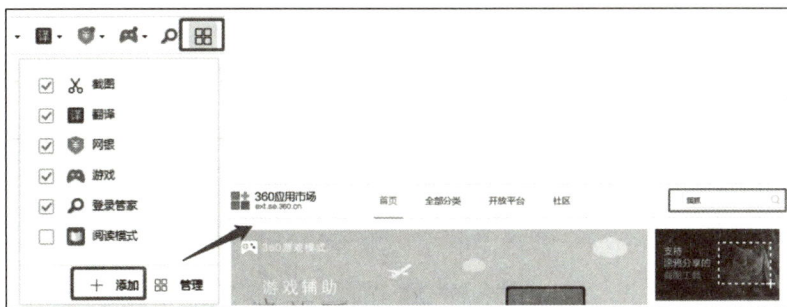

图 6 – 31　查找浏览器插件

步骤 2：在"猫抓 – 视频下载神器"提示框中，单击安装，如图 6 – 32 所示。

图 6 – 32　插件安装页面

步骤 3：在弹出的"添加"对话框中，单击"添加"按钮，如图 6 – 33 所示。

图 6 – 33　添加浏览器插件

步骤4：打开视频平台，到视频播放页面单击右上角小猫咪图标，展示出猫抓为我们抓取的视频，可以通过播放查看是否是我们需要的视频，单击下载按钮，选择保存的文件位置，单击"下载"按钮即可，如图6-34所示。

图6-34 视频下载对话框

4. 保存网页中的信息

（1）保存文本。

步骤1：利用与在Word中选择文本相同的方法，选择需要保存的网页文本，然后右击所选文本，在弹出的快捷菜单中选择"复制"选项（或直接按"Ctrl+C"组合键）。

步骤2：打开记事本或Word程序，按"Ctrl+V"组合键，将文本粘贴到记事本或Word文档中。

步骤3：按"Ctrl+S"组合键，在打开的对话框中设置保存选项保存文件即可（与保存Word文件方法相同）。

（2）保存图片。

在要保存的图片上右击，在弹出的快捷菜单中选择"将图片另存为"选项，打开"另存为"对话框，选择图片的保存位置，输入图片名称，最后单击"保存"按钮即可。

5. 收藏网页

浏览器中可以收藏用户喜欢或常用的网页，此处以"360安全浏览器"为例，可执行以下操作。

步骤1：打开要收藏的网页，然后单击"360安全浏览器"右上角按钮，选择"收藏"按钮，在展开的列表框中单击"添加到收藏夹"，如图6-35所示。

图 6 - 35　添加到收藏夹按钮

步骤2：在弹出的"添加收藏"对话框中输入收藏网页的名称，单击"添加"即可，如图 6 - 36 所示。

图 6 - 36　添加收藏按钮

6.2.3　知识储备

1．因特网（Internet）

因特网是全球最大、连接能力最强，由遍布全世界的众多大大小小的网络相互连接而成的计算机网络，是由美国的阿帕网（ARPAnet）发展起来的。

Internet 主要采用 TCP/IP，它使网络上各个计算机可以相互交换各种信息。目前，Internet 通过全球的信息资源和覆盖五大洲的 160 多个国家的数百万个网点，在网上提供数据、电话、广播、出版、软件分发、商业交易、视频会议以及视频节目点播等服务。Internet 为全球范围内提供了极为丰富的信息资源，一旦连接到 Web 节点，就意味着你的计算机已经进入 Internet。

接入因特网需要向 ISP（因特网服务供应商，Internet Service Provider）提出申请。ISP 的服务主要是指因特网接入服务，即通过网络连线把你的计算机或其他终端设备接入因特网，如中国电脑、网通、联通等的数据业务部门。

2. 万维网（WWW）

万维网（World Wide Web，WWW），又称环球信息网、环球网和全球浏览系统等。WWW 起源于位于瑞士日内瓦的欧洲粒子物理实验室。WWW 是一种基于超文本的、方便用户在 Internet 上搜索和浏览信息的信息服务系统。它通过超链接把世界各地不同 Internet 节点上的相关信息有机地组织在一起，用户只需发出检索要求，它就能自动进行定位并寻找到相应的检索信息。

WWW 还具有连接 FTP 和 BBS 等功能。总之，WWW 的应用和发展已经远远超出网络技术的范畴，影响着新闻、广告、娱乐、电子商务和信息服务等诸多领域。可以说，WWW 的出现是 Internet 应用的一个里程碑。

3. 连入因特网

（1）通过 XDSL 接入 Internet。

DSL 是数字用户线技术，可以利用双绞线高速传输数据。现有的 DSL 技术已有多种，如 HDSL、ADSL、VDSL、SDSL 等。我国电信为用户提供了 HDSL、ADSL 接入技术。我们这里就用 ADSL 为例来说，ADSL 是非对称式数字用户线路的缩写，采用了先进的数字处理技术，将上传频道、下载频道和语音频道的频段分开，在一条电话线上同时传输 3 种不同频段的数据且能够实现数字信号与模拟信号同时在电话线上传输。它的连接是主机通过 DSL Modem 连接到电话线，再连接到 ISP，通过 ISP 连接到 Internet。

（2）无线接入。

由于铺设光纤的费用很高，对于需要宽带接入的用户，一些城市提供无线接入。用户通过高频天线和 ISP 连接，距离在 10 km 左右，带宽为 2～11 Mbit/s，费用低廉，但是受地形和距离的限制，适合城市里距离 ISP 不远的用户，性格比很高。

（3）光纤接入。

光纤能提供 100～1 000 Mbps 的宽带接入，具有通信容量大、损耗低、不受电磁干扰的优点，能够确保通信畅通无阻，是目前主流的接入方式。

4. 了解 TCP/IP

计算机网络要有网络协议，网络中每个主机系统都应配置相应的协议软件，以确保网中不同系统之间能够可靠、有效地相互通信和合作。TCP/IP 是 Internet 最基本的协议，它被译为传输控制协议/因特网互联协议，又名网络通信协议，也是 Internet 国际互联网络的基础。

TCP/IP 由网络层的 IP 和传输层的 TCP 组成。它定义了电子设备如何连入 Internet，以及数据在它们之间传输的标准。

TCP 即传输控制协议，位于传输层，负责向应用层提供面向连接的服务，确保网上发送的数据包可以被完整接收，如果发现传输有问题，则要求重新传输，直到所有数据安全正确地传输到目的地。

IP 即网络协议，负责给 Internet 的每一台联网设备规定一个地址，即 IP 地址。同时，IP 还有另一个重要的功能，即路由选择功能，用于选择从网上一个节点到另一个节点的传输路径。

TCP/IP 共分为 4 层——网络接口层、互联网络层、传输层和应用层。

①网络接口层。网络接口层用于规定数据包从一个设备的网络层传输到另一个设备的网络层的方法。

②互联网络层。互联网络层负责提供基本的数据封包传送功能，让每一块数据包都能够到达目的主机，使用因特网协议（Internet Protocol，IP）、网际控制报文协议（ICMP）。

③传输层。传输层用于为两台联网设备之间提供端到端的通信，在这一层有传输控制协议（TCP）和用户数据报协议（UDP）。其中 TCP 是面向连接的协议，它提供可靠的报文传输和对上层应用的连接服务；UDP 是面向无连接的不可靠传输的协议，主要用于不需要 TCP 的排序和流量控制等功能的应用程序。

④应用层。应用层包含所有的高层协议，用于处理特定的应用程序数据，为应用软件提供网络接口，包括文件传输协议（FTP）、电子邮件传输协议（SMTP）、域名服务（DNS）、网上新闻传输协议（NNTP）等。

5. 了解域名系统

由于用 4 个十进制数字表示的 IP 地址不便于记忆和使用，Internet 推出了域名系统，域名与 IP 地址的关系就如同一个人的名字和其身份证号码的关系一样。用户可以按 IP 地址访问主机，也可以按域名访问主机。一个 IP 地址可以对应多个域名，一个域名只能对应一个 IP 地址，主机从一个物理网络移到另一个网络时，其 IP 地址必须更换，但可以保留原来的域名。

通常 Internet 主机域名的一般结构为：主机名 + 域名，其中域名包括四级域名、三级域名、二级域名、顶级域名、根域名依次递增，每一层构成一个子域名。表示形式为：主机名. 网络名. 机构名. 顶级域名。顶级域名分级组织机构和地理模式两类，表示组织机构的域名有：ac 代表科研机构、com 代表商业机构、edu 代表教育机构、gov 代表政府机构、net 代表网络服务机构等；地理域名表示使用国家或地区，如 cn 代表中国、uk 代表英国、jp 代表日本等。

Internet 的顶级域名由 Internet 网络协会域名注册查询负责网络地址分配的委员会进行登记和管理，它还为 Internet 的每一台主机分配唯一的 IP 地址；其中根域名服务器中记录了全世界中所有的顶级域名。全球只有 13 台这样的根域名服务器：1 个为主根服务器，放置在美国。其余 12 个均为辅根服务器，其中 9 个放置在美国；欧洲 2 个，位于英国和瑞典；亚洲 1 个，位于日本。

将主机域名翻译成主机 IP 地址的软件称为域名系统（DNS）。常见的互联网顶级域名如表 6 - 1 所示。

表 6 - 1　常见的互联网顶级域名

国家和特殊地区类		基本类	
域类	顶级域名	域类	顶级域名
中国	. cn	商业机构	. com
俄罗斯	. ru	政府部门	. gov

国家和特殊地区类		基本类	
域类	顶级域名	域类	顶级域名
澳大利亚	. au	美国军事部门	. mil
韩国	. kr	非营利组织	. org
英国	. uk	网络信息服务组织	. info
法国	. fr	教育机构	. edu
日本	. jp	国际组织	. int
中国香港地区	. hk	网络组织	. net
中国台湾地区	. tw	商业	. biz
中国澳门地区	. mo	会计、律师和医生	. pro

6. 因特网服务及应用

因特网可以实现的服务很多，不仅可以搜索查看信息，还可以下载资料等。

（1）使用搜索引擎搜索信息。

搜索引擎是专门用来查询信息的网站，搜索引擎可以提供全面的信息查询功能。目前，常用的搜索引擎有百度、搜狗、必应、360 搜索等。使用搜索引擎搜索信息的方法有很多，下面介绍常用的方法。

①搜索完整不可拆分关键词。

我们可以将我们的关键词用""双引号或者《》书名号括起来，这样，百度就不会将关键词拆分后去搜索了，得到的结果也是完整关键词的。比如：搜索"蓝牙鼠标"和《蓝牙鼠标》，这样"笔记本电脑"是不会被拆分成"笔记本"和"电脑"两个词再检索的，如图 6－37 所示。

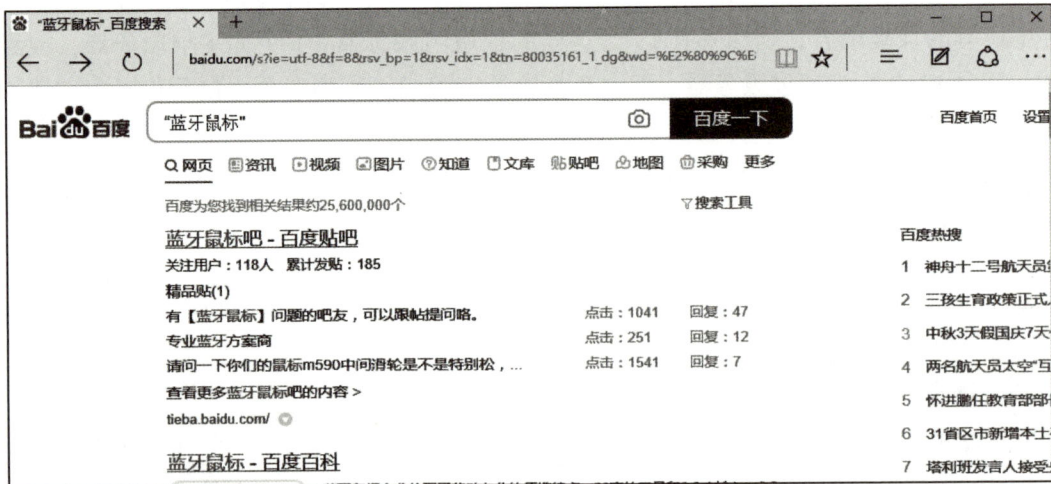

图 6－37　搜索完整不可拆分关键词

②指定搜索网站标题内容。

这个功能，需要在搜索内容中添加一个关键词"intitle"，其格式如下："intitle：标题关键词"，这时候，我们的搜索结果网站标题一定会包含标题关键词。如搜索："intitle：江西软件职业技术大学"，如图 6－38 所示。

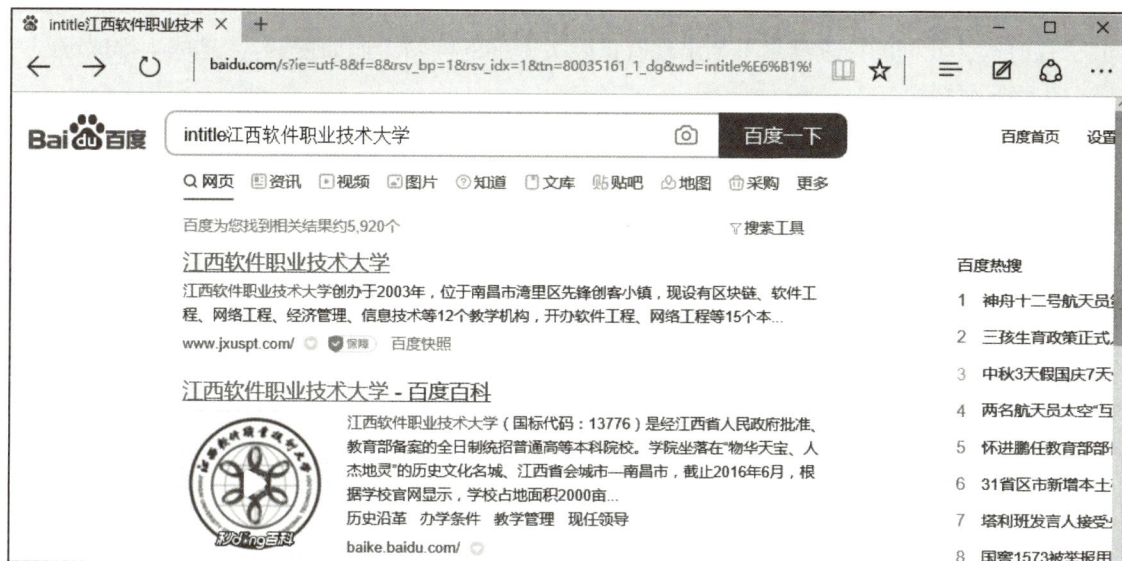

图 6－38　指定搜索网站标题内容

③指定网址搜索。

这个功能，需要在搜索内容中添加一个关键词"site"，格式如下："关键词 site：网址"。这时候，我们的搜索结果限定只会是在"网址"所示网站下的内容，比如搜索："电子竞技 site：jxuspt. com"，如图 6－39 所示。

图 6－39　指定网址搜索

注意事项："site"后面是英文冒号；网址域名前面不带"http：//"，后面不带斜杠"/"，注意有和没有"www"的搜索结果是不一样的；"site："和网址之间不要有空格；关键词和"site："之间要空一格，多个关键词之间要空一格。

④增加、排除关键词。

增加关键词需要在搜索内容中添加一个标识符"＋"，格式如下："关键词＋附加关键词"。这时候，我们的搜索结果为有附加关键词和关键词同时存在的网站，比如搜索："足球＋排球"。

排除关键词需要在搜索内容中添加一个标识符"－"，格式如下："关键词－排除关键词"，这时候，我们的搜索结果不会出现有排除关键词的网站，比如搜索："足球－排球球"。

（2）下载资源。

Internet 的网站中有很多资源，除了可以在 FTP 站点中下载之外，用户还可以在普通的网站中下载。下面将"WPS Office"软件下载到本地计算机中，其具体操作如下：

①在 Microsoft Edge 浏览器的地址栏中输入百度的网址，按回车键打开百度网站首页，输入"WPS Office"文本，然后单击 WPS 官网，单击"立即下载"，选择"Windows 版"，如图 6－40 所示。打开"另存为"对话框，设置文件的保存位置和文件名后，单击按钮。软件开始下载，下载完成后即可在保存位置查看下载的资源。

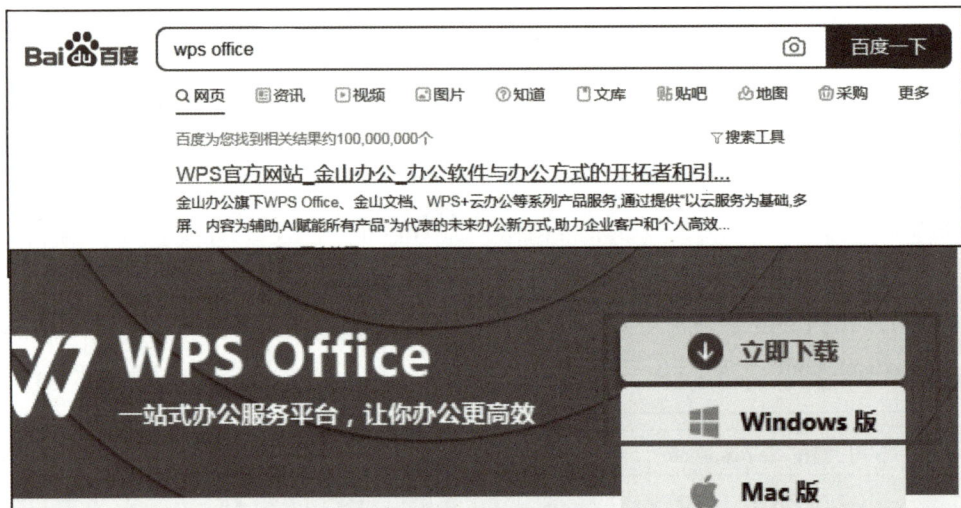

图 6－40　下载资源

②设置浏览器的默认下载目录。打开"360 安全浏览器"，单击右上角按钮，在展开的列表中选择"设置"选项，打开"选项"页面。选择"选项"页面左侧窗格的"基本设置"选项，在右侧窗格"下载设置"中打开"更改"对话框，选择要保存下载资源的文件夹即可，如图 6－41 所示。

（3）E－mail 服务。

POP3 即邮件协议版本 3，用来接收电子邮件。SMTP 即简单邮件传输协议，用来发送电子邮件。E－mail 地址的统一格式是：用户名＠域名，"用户名"是用户申请的账号，"域名"是 E－mail 服务器的域名，例如：apple123＠163. com。电子邮件服务基于客户/服务器模式，其工作过程如下：邮件客户端和邮件服务器通过 POP3 和 IMAP 协议收取邮件；通过

图 6-41 更改下载目录页面

SMTP 传输邮件内容，实现邮件信息交换。SMTP 通过用户代理（UA）和邮件传输代理程序（MTA）实现邮件的传输。发送方编辑完毕的电子邮件发送给当地的邮件服务器，邮件服务器收到客户送来的邮件，根据收件人的邮件地址发送到对方的邮件服务器中。对方的邮件服务器接收到其他邮件服务器发来的邮件，并根据邮件地址分发到相应的电子邮箱中，这样接受方可通过电子邮箱来读取邮件，并对他们进行相关的处理。

目前免费电子邮箱的网站有新浪、搜狐、网易、腾讯等，下面以腾讯邮箱为例。

①申请电子邮件。

方法 1：在浏览器地址栏中输入 QQ 邮箱登录页面网址"www. mail. qq. com"，如已有 QQ 号码，可在登录框的账号和密码栏中输入"用户 QQ 号码@ qq. com"和 QQ 密码直接登录邮箱（无须注册）。这种方法适合已拥有 QQ 号码的用户，如图 6-42 所示。

图 6-42 腾讯 QQ 邮箱登录框

方法 2：如没有 QQ 账号，可以单击"注册新账号"选项，自动跳转到 QQ 账号注册页面，通过注册新的 QQ 号码来登录 QQ 邮箱，如图 6-43 所示。

②发送电子邮件。

a. 打开 QQ 邮箱首页，输入电子邮件地址和密码，单击"登录"按钮，登录电子邮箱。

b. 在电子邮箱页面左侧单击"写信"选项，打开写信页面，分别在"收件人""主题""正文"编辑框中输入收件人的电子邮件地址、主题和具体内容，如图 6-44 所示。

259

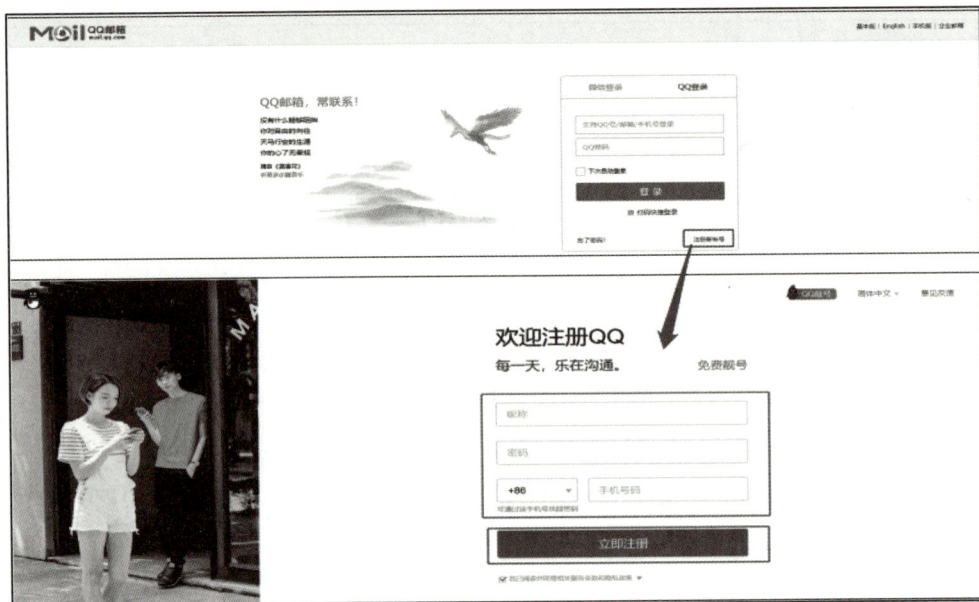

图 6 – 43　腾讯 QQ 注册页面

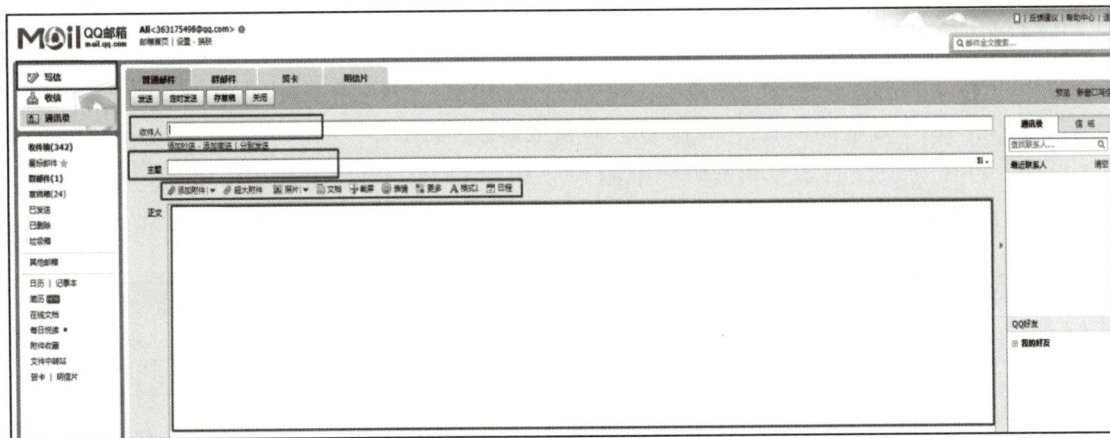

图 6 – 44　腾讯 QQ 邮箱写信页面

　　c. 如果想通过电子邮件将图片、文档等文件发送给对方，可单击"添加附件"选项，打开"打开"对话框，选择要发送的文件，单击"打开"按钮，如图 6 – 45 所示。

　　d. 文件上传完毕后单击"发送"按钮，即可将带附件的电子邮件发送给收件人。

　　③阅读电子邮件。

　　a. 在电子邮箱页面左侧单击"收信"选项，打开收信页面，查看电子邮件列表，然后单击要阅读的电子邮件主题或发送人，如图 6 – 46 所示。

　　b. 此时电子邮件内容就会显示出来。如果电子邮件包含附件，在电子邮件中将显示附件的名称、大小，将鼠标指针移至附件上方会显示"下载""打开""预览""存网盘""翻译"等按钮，用户可单击"下载"按钮将附件下载到计算机中，其方法与下载普通文件相同。

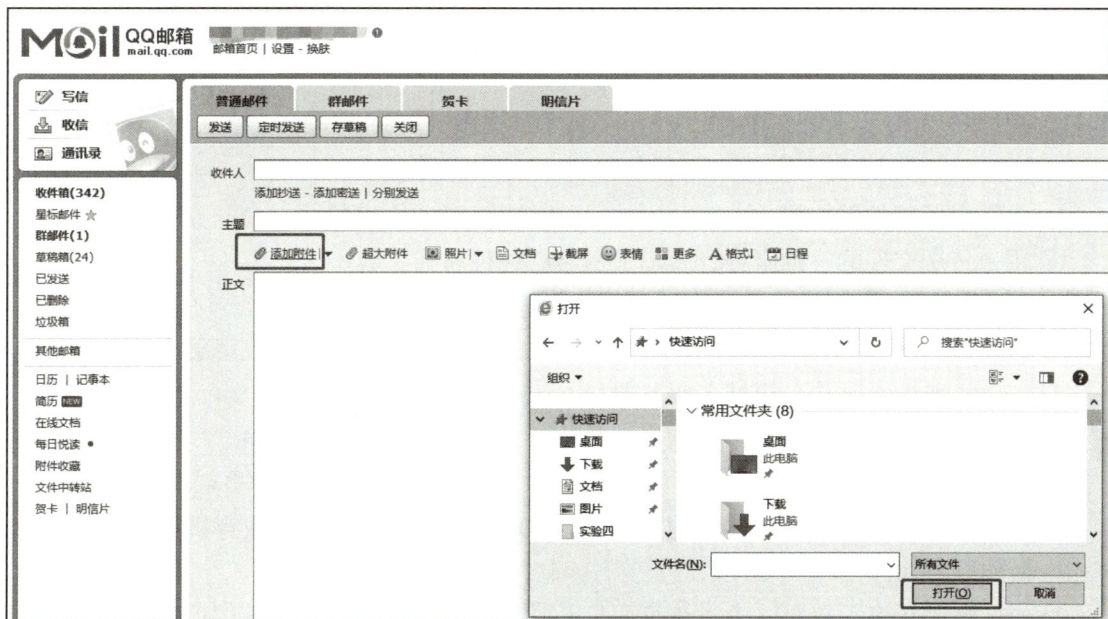

图 6 – 45　添加附件

　　c. 阅读电子邮件时，单击电子邮件上方的"回复"按钮，可给发件人回信；单击"转发"按钮，可将电子邮件转发给其他人；单击"删除"按钮，可将电子邮件删除，如图 6 – 47 所示。

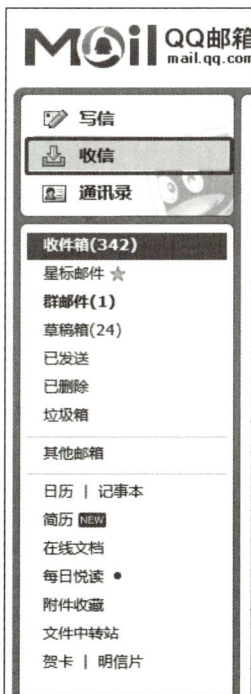

图 6 – 46　腾讯 QQ 邮箱收信按钮

图 6 – 47　腾讯 QQ 邮箱回复等操作按钮

6.2.4 技能应用

1. 选择题：

（1）下面哪个是文件传输协议（　　）。

A. SMTP　　　　　B. FTP　　　　　C. SNMP　　　　　D. TELNET

（2）SMTP 是 Internet 中（　　）。

A. 发送电子邮件的协议　　　　　B. 浏览网页的工具

C. 用来传送文件的一种服务　　　D. 一种聊天工具

（3）TCP 位于（　　）。

A. 网络接口层　　　B. 互连网络层　　　C. 传输层　　　D. 应用层

（4）全球有（　　）台根域名服务器。

A. 9　　　　　B. 10　　　　　C. 13　　　　　D. 14

（5）gov 代表的域名类型是（　　）。

A. 科研机构　　　B. 商业机构　　　C. 政府机构　　　D. 教育机构

2. 操作题：

（1）打开"新浪"首页，通过该页面打开"新浪新闻"页面，在其中浏览新闻，并将页面保存到桌面的新闻文件夹中（可新建该文件夹）。

（2）在百度网页中搜索"流媒体"的相关信息，然后将流媒体的信息复制到记事本中，保存到桌面。

6.2.5 技能拓展

操作题：

1. 在百度网页中搜索"网易云音乐"的相关信息，然后将该软件下载到计算机的桌面上。

2. 在因特网上搜索东京残奥会中国代表队赛程。

3. 申请一个包含自己名字全拼的电子邮箱，编辑一段话发送给朋友。

6.3　了解网络安全

6.3.1　任务分析

在本任务中通过使用第三方软件保护系统，我们将了解计算机病毒的特点和分类；了解防治计算机病毒的防治方法；了解网络安全法规。

6.3.2　任务实施

使用第三方软件保护系统。

对于普通用户而言，防范计算机病毒、保护计算机最有效最直接的措施就是使用第三方软件。常用的查杀病毒软件有360杀毒软件、瑞星、金山毒霸、百度杀毒、卡巴斯基、小红伞、火绒安全等。

下面以火绒安全为例介绍如何使用杀毒软件。

（1）从网络下载火绒安全软件并安装。

（2）打开火绒安全软件，单击"病毒查杀"，再单击"全盘查杀"，程序开始进行全盘扫描，如图6-48所示。

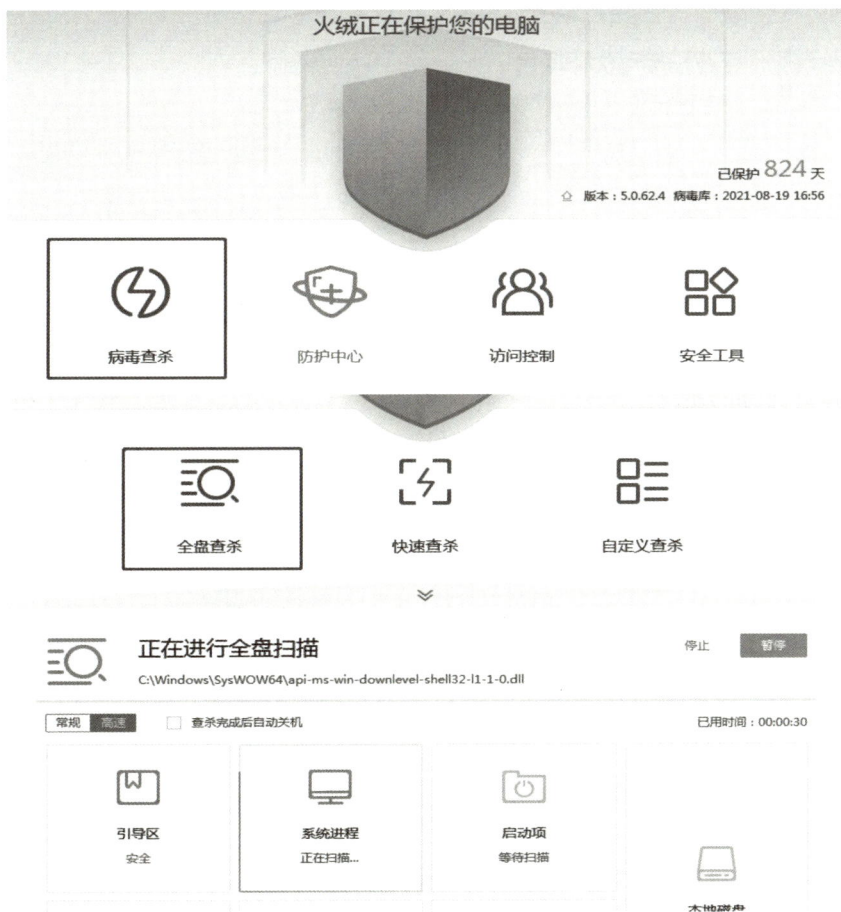

图6-48　全盘扫描

（3）待扫描完成后，会将扫描出的疑似病毒的文件和对系统有威胁的文件显示出来，即可选择进行处理。

（4）单击进入"安全工具"，分别选择"漏洞修复""系统修复""启动项管理"进行扫描修复处理，如图6-49所示。

图6-49　系统修复

6.3.3　知识储备

1. 计算机病毒的特点和分类

（1）计算机病毒的定义。

《中华人民共和国计算机信息系统安全保护条例》中对计算机病毒的定义是："编制或者在计算机程序中插入的破坏计算机功能或者损坏数据，影响计算机使用，并能自我复制的一组计算机指令或者程序代码。"此定义在我国具有法律性和权威性。

（2）计算机病毒的特点。

①隐蔽性。

计算机病毒不易被发现，这是由于计算机病毒具有较强的隐蔽性，其往往以隐含文件或程序代码的方式存在，在普通的病毒查杀中，难以实现及时有效的查杀。病毒伪装成正常程序，计算机病毒扫描难以发现。并且，一些病毒被设计成病毒修复程序，诱导用户使用，进而实现病毒植入，入侵计算机。因此，计算机病毒的隐蔽性，使得计算机安全防范处于被动状态，造成严重的安全隐患。

②破坏性。

病毒入侵计算机，往往具有极大的破坏性，能够破坏数据信息，甚至造成大面积的计算机瘫痪，对计算机用户造成较大损失。如常见的木马、蠕虫等计算机病毒，可以大范围入侵计算机，为计算机带来安全隐患。

③传染性。

计算机病毒的一大特征是传染性，能够通过 U 盘、网络等途径入侵计算机。在入侵之后，往往可以实现病毒扩散，感染未感染计算机，进而造成大面积瘫痪等事故。随着网络信息技术的不断发展，在短时间之内，病毒能够实现较大范围的恶意入侵。因此，在计算机病毒的安全防御中，如何面对快速的病毒传染，成为有效防御病毒的重要基础，也是构建防御体系的关键。

④寄生性。

计算机病毒还具有寄生性特点。计算机病毒需要在宿主中寄生才能生存，才能更好地发挥其功能，破坏宿主的正常机能。通常情况下，计算机病毒都是在其他正常程序或数据中寄生，在此基础上利用一定媒介实现传播，在宿主计算机实际运行过程中，一旦达到某种设置条件，计算机病毒就会被激活，随着程序的启动，计算机病毒会对宿主计算机文件进行不断辅助、修改，使其破坏作用得以发挥。

⑤可执行性。

计算机病毒与其他合法程序一样，是一段可执行程序，但它不是一个完整的程序，而是寄生在其他可执行程序上，因此它享有一切程序所能得到的权力。

⑥可触发性。

病毒因某个事件或数值的出现，诱使病毒实施感染或进行攻击的特征。

⑦攻击主动性。

病毒对系统的攻击是主动的，计算机系统无论采取多么严密的保护措施都不可能彻底地排除病毒对系统的攻击，而保护措施充其量是一种预防的手段而已。

⑧针对性。

计算机病毒是针对特定的计算机和特定的操作系统的。例如：有针对 IBM PC 机及其兼容机的，有针对 Apple 公司的 Macintosh 的，还有针对 UNIX 操作系统的。例如，小球病毒是针对 IBM PC 机及其兼容机上的 DOS 操作系统的。

（3）计算机病毒的分类。

①按病毒存在的媒体分类。

网络病毒：通过网络传播，感染网络中的可执行文件。

文件病毒：感染计算机中的文件。

引导型病毒：感染启动扇区和硬盘的系统引导扇区。

②按病毒传染的方法分类。

驻留型病毒：驻留内存，并一直处于激活状态。

非驻留型病毒：在得到机会时才会激活，从而去感染计算机。

③按病毒的危害分类。

无危险型病毒：减少磁盘的可用空间、减少内存、显示图像发出声音等，但不影响系统。

危险型：造成严重的错误，删除程序、破坏数据、清除系统中重要的信息等。

伴随型：不改变文件本身，但产生 EXE 文件的伴随体。

"蠕虫"型：通过网络传播，占用系统内存。

寄生型：练习型、诡秘型、变型病毒。

（4）计算机病毒传染途径。

计算机病毒的传播主要通过文件拷贝、文件传送、文件执行等方式进行，文件拷贝与文件传送需要传输媒介，文件执行则是病毒感染的必然途径（Word、Excel 等宏病毒通过 Word、Excel 调用间接地执行），因此，病毒传播与文件传播媒体的变化有着直接关系。计算机病毒的传染途径主要有：磁介质、光介质、网络等。

（5）计算机感染病毒的表现。

计算机中毒的表现很多，凡是计算机不正常都有可能与病毒有关。计算机染上病毒后，如果没有发作，是很难觉察到的。但病毒发作时就很容易从以下症状中感觉出来：工作会很不正常；莫名其妙的死机；突然重新启动或无法启动；程序不能运行；磁盘坏簇莫名其妙地增多；磁盘空间变小；系统启动变慢；数据和程序丢失；出现异常的声音、音乐或出现一些无意义的画面问候语等显示；正常的外设使用异常，如打印出现问题、键盘输入的字符与屏幕显示不一致等；异常要求用户输入口令。

2. 计算机病毒的防治方法

（1）预防计算机病毒。

计算机病毒无时无刻不在关注着电脑，时时刻刻准备发出攻击，但计算机病毒也不是不可控制的，可以通过下面几个方面来减少计算机病毒对计算机带来的破坏：

①安装最新的杀毒软件，每天升级杀毒软件病毒库，定时对计算机进行病毒查杀，上网时要开启杀毒软件的全部监控。培养良好的上网习惯，例如：对不明邮件及附件慎重打开，可能带有病毒的网站尽量别上，尽可能使用较为复杂的密码，猜测简单密码是许多网络病毒攻击系统的一种新方式。

②不要执行从网络下载后未经杀毒处理的软件等；不要随便浏览或登录陌生的网站，加强自我保护。现在有很多非法网站，而被潜入恶意的代码，一旦被用户打开，即会被植入木马或其他病毒。

③培养自觉的信息安全意识，在使用移动存储设备时，尽可能不要共享这些设备，因为移动存储也是计算机进行传播的主要途径，也是计算机病毒攻击的主要目标，在对信息安全要求比较高的场所，应将电脑上面的 USB 接口封闭，同时，有条件的情况下应该做到专机专用。

④用 Windows Update 功能打全系统补丁，同时，将应用软件升级到最新版本，比如：播放器软件、通信工具等，避免病毒从网页木马的方式入侵系统或者通过其他应用软件漏洞来进行病毒的传播；将受到病毒侵害的计算机进行尽快隔离，在使用计算机的过程，若发现电脑上存在病毒或者是计算机异常时，应该及时中断网络；当发现计算机网络一直中断或者网络异常时，立即切断网络，以免病毒在网络中传播。

（2）清除计算机病毒。

清除计算机病毒有使用杀毒软件和人工处理两种方法。

①使用杀毒软件。使用杀毒软件可以检测出机器系统或磁盘中是否有病毒，并清除检测出的病毒。常用的查杀病毒软件有 360 杀毒软件、瑞星、金山毒霸、百度杀毒、卡巴斯基、小红伞、火绒安全等。由于新的病毒不断出现，杀毒软件也在不断更新，版本不断升级。到目前为止，还没有一个万能的杀毒软件。随着病毒种类的不断出现，相关软件的杀毒能力也在不断提高。

②人工处理。有些情况下也可以人工清除计算机中的病毒。可以将有毒文件删除，将有毒磁盘重新格式化，用 DEBUG 等工具软件把被病毒修改的部分复原。如果计算机病毒感染严重，可考虑将其低级格式化，再做高级格式化，以彻底清除病毒。

3. 网络安全法规

随着全球信息化和信息技术的不断发展，信息化应用的不断推进，信息安全显得越来越重要，信息安全形势日趋严峻：一方面信息安全事件发生的频率大规模增加，另一方面信息安全事件造成的损失越来越大。另外，信息安全问题日趋多样化，客户需要解决的信息安全问题不断增多，解决这些问题所需要的信息安全手段不断增加。确保计算机信息系统和网络的安全，特别是国家重要基础设施信息系统的安全，已成为信息化建设过程中必须解决的重大问题。

我国历来重视信息安全法律法规的建设，经过多年的探索和实践，我国已经制定和颁布了多项涉及信息系统安全、信息内容安全、信息产品安全、网络犯罪、密码管理等方面的法律法规，构建了较为完善的信息安全法律法规框架。

1994 年：《计算机信息系统安全保护条例》

1997 年：《计算机信息网络国际联网安全保护管理办法》

2000 年：《全国人民代表大会常务委员会关于维护互联网安全的决定》
　　　　　《中华人民共和国电信条例》

2007 年：《互联网视听节目服务管理规定》

2014 年：《网络交易管理办法》

2016 年：《中华人民共和国网络安全法》

2019 年：《中华人民共和国密码法》

6.3.4　技能应用

选择题：

1. 下列关于计算机病毒的说法中，正确的是（　　　）。

A. 计算机病毒发作后，将给计算机硬件造成损坏

B. 计算机病毒可通过计算机传染计算机操作人员

C. 计算机病毒是一种有编写错误的程序

D. 计算机病毒是一种影响计算机使用并且能够自我复制传播的计算机程序代码

2. 下面哪项不属于计算机病毒的主要传染途径（　　　）。

A. 磁介质　　　　　　B. 网络　　　　　　C. 键盘输入　　　　　　D. 光介质

3. 下面哪项不属于计算机感染病毒的主要症状（　　　）。

A. 数据和程序丢失　　　　　　　　B. 莫名其妙的死机

C. 突然重新启动　　　　　　　　　D. 因电源故障无法启动

4. 下面哪项不属于计算机病毒的主要特点（　　　）。

A. 隐蔽性　　　　　B. 传染性　　　　　C. 寄生性　　　　　D. 扩展性

6.3.5　技能拓展

操作题：

自行选择一款杀毒软件下载安装，然后扫描自己计算机 C 盘文件，如有病毒进行清除。

参 考 文 献

［1］张玺，郭永强，黄秋实. 计算机应用基础（Windows10 + WPS Office）［M］. 北京：航空工业出版社，2021.

［2］蒲先祥. 计算机应用基础项目化应用案例与实训［M］. 北京：北京师范大学出版社，2020.

［3］互联网 + 计算机教育研究院. WPS Office 2016 商务办公全能一本通［M］. 北京：人民邮电出版社，2019.

［4］卢山，郑小玲. Office 2016 办公软件应用案例教程（第 2 版）［M］. 北京：人民邮电出版社，2018.

［5］曾陈萍，陈世琼，钟黔川. 大学计算机应用基础（Windows10 + WPS Office 2019）（微课版）［M］. 北京：人民邮电出版社，2021.

［6］熊燕，杨宁. 大学计算机基础（Windows10 + Office 2016）（微课版）［M］. 北京：人民邮电出版社，2019.

［7］马良玉. 大学计算机基础（Windows10 + WPS 2019）（微课版）［M］. 北京：人民邮电出版社，2021.

［8］互联网 + 计算机教育研究院. Office 2016 三合一职场办公效率手册［M］. 北京：人民邮电出版社，2019.